人工智慧開發實務
使用 Swift

Practical Artificial
Intelligence with Swift
From Fundamental Theory to
Development of AI-Driven Apps

Mars Geldard, Jonathon Manning,

Paris Buttfield-Addison, and Tim Nugent　著

張靜雯　譯

O'REILLY

對本書的讚譽

從長遠來看，絕大多數人工智慧將不會只在資料中心使用，而是在資料真正的所在之處使用，即數十億個真實世界的設備上。由於 Swift 結合了速度和表現力，已經使它成為實現這一轉變的首選語言。

這本書介紹了一個美好的工具，這個工具將成為下一個十年的人工智慧的基礎。

—*Dr. Jameson Toole, Cofounder and CTO of Fritz AI*

香蕉和蘋果對機器學習開發者的重要性怎麼強調都不過分。幸運的是，這本書既有香蕉也有蘋果，或至少能讓人繼續深入研究下去。所以，如果您像我一樣，猜測機器學習的未來是在設備上，那麼這本書是一個很好的起點。

—*Dr. Alasdair Allan, Babilim Light Industries*

在過去的幾年裡，人工智慧已經從學術界和科幻小說變成了解決現實問題的實用技術。這本書展示了如何把人工智慧帶到您的手上，在您手上實現 ML 功能現在已成為可能。我非常興奮地看到讀者們如何利用他們從這本書中學到的東西。

—*Chris Devers, Technical Lead of Sustaining Engineering, EditShare*

目錄

第三部分　進階

前言

歡迎閱讀本書。

這本書採取了一個以任務為導向的說明方法,使用 Swift 實際執行人工智慧(AI)。我們這樣做是因為我們認為,您不應該為了在您的 iOS 應用程式中擁有聰明的人工智慧和機器學習的功能,而深入研究複雜的數學和演算法。人工智慧不應該是只屬於人工智慧專家的專業領域。對非專家來說,也應該可以掌握人工智慧。

我們生活在一個這些技術變得越來越普遍的世界,它們正在成為我們與電腦互動結構的一部分。由於機器學習的不可思議的力量,以及它衝擊、受益、影響和控制人類的能力,人們要能夠掌握如何建立和理解人工智慧的知識,就像知道如何操作電腦一樣重要。

為此,這本書的目的是讓您對常見的機器學習任務有一個實際的理解。有了這些,您將能夠建立更好的工具,並瞭解更廣泛的世界中其他人所用工具的行為。我們很高興您閱讀了本書,讓我們一起建造人工智慧。

本書資源

我們建議在閱讀本書時,在閱讀每一章的過程中自己撰寫程式碼。如果您卡住了,或者只是想要一份程式碼的副本,您可以到我們的網站(*http://www.aiwithswift.com*)找到您需要的東西。

適用讀者和閱讀方法

這本書是為那些已經知道如何用 Swift 做程式設計,並希望瞭解有關機器學習威力的具體功能和技術的人寫的。這不是一本教您程式設計基礎知識的書,也就是說,使用這些範例需要對程式設計語言有一定的熟悉程度。

除了使用 Swift 之外,我們偶爾還會講到 Python。Python 在機器學習和人工智慧領域非常普遍。這本書的主要內容是 Swift,所以我們將會解釋為什麼我們需要使用 Python。關於這一點,我們會提醒您們幾次。

最後,我們還假設,作為使用者,您對 macOS 和 iOS 的操作相當熟悉,您可以使用 Mac 進行開發,也可以使用 iOS 設備進行測試,完成需要特定感測器的任務,比如運動追蹤或影像分析。

本書組織

這本書分為三部分。

第一部分是**基礎與工具**,我們將介紹機器學習和人工智慧背後的基本概念。我們為您設定了將要使用的語言和工具,並讓您準備好可開始建立有用的東西。

第二部分是**任務**,我們廣泛地從電腦視覺、音訊、動作和語言領域中,取出一些有趣的主題。對於每個主題,我們將展示並建立一個 App,用它來突顯各種技術和 API;在每一章的最後,您將有一個完整可用的示範 App,用來展示您的程式碼可以完成的實際任務。

第三部分是**進階**,我們看一看幕後到底做了什麼,並詳細查看那些提升 App 的技術。我們將仔細研究機器學習的理論,並讓您對設備實際在做什麼有更深層的瞭解。

使用這本書

我們希望這本書能深深扎根於「**實用**」。正因為如此,我們的內容圍繞著建立實際**任務**,這些任務可能是您在處理人工智慧和 Swift 時,可能會想要執行的任務。我們把這本書分成了三部分。

第一部分討論 Swift 和人工智慧,以及本書如何採用任務導向介紹人工智慧的方法,以及用於 Swift 和人工智慧的工具(第 2 章),還有在您的實際人工智慧應用中,如何找到資料集合,以及為什麼要使用該資料集合(這是本部分的第 3 章)。

第二部分的每一章,都探討了可以集成到您 Swift App 的不同領域的人工智慧,以分類主題的角度來看:視覺相關任務(第 4 章),音訊任務(第 5 章),語言和文字的任務(第 6 章),運動和手勢的任務(第 7 章),生成和推薦這類增益任務(第 8 章),進階(第 9 章)中將探索我們在第一部分結束所接觸到的更進階的工具和 framework。在下一節中,我們將概述每個任務的內容。

第三部分探討了人工智慧**方法**實際上是如何工作的(第 10 章),以及我們在第二部分中所做的實際任務是如何工作的(第 11 章),以及最後艱難的道路(第 12 章),是用一個簡單版本說明您如何自己實作這些事情。

我們的任務

在這本書中,我們涵蓋了以下領域的任務:

- **視覺**
  - 人臉偵測
  - 條碼偵測
  - 重點偵測
  - 圖像相似度
  - 圖像分類
  - 繪圖識別
  - 風格分類
- **音訊**
  - 語音辨識
  - 聲音分類
- **文字和語言**
  - 語言識別
  - 命名實體識別
  - 詞元還原、標籤、拆分

- — 情感分析
- — 自訂文字分類器

- **運動和手勢**
  - — 活動識別
  - — 繪圖手勢分類
  - — 活動分類
  - — 將人工智慧用於擴增實境

- **增益**
  - — 圖像風格轉換
  - — 句子生成
  - — 圖像生成
  - — 電影推薦
  - — 回歸

- **進階**
  - — 安裝 Swift for TensorFlow
  - — 使用 Python with Swift
  - — 使用 Swift for TensorFlow 訓練分類器
  - — 使用 CoreML Community Tools
  - — 在設備上的模型更新
  - — 在設備上下載模型

這本書的大部分內容都致力於探索,如何在您的應用程式中實作由人工智慧驅動的東西,而且(主要是)使用 Swift。因為我們採用自上向下的、以任務導向的人工智慧視角,所以我們決定在第 2 章先討論您可能會用到的工具。

在第 2 章中,我們將會探討一些工具,您可以用 Swift 建立機器學習和人工智慧任務的模型,以及一些用於操縱模型、處理資料和通常用 Swift 實踐人工智慧的工具。

本書編排慣例

下列為本書的編排慣例：

斜體字（*Italic*）

　　用來表示新術語、URL、電郵信箱、檔案名稱與附加檔名。中文以楷體表示。

定寬字（`Constant width`）

　　用來表示樣式碼或在段落中表示如變數或函式名稱、資料庫、資料型別、環境變數、敘述與關鍵字等程式元素。

 用來表示技巧或建議。

 用來表示一般性的註記。

 用來表示警告或注意事項。

使用範例程式

補充材料（程式碼範例、練習、勘誤表等）可從以下網址下載（*http://www.aiwithswift.com*）。

本書的目的是協助您完成工作。書中的範例程式碼，您都可以引用到自己的程式和文件中。除非您要公開重現絕大部分的程式碼內容，否則無需向我們提出引用許可。舉例來說，自行撰寫程式並引用本書的程式碼片段，並不需要授權。但如果想要將 O'Reilly 書籍的範例製成光碟來銷售或散佈，就絕對需要我們的授權。引用本書的內容與範例程式碼來回答問題不需要取得授權許可，但是將本書中的大量程式碼納入自己的產品文件，則需要取得授權。

雖然沒有強制要求，但如果您在引用時能標明出處，我們會非常感激。出處一般包含書名、作者、出版社和 ISBN。例如：「*Practical Artificial Intelligence with Swift*, 1st Edition, by Mars Geldard, Jonathon Manning, Paris Buttfield-Addison, and Tim Nugent. Copyright 2020 Secret Lab, 978-1-492-04481-9」。

若您覺得自己使用範例程式的程度已超出上述的允許範圍，歡迎隨時與我們聯繫：*permissions@oreilly.com*。

致謝

Mars 要感謝她的家人和合著作者，即使在她無法忍受的情況下，也給予了支持，並感謝 University of Tasmania 為她提供的所有機會。

她想特別感謝教育工作者 Dr. Julian Dermoudy 在她三年前剛開始寫程式時，就讓她愛上程式設計，也要感謝 Nicole Herbert（作為一個高度有效率的協調者）提供了她做這件事的支援和信心，還要感謝澳大利亞 Apple 開發者社群和 AUC，使她擁有 Swift 豐富的知識和興趣，以及一直身為她性格主要榜樣的父母親。

Jon 想感謝他的父母和其他瘋狂的大家庭成員對他的大力支援。

Paris 感謝他的母親，沒有她，他就不會做任何有趣的事情，更不用說寫書了，還有他的伴侶 Mars（也是主要作者），還有他所有的朋友（他很幸運能和其中幾個朋友一起寫這本書！）。

Tim 感謝他的父母和家人能容忍他這種毫無生氣的生活方式。

我們都要感謝 Michele Cronin 和 Rachel Roumeliotis，他們的技巧和建議對完成這本書來說是無價的。我們真的很高興能在未來和您們一起做更多的專案！同樣地，感謝在寫這本書的過程中，我們接觸過的所有 O'Reilly Media 員工，他們都是各自領域的絕對權威。

非常感謝 Tony Gray 和 Apple University Consortium （AUC）（*http://www.auc.edu.au*），他們給我們和本頁上列出的其他人帶來了巨大的幫助。如果沒有他們，我們就不會寫這本書。現在輪到 Tony 開始寫書了，Tony 呀！我真是於心不忍！

還要感謝 Neal Goldstein，他把我們拉進了整個寫書的圈子，他應該受到滿滿的讚揚和 / 或指責。

我們感謝支援 MacLab 的暴徒們（他們自己知道他們是誰），感謝教授 Christopher Lueg、Dr. Leonie Ellis，以及 University of Tasmania 現任和前任其他員工對我們的支持。

另外還要感謝 Dave J.、Jason I.、Nic W.、Andrew B.、Jess L. 以及所有激勵我們、幫助我們的人。特別要感謝 Apple 公司辛勤工作的工程師、編寫人員、美術和其他員工，沒有他們，這本書（以及許多其他類似的書）就沒有存在的理由。

還要感謝我們的技術審稿人，特別感謝 Chris Devers、Dominic Monn 和 Nik Saers 的細心和專業。

最後，非常感謝您購買我們的書，我們非常感謝！如果您有任何回饋，請告訴我們。

## 第一部分

基礎與工具

## 第一章

人工智慧！？

許多關於人工智慧（AI）、機器學習和深度學習的文獻充斥著看起來複雜可怕的數學和晦澀的學術術語。如果您是一個相對精實的軟體工程師，想要涉足人工智慧的世界，並在應用程式中實作一些由人工智慧所驅動的功能，在一頭栽進去的時候會覺得有點可怕。

別擔心，現在的 AI 很簡單（好吧，是**比較簡單**），我們在這裡向您展示如何在您的 Swift 應用程式中**實**作它。

這本書所介紹關於實作人工智慧的概念和流程，均會用 Swift 以各式各樣的**實用的**方式呈現。

 在開始之前，我們需要做一些基礎工作：首先，這本書講的是 AI 和 *Swift*（希望您已經在封面上看到了這些既大又友好的文字）。Swift 是一種令人驚歎的程式設計語言，它是構建 iOS、macOS、tvOS、watchOS、甚至 web 應用程式所需要的全部工具。

儘管很長一段時間以來，人工智慧世界一直與另一種語言——Python——保持著一種共生關係，但情節出現了轉折。因此，儘管這本書著重使用 Swift，但它並不是我們在書中使用的唯一程式設計語言。我們想在一開始就點明這件事：有時候我們確實會使用 Python。

在進行機器學習（machine learning）和人工智慧時，不可避免會使用到 Python。但這本書的主體使用的是 Swift，當我們改為使用 Python 時會解釋為什麼。關於這件事，之後我們還會提醒您們幾次。

我們需要預先確定的是（正如我們在前言中所說的），我們希望您已經知道如何寫程式。

這本書不是寫給才剛進入 Swift 程式設計與剛學習做人工智慧的程式設計師看的，我們設計這本書是為已懂得程式設計的人看的。您不需要成為一個專業的程式設計師，但是您需要知道發生了什麼。

儘管這本書的名字是《人工智慧開發實務｜使用 *Swift*》，但如果您不理解您正在研究的東西底下的一些理論基礎，就不可能創造出有效的人工智慧功能。這就代表著我們有時會研究一下理論的部分。這麼做是有用的，我們保證，而且這些內容大部分只會出現在書的第三部分。不過，建議您先讀完第二部分，才能獲得實際實作的具體細節。

實用的 AI 和 Swift⋯和 Python？

正如標題所述，我們確實在本書中使用 Swift 執行**大部分**的工作。但 Swift 並不是做機器學習的唯一方式。Python 在機器學習社群中非常流行，用於訓練模型。Lua 也得到了大量的使用。總的來說，您選擇的機器學習工具將會決定您要選擇哪種語言。CoreML 和 CreateML 是本書執行機器學習的主要工具，它們都假定使用 Swift。

我們在這裡假設讀者已熟悉 Swift 程式設計和建立基本的 iOS 應用程式。由於人工智慧和機器學習是一個如此大的話題，所以若我們也把 Swift 和 iOS 納入內容，這本書將會太大本，以致於在您的書架上看起來會很可笑。當我們讀這本書的時候，我們仍然會解釋每一步都發生了什麼，所以不要擔心我們會把您推入深淵。

如果您還在探索著怎麼使用 Swift 和 iOS，覺得需要複習一下，或者只是想再讀一本 Swift 的書，那就看看 *Learning Swift*（*http://oreil.ly/ DLVGh*）吧。在這本書裡，我們從零開始，一路到建立出一個完整的應用程式。

雖然我們很偏心，但我們認為這是一本好書。但請不要我講了您就信，請讀一下就知道了。

本書從實作的角度出發，代表著我們試圖在所有事情上都是實際的（和實用的），包括語言的選擇。一項工作若適合由 Python 完成，我們也將向您展示如何用 Python 完成。

務實這件事，在本書的內容中的意思是：我們會動手做一些由 AI 驅動的功能，我們不會去管該功能如何工作，為什麼要做，或者是什麼使它有用。我們只關心怎麼使它工作。關於人工智慧、機器學習、深度學習理論以及事物如何運作的書籍已經足夠多了；我們不需要為您再寫一本。

程式碼範例

您可能知道，Swift 常會使用一些非常長的方法呼叫。在您超級高解析度的螢幕上有大量的像素，提供不可思議的水平捲動能力，所以您很少需要將方法呼叫和變數宣告拆成多行。

遺憾的是，儘管紙（和它的數位親戚）是一項令人印象深刻的技術，但它在水平空間方面有一些相當嚴格的限制。因此，我們經常將範例程式碼分成多行。

特別聲明，這不代表您的程式碼也需要分成多行；這只是我們為了要讓範例程式碼能配合您手上的這本書的印刷，所以才這麼做的。所以，如果您覺得一行程式碼看起來有點奇怪，您想知道為什麼我們把它分成很多行，這就是為什麼。

在這本書中，我們不打算討論程式碼風格。它是一個值得用另一本書（比如 Pragmatic 出版社的 *Swift Style* 第二版（*http://bit.ly/33ub91o*））介紹的大主題，而且它是主觀的，是一個很容易引發爭論的主題，所以我們就跳過這個主題了。每個人都有適合自己的方法，所以堅持下去，您會比一味地模仿別人更好。

做自己！

如果您不想輸入書本程式碼，我們已經在 GitHub（*http://bit.ly/2IZjW3o*）上建立了一個包含所有程式碼範例的儲存庫供您隨時使用。此外，在我們的網站上還放了額外的資源（*https://aiwithswift.com*）。

範例是用 Swift 5.x 撰寫的，螢幕截圖是擷取 macOS Catalina 上的 Xcode 11 家族的畫面。在更舊或更新的版本中，範例的行為可能不太相同。不過，Swift 現在已經穩定了，所以即使 Xcode 的使用者介面看起來有點不同，也應該能正常執行。

每個範例應該在相當長的一段時間內都能正常執行，即使是在這本書的出版日期一陣子之後也一樣。

我們在程式碼範例中也廣泛使用了 Swift 擴展（extension）。Swift 擴展允許您添加新功能到現有類別和枚舉中，看個例子比說明容易理解。

 如果您是一個頭髮花白的 Objective-C 程式設計師，您可能記得 category 這種東西。擴展有點像 category，只差在擴展不會有名稱。

假設我們有一個叫做 Spaceship 類別：

```
class Spaceship
{
    var fuelReserves: Double = 0

    func setFuel(gallons: Double) {
        fuelReserves = gallons
    }
}
```

希望這段程式碼本身能表達它想做什麼，但為了確保我們有相同的理解，我們還是要解釋它：它定義了一個名為 Spaceship 的類別，這個類別有一個變數名為 fuelReserves（它的類型是 Double，但這現在不重要）。

Spaceship 類還有一個叫做 setFuel() 的函式，它有一個 Double 型態名為 gallons（加侖）的參數（我們不確定加侖是什麼，因為我們是澳大利亞人，但是我們的編輯告訴我們要這樣定）。該函式將 fuelReserves（燃料儲量）設定為 gallons，講完了。

假設我們想在程式碼的其他地方使用 Spaceship 類別，但是又想添加一個能讓我們以友善方式印出燃料儲量的函式。我們可以使用一個擴展：

```
extension Spaceship
{
    func printFuel() {
        print("There are \(fuelReserves) gallons of fuel left.")
    }
}
```

現在您可以呼叫 Spaceship 類別的一個實例的 printFuel() 函式，就好像它原本就寫在類別定義中一樣：

```
let starbug = Spaceship()
starbug.setFuel(gallons: 100.00)
starbug.printFuel()
```

我們也可以使用擴展來滿足協定（protocol）：

```
extension Spaceship: StarshipProtocol {
    // 在這裡寫 StarshipProtocol 要求的實作
}
```

在這個程式碼範例中，我們要求 Spaceship 類別要符合 StarshipProtocol 協定。由於我們會經常用到擴展，所以我們想確保這個範例能讓您理解擴展。

如果您需要更多關於擴展的資訊，請查看 Swift 文件（*http://bit.ly/328ovjy*）。同樣地，如果需要更多關於協定的資訊，也請查看文件（*http://bit.ly/32ajAi5*）。

為什麼要用 Swift ？

當我們談論人工智慧和 Swift 時，我們經常遇到會這樣說的人：「您是在講 Python 嗎？」（有時他們並沒有真的說出來，但您可以從他們的眼睛裡看出他們在想什麼）。

 我們也常被人這樣問：「人工智慧？您是說機器學習嗎？」我們經常交替使用這兩個術語，因為時至今日用哪個詞已經不重要了，我們也不想加入這個爭論。您可以隨便叫它什麼；我們都不反對，我們稍後也會再談到這個討論。

以下是我們為什麼喜歡用 Swift 做人工智慧的原因。

Swift 是一個由蘋果公司發起的開源系統和資料科學程式設計語言專案，旨在建立一種強大、簡單、易於學習的語言，將學術界和產業界的最佳實踐整合到一種多範式、安全、可互動操作的語言中，這種語言適用撰寫從低階的程式設計到高階腳本間的任何東西，它在不同面向都取得了成功。

Swift 是一種受歡迎的、蓬勃發展的熱門語言，目前估計有 100 多萬位程式設計師使用它。有著多樣化和充滿活力的社群、成熟的工具。Swift 在蘋果的 iOS、macOS、tvOS 和 watchOS 的開發中佔據主導地位，但在伺服器和雲計算方面正在努力中。

Swift 有很多很棒的特質，若是想學習如何開發軟體，或想做現實世界的各種開發，Swift 是一個很好的選擇，這些特質包括：

設計

> 在早期，Swift 更新的快速又鬆散，也進行了許多語言上的修改。因此，Swift 現在是穩定的、優雅的、語法相當穩定的語言。Swift 也屬於 C 語言衍生家族的一員。

教學性

> Swift 大部分的學習曲線很平緩，它遵循著逐步揭露複雜性和高局部性推理的設計目標。這代表著它很容易教，也很容易學。

高生產力

> Swift 程式碼清晰、易於撰寫，並且樣板很小。它被設計成易於撰寫，更重要的是易於閱讀和除錯。

安全

> Swift 天生就是安全的，該語言的設計使其很難造成記憶體安全問題，並且很容易找到和糾正邏輯錯誤。

性能

> Swift 速度快，記憶體用量合理。這一點可能是因為它一開始是一種移動程式設計語言（mobile programming language）。

發佈／執行

> Swift 會被編譯成原生機器碼，不會有惱人的垃圾收集器或肥胖的執行時期函式庫。一個機器學習模型可以被編譯一個目的檔案和一個 header 檔。

除了所有這些很棒的特質，從 2018 年年中開始，語言團隊宣佈提升語言穩定性：穩定性在語言誕生的早期，這是一個相當重要的因素。穩定代表著重構較少，每個參與者也比較不用重新熟悉語言，這是一件好事。

我們的學習途徑

除了蘋果平台語言 Swift 的歷史之外，這本書介紹 Swift 時還是以概念為先，其次才是平台。平台也會被好好介紹一番，但我們想要讓本書中列出的方法與平台無關。

Swift 是一種使用者友好的語言，若與其他人工智慧應用程式常會使用的語言相比，它很容易學習。我們希望提供的教學可幫助讀者學習發展 AI 的一般技能，甚至超越語言的使用。

我們的重點在完成任務和實作功能，而不是去討論人工智慧的本質。

為什麼要用人工智慧 ？

儘管許多非 Swift 開發人員認為 Swift 是一種只活在於蘋果生態系統中，適用於應用程式開發的語言，但現在情況已經不同了。Swift 已經發展成為一種強大而堅實的現代語言，具有廣泛的功能集合，我們（作者）認為這些功能集合適用於機器學習實作和教育。

近年來，蘋果公司發佈了兩款重要工具來鼓勵人們在其作業系統上追求上述的目標：

CoreML

> 一個 framework 和相應的模型格式，使已經訓練完成的模型有高度的可移植性和高效能。對於現行的第二個發行版本中，它的功能重點集中在電腦視覺和自然語言應用程式上，但是您仍可以將它應用於其他應用程式。

CreateML

> 一個用於建立和執行 CoreML 模型的 framework 和一個應用程式。它使訓練機器學習模型成為一個簡單和視覺化的流程。該版本於 2018 年發佈，並於 2019 年進行了改進，為那些一直在改編其他格式的模型、想把模型變成為可以與 CoreML 一起使用的人，提供了一個新的選擇。

我們將在第 2 章詳細介紹 CoreML 和 CreateML。

對智慧應用的推動並沒有止步於此。隨著 Siri shortcuts（一個可讓使用者使用個人助理自訂能力的功能集合）等新產品的問世，蘋果公司參與了一場盛大的文化運動，將個人化與智慧設備的發展延伸到了消費者層面。

所以使用者想要的是具有人工智慧的東西，而我們現在有了一個很酷的語言，合適的平台，以及一些很棒的工具。但許多人還是無法擺脫過去已熟悉的語言。那麼，如果他們可以使用一些他們已經熟悉的工具呢？您也可以用您喜歡的工具噢。

對於 python 有偏好的使用者，蘋果提供了 Turi Create（*http://bit.ly/2opKB2p*）。在 CreateML 出現之前，Turi Create 是首選：這個 framework 的用途是客製化機器學習模型的快速和視覺化訓練，可與 CoreML 一起使用。特別針對表格式或圖形資料，您可以切換到 Python 中，訓練一個模型，將其視覺化以驗證其適用性，然後直接回到一般開發流程裡。

但我們要用的是 Swift，記得嗎？

在出現 Swift for TensorFlow 專案時（*http://bit.ly/2MNJUbj*），它的專案頁上面自豪地說「……機器學習工具就是這樣重要，以致於它們配得上一個一流的語言……」，用這句話來迷惑死忠的 Python 使用者。TensorFlow 和相關的 Python 函式庫的公開可以直接在 Swift 中存取，即利用了兩種語言的優點。Swift 提供了更好的可用性和型態安全性，在不損害 Python 機器學習的靈活性的情況下，加上了 Swift 編譯器的強大功能。

在 2018 年的 TensorFlow 開發峰會上，Chris Lattner（Swift 語言的原作者，以及其他許多東西的創作者）公開了 Swift for TensorFlow，可在 YouTube（*https://youtu.be/Yze693W4MaU*）看到錄影，錄影更詳細地介紹了該專案存在背後的原因。

如果您想知道更多背後的故事，Swift for TensorFlow 的 GitHub 頁面有一個非常深入的文章（*http://bit.ly/2qaz2wB*）解釋他們為什麼選擇 Swift。

現在，在使用 Swift 做 AI 時選擇用什麼工具變得非常容易決定：如果是圖像或自然語言應用，或者如果目的是學習，就使用 CreateML；如果是要處理原始資料（大型值表等），輸入資料很多，或者需要進一步客製化，那麼請使用 TensorFlow。

我們將在第 2 章中討論更多關於工具，並且會在第 9 章中簡要介紹一下 Swift for TensorFlow。

內建機器學習的設備

歷史上，蘋果平台上的人工智慧功能略有不同，因為它們非常鼓勵在設備上做機器學習。許多其他製造商或開發人員，則是選擇將使用者資料發送到雲端以進行訓練，再透過網路回傳結果的產品。蘋果則提出，這種行為對使用者資料安全造成不必要的風險，因為資料可能包含個人資訊或習慣。

不意外地，這必然要付出代價。整個蘋果機器學習套件必須將性能放在首位，以允許單個設備（甚至是 iPhone）處理本地和離線智慧功能所需的所有操作。即便如此，一些資源密集型的系統功能也只有在設備處於非活動狀態、並且供電無虞時才能執行。

在我們正式開始討論用 Swift 實作人工智慧之前，我們必須為那些沒有人工智慧背景的人岔題一下。

人工智慧是什麼，它能做什麼？

人工智慧是一個研究領域和方法，試圖賦予技術一種智慧的**外表**。什麼屬於人工智慧或者什麼不屬於人工智慧存在著激烈的爭論，因為在一個**被告知答案**的系統，和被告知**如何找到答案**的系統之間有一條模糊的界線。

人工智慧基本上通常包括如**專家系統**（*expert system*）般的架構：專家系統是一種應用程式，以高度特定的資訊檢索或決策制定，來支援或替代一個領域的專家。它們可以由專門的語言或 framework 建造，但它們的核心歸納成許多巢式的 *if* 述句。事實上，我們敢打賭肯定是這樣。舉例來說：

```swift
func queryExpertSystem(_query: String) -> String {
    var response: String

    if query == "Does this patient have a cold or the flu?" {
        response = ask("Do they have a fever? (Y/N)")

        if response == "Y" {
```

```
        return "Most likely the flu."
    }

    reponse = ask("Did symptoms come on rapidly? (Y/N)")

    if response == "N" {
        return "Most likely a cold."
    }

    return "Results are inconclusive."
    }

    // ...
}
```

專家系統有一些實用的應用,但是構建這些系統非常耗時,並且始終需要對問題給出客觀的答案。儘管這樣一個大規模的系統可能看起來擁有大量的領域專業知識,但它顯然沒有靠自己發現任何新知識。雖然編纂了人類知識,甚至超越個人回想和回應時間,但其本身並不能形成智力,它只是依被告知的說而已。

那麼,如果是一個被告知如何找出或猜測答案,或者如何自行發現知識的系統呢?這就是如今大多數人口中所說的人工智慧。像類神經網路這樣熱門的方法,其核心是可以獲取大量資料的演算法,這些資料包括清楚的屬性和結果,並在一定程度上識別出人類無法識別的連結和複雜性。嗯,若人類有很長的時間和很多紙的話,也許一樣可以識別。

 關鍵在於,人工智慧所涉及的一切都不是魔法:它並不能做到人無法做到的事;相反地,它是把簡單的事情做得比人類快得多。

您可能會問「等等,為什麼識別過去資料中的關聯是有用的?這如何使系統得到智慧?」。嗯,如果我們非常清楚什麼條件或屬性會導致什麼結果,當這些條件或屬性再次出現時,我們就可以有信心地預測會出現什麼結果。基本上,它使我們能夠做出更明智的猜測。

知道了這一點後,人工智慧不是什麼和不能做什麼就變得更清晰了:

- 人工智慧不是魔法。
- 對於敏感問題,不能信任人工智慧的產出。

- 人工智慧不能用於必須完全精確的應用中。

- 如果不存在現有的豐富知識，那人工智慧無法識別新知識。

這代表著人工智慧可以查看大量資料，並使用統計資料分析來顯示相關性。比方說「**大多數買了 X 書的人也買了 Y 書**」。

但是，如果沒有外部輸入或設計，它無法將這些資訊轉化為行動。例如「**推薦 Y 書給那些已買了 X 書（而且還沒有買 Y 書）的人**」。

而且，如果不提供更多資訊，它就不能推斷出包含新變數所包含的資訊。例如「**誰最有可能購買一本還沒有人買過的新書 Z？**」。

人工智慧與機器學習

無論如何，就機器而言擁有智力並不等於有進一步學習的能力。人工智慧和機器學習的區別取決於您問的是誰，但在這本書中，我們堅持以下幾點：

> 人工智慧有一些回授方法，讓它的訓練可隨著時間增長和完善，它具有機器學習的能力，並屬於機器學習的範疇。

在技術層面上，機器學習可以簡單地實作為具定期重新訓練架構的人工智慧。像蘋果這樣的公司經常把整個領域稱為機器學習，更是造成更多混淆。這兩個術語之間的界限並不重要；重要的是一個特定的技術解決方案的需求描述。

一個能夠根據溫度和濕度預測天氣的系統，可以在訓練一次以後，就使用很長一段時間，而一個推薦系統應該在任何時候納入到新產品和新的使用者行為。

深度學習和人工智慧？

您可能已經注意到，除了術語「機器學習」和「人工智慧」，有時人們還會提到**深度學習**（*deep learning*）。深度學習是機器學習的一個子集。這是一個有點時髦的名詞，但它也是一種必須倚靠多層次的重複工作來執行任務。

深度學習是使用越來越複雜的類神經網路層來進一步從資料集中提取出實際相關資訊。其目標是將輸入轉換為抽象的表示形式，以便稍後用於各種目的，例如分類（classification）或推薦（recommendation）。本質上，深度學習之所以被稱作深度，是因為它透過分層的類神經網路進行了大量重複的學習。

類神經網路是哪來的？

根據您的背景不同，您可能會認為人工智慧和機器學習**不過就是類神經網路**。這不是真的，從來都不是真的，未來也不會是真的。類神經網路只是一個流行詞，也是圍繞這些主題的炒作主題之一。

在本書的後面，在第二部分的所有**實踐任務**之後，我們將在第 10 章中以更理論的角度來研究類神經網路，但是這本書著重的還是實作。事實上，現在您是否關心類神經網路並不重要；由於我們有很好的工具，所以您可以在不需要知道或關心工具是如何工作的情況下，構建**特徵**（*feature*）。

合乎道德、有效，並適當地使用人工智慧

人工智慧可以被用來做壞事。這麼說不令人意外；幾乎所有一切的東西都可以用來做壞事。但是我們人類很久以前就知道如何做出智慧技術，而且在投入大量精力製造能**自我解釋**的智慧技術之前，智慧技術就已經相當流行了。在這一領域，人工智慧研究還處於起步階段。

現在，如果我們有一個其他類型的系統，但它偶爾會出錯，我們可以對它進行除錯，找出出錯的地方和原因。

但我們不能對人工智慧做一樣的事。

如果我們有一個其他類型的系統，其輸出會因為輸入改變，而我們不能修改系統本身的話，我們可以去檢查並嘗試手動分析那些會導致錯誤的輸入。

但我們不能對人工智慧做一樣的事。

無法自我解釋的智慧系統如果出錯，通常找不到要從何處著手。

無法修改已部署的系統這件事，也引發人們規避責任，人們宣稱自己建立的系統不代表他們的觀點，並拒絕為自己的錯誤負責。

最近的一個例子是：一款為移動裝置發行的照片編輯應用程式，號稱可以將您的照片調整到幾個事先定義的模式。若您輸入一張自拍照，它會將這張自拍照中的您改為不同性別、變更年輕或變更老。其中一個可輸出的模式聲稱會對照片進行微調，使個人看起來「更性感」，但膚色較深的使用者很快就注意到，這個功能會把他們的膚色變亮。

毫無疑問地，這使得使用者受到了傷害，因為他們覺得膚色越淺越有吸引力。這種被號稱為「種族歧視設計」對開發人員造成困惑，但也承認他們的應用程式的輸入資料集是在內部建立的。建立時會給無數人的照片標上標籤，供他們的人工智慧在訓練時使用，以致於他們傳遞了自己固有的偏見：他們個人認為歐洲血統的人更有吸引力。

但是演算法不知道種族主義是什麼，它不會有人類的偏見，不知道美，也不知道自尊。這個系統只是收到大量的照片，被告知哪些照片是有吸引力的，並被要求要複製所有它所識別出來的共同屬性，全都是很明確的行為。

當他們在進行內部測試時，執行者碰巧也是白人，所以沒有察覺出問題，於是這個應用程式就發行出去了。

還有更多影響深遠的例子也遭受了類似的問題：例如，汽車保險系統認定所有女人都很危險，求職系統認為名字是不是叫 Jared 事關重大，假釋系統認為所有深色皮膚的人會犯罪，醫療保險系統以超市的信用卡交易資料評估一個人的飲食和健康狀況，認為生鮮市場購買食物的人情況較差。

所以，重點是要明白雖然人工智慧是一個非常酷和有趣的新技術領域，我們可以用它來取得卓越的進步和變得更好，但它真的只能複製我們社會既有的條件，它無法有**道德感**。

問問自己：第一部分

1. 人工智慧系統套用於現實世界中，會產生什麼樣的問題？

2. 如何在系統中改善這些問題？例如：

    - 將輸入資料整理成更能表達概念的形式
    - 用多個不同系統，以互相補正或挑戰其他系統
    - 重新建構詢問系統的問題，以求得更客觀的答案

3. 如果這個系統給出的所有答案都不對，會導致的最大損害是什麼？

4. 如何將風險或潛在傷害減低？例如：

    - 在發佈以前確認達到一定的精準度
    - 內建故障安全裝置以忽略或警示潛在有害的回應
    - 人為調整回應

5. 就算仍有風險或潛在的危害，在最壞情況發生時，您仍然可以處理嗎？

這並不是說設計人員 / 開發人員沒有這種權力。修改輸入資料塑造成我們想要的世界,而不是實際的世界,但是目標化也會導致其他的不準確性。現在,我們所能期望的最好的結果就是意識到並接受責任。

至少要這樣做。

然而,即便是合乎道德地使用人工智慧,也並不總是有效或恰當的。許多人都太沉迷於開發一個充滿未來科技的智慧系統,而這種智慧系統現在正風靡一時;他們不再關注他們試圖解決的問題或試圖創造的使用者體驗。

假設您可以訓練一個類神經網路來告訴某人他們可能會活多久。它利用了所有現有的歷史和當前的醫學研究,數百年來對數十億人的治療和觀察,這使得它相當準確——排除了意外或外力造成的死亡。它甚至可以為不斷增長的平均壽命背書。

當一個人打開這個應用程式 /web 頁面 / 無論什麼,然後輸入他們所有的資訊,送出資訊,然後得到一個答案,這個答案只有一個數字,人們只能相信該數字,沒有其他更多解釋,所以它無法提供對人類來說有意義的東西。

即使是那些得到良好結果的人,也可能會造成嚴重的困擾。

因為人類需要的不是一個神奇的答案。當然,他們喜歡得到人類無法解決的問題的答案,但只給一個單獨的回應並不能解決問題。大多數人都想知道他們的預期壽命,這樣他們就可以延長壽命,或者知道如何在以後提高他們的生活品質。真正的問題是,他們能做些什麼來應對可能出現的問題,而這個答案並不存在於系統的回應中。

一個專家系統可能表現得更好:它知道的事情雖然更少,但它可以解釋自己產出的結果,給出可操作的答案。在大多數應用程式中,這正是智慧系統的設計所追求的目標,而不是其他的。代價是犧牲智慧甚至一點點準確性,類神經網路解決方案就無法達到這種效果。

問問自己:第二部分

1. 如果有足夠的時間或工作,一個「笨」的解決方案能解決這個問題嗎?

2. 如果是這樣,那聰明的解決方案又有什麼價值呢?

3. 如果一個人類被問到一個系統可以回答的問題,您希望他們除了回答以外,還能有什麼解釋呢?

4. 一個聰明的解決方案能提供一個可比較的解釋嗎？

5. 您試圖為最終產品的使用者提供什麼樣的體驗？

最後一個例子：假設有一個公司正困擾著如何在第一次更新後留住會員，管理層級為如何留住會員而苦惱，但用於通信的通知訂閱率、讀者群或回復率都很低。大多數新成員甚至在他們的第一個會員效期過半後都無法與他們取得聯繫，管理層級廣泛尋找解決方案。管理層級希望知道如何獲得更多關於其成員的資訊，以便能知道什麼構成問題，或更換其他方式聯絡方式。

收到的解決方案包括資料收集、聘用資料機構或雇傭管理顧問這種公司會清除所有與資料相關的障礙。公司需要的是告訴電腦更多的客戶資料，然後電腦會告訴它該做什麼。公司將建立一個系統來識別出很可能不會進行更新的成員，並確定哪些保留會籍的方案是最有效的。管理層級告訴自己，這個系統會很棒。

但這裡的問題不在於該公司擁有成員資料太少。問題在於公司無法**聯繫**它的成員，不能充分地向成員展示保留會籍的**價值**，而且資料揭示的資訊太少，以致於公司不認識它的會員或產業，也許管理層級根本不想知道。它偏離了最初提出的問題，現在未能設計出**適合**其目的的解決方案。

問問自己：第三部分

1. 如果沒有人工智慧，人類要如何解決這個問題？請考慮以下的領域：

社會研究

　　現今的使用者分析方法所能得知的事情，已經可以取代傳統市場調查、文獻分析與客戶調查等。

數學統計

　　對許多人來說，手動分析大量的資料不是件有趣的事，但電腦可以用來識別屬性和結果之間的關係，對於該領域的人員來說，只要用常識就可以識別出其中重要且有意義的關連。

土耳其機器人（*Mechanical Turk, http://bit.ly/2ptZCjJ*）

> 這個名詞出自 18 世紀的一款革命性的國際象棋機器人，但這個機器人其實只是有一個人躲在盒子裡而已。千萬不要低估人類解決問題的能力，我們有許多技能是電腦無法模仿的。

2. 問題真的要問的是什麼？

- 這個解決方案能回答問題嗎？
- 如果不能回答，任何智慧解決方案可以回答同一個問題嗎？
- 如果不能，更換的資料或可用方法是否可以解決原有的問題？

有了這些思想上的原則（道德的、有效的、適當的），現在就讓我們前進，學習為自己建立一些具人工智慧功能吧（這就是這本書後面要講的東西，所以我們希望您能繼續讀下去）。

實際人工智慧任務

我們想要寫這本書，是因為我們厭倦了那些聲稱從探索如何實作令人驚艷的一堆類神經網路開始，聲稱要教一些有用的、實用的人工智慧技術的書（但最後因完全沒使用環境而變成毫無用處收場）。我們讀過的大多數關於人工智慧的書實際上都非常好，但它們都是從自下而上的方法開始的，從演算法和類神經網路開始，到最後的實作和實際應用。

典型任務導向方法

我們將在本書中採用的典型方法是自上向下的說明，我們將把所關注的 AI 的每個領域分解成需要解決的個別任務。

會這麼做是因為很少您一開始就問「我想要風格分類器系統」（雖然您有可能問出這樣的問題）。您通常在開始時會問「我想做一個應用程式，它可以告訴我如果這幅畫屬於浪漫主義或前拉菲爾派的風格」（這是一個在我們人生中可能會出現的問題）。

在本書第二部分中的每個章節都以我們想要解決的問題開始，並以一個能解決此問題的**實用**的系統作為結束。流程都是一樣的，每章節只有一些小的變化：

- 對我們正要處理的問題的描述
- 決定用一種通用的方法來解決它
- 收集或建立用於解決此問題的資料集
- 做出我們的工具
- 建立機器學習模型來解決問題
- 訓練模型
- 建立使用該模型的應用程式或 Playground
- 將模型連接到 App 或 Playground
- 拿出來秀一下

我們採用這種安排的原因很簡單——這本書被稱為「**實用**」人工智慧與 *Swift*，而不是「**有趣但脫離現實世界不切實際的一個系統**」人工智慧與 *Swift*。將我們想說的包裝成一個個的任務，我們要求本書中的元素能夠最好地解決手頭的問題，同時要求它們能夠以實際的方式使用。

幾乎所有的章節都會使用 CoreML 作為我們建立的模型 framework，所以我們所做的任何事情都需要支援它。

 在某些方面，CoreML 是我們畫出的一條分際線，不過在另一方面來說，它給了我們明確的限制條件，我們都喜歡明確的限制條件。

人工智慧發展上大量的工作是由學者和大公司進行，儘管他們也有自己想做的事，但他們想做的事在目標和訓練、推理和資料資源的限制上，都與那些不得不自己將工作變得有用的人非常地不同，而（通常）那些人需求和資源都較少。

模型和方法可能對構建和研究很有吸引力，但卻需要強大的機器來訓練和執行，或者那些看起來很有趣但不能解決任何特定問題的模型和方法，其實根本不實用。您可以在普通的桌上型電腦或筆記型電腦上執行這本書中的所有內容，然後在 iPhone 上編譯和執行它。在很多方面，我們覺得這才是務實的本質。

因為我們要把這本書分解成不同的任務，所以我們不能做到一半；我們需要建立一些可用的東西來完成每個任務。大多的人工智慧方法不是用來處理人工智慧模型的建立，就是用來將模型連接到使用者所面對的系統。這兩者我們都會做。

## 第二章

人工智慧工具

本章是兩章關於探索工具中的第 1 章,這些工具將是您在使用 Swift 構建人工智慧(AI)功能時可能遇到的工具。我們採用了一種自上向下的方法來做人工智慧,這代表著您會根據實際的問題,來選擇您想要的工具,而不是出於更深奧或學術的原因。

 我們並不反對深奧的學術方法,本書所有的作者都有學術背景。這世上還有很多精彩的書籍和其他內容探索人工智慧的理論、演算法和科學。您可以在我們的網站(*https://aiwithswift.com*)上找到我們的推薦。如前面第 17 頁的「任務導向」中所說的,這本書的書名並不是「*有趣但脫離現實世界不切實際的一個系統*」人工智慧與 *Swift*。

我們對實用人工智慧工具的討論採用了相同的觀念:我們關心的是這個工具能做什麼,而不是它是如何工作的。我們還關心工具適合哪些潛在的任務流程,您將使用它來執行給定的任務。在第 3 章中,我們將從相同的觀念來尋找或構建資料集。

為什麼自上而下?

人工智慧已經轉向為實作問題而不是探索問題,這本書就是這種轉變的一部分。我們想要幫助您建立偉大的 Swift 應用程式,實際的實作人工智慧的功能。雖然如何工作的部分很有趣,例如,卷積類神經網路(convolutional neural network)是如何一層一層地組裝起來,但使用卷積類神經網路並不需要領會它如何工作。

關於這個話題，O'Reilly Radar 上有一些很棒的貼文。如果您有興趣更詳細地探索從自下而上的人工智慧到自上而下的人工智慧的轉變，請參見 *http://bit.ly/31aSjug*。

本章並不特別關注使用模型，因為這就是…嗯……這本書後面的內容要講的。不過我們在最後還是會提到它。

在本書後面的第三部分中，我們透過介紹人工智慧的底層方法，重新審視一些自上向下的任務，看看是什麼讓它們能發揮效用，以及從零開始構建一個類神經網路。

人工智慧超棒工具

許多專家承認，我們正處於人工智慧技術的實作階段。在過去的十年中，不斷的應用研究、創新和發展已經形成了一個健康的生態系統，其中包含了令人驚歎的人工智慧工具。

令人驚歎的工具代表著我們現在正處在一個時代，在這個時代，我們可以專注於利用人工智慧構建體驗，而不是對其工作方式的細節吹毛求疵。這方面的一個重要風向標是，Google、亞馬遜（Amazon）和 Apple 等科技巨頭都已開始將自己的力量投入到完善的人工智慧開發生態系統中。

為了擴充 Swift 的功能，Apple 開發了一些令人驚歎的實用、完善和不斷發展的人工智慧工具，如 CoreML、CreateML 和 Turi Create。除了 Apple 的人工智慧工具，社群和其他有興趣的團體，如 Google 已經為 Swift 和人工智慧的世界開發了更多的擴充工具。

在這一章中，我們將向您介紹如何在我們的 Swift 應用中建立人工智慧功能。下面是我們每天使用的工具，為我們使用 Swift 為 iOS、macOS、watchOS、tvOS 上的軟體加入實用的人工智慧功能。

粗略的分類來說，工具分為三類，每一種都使我們的日常工作減少與 Swift 的連接性，從而構建出以 AI 驅動的 App（但它們都非常重要）。

來自 *Apple* 的工具

Apple 製造或收購（現在變成由 Apple 製造）的人工智慧工具，並緊密嵌入 Apple 的 Swift 和 iOS（以及 macOS 等）生態系統。

這些工具是我們使用 Swift 實作人工智慧時的核心，這本書的絕大部分將集中在如何去使用這些 Apple 工具的產出，套用在 Swift 的應用程式上。

我們在第 22 頁的「來自 Apple 的工具」中探索這些工具，並在整本書中使用它們。這些工具的核心是 CoreML。

來自他人的工具

指的是來自一些公司和個人而不是 Apple 的人工智慧工具。它們若不是與 Apple 的 Swift 和 iOS（等等）生態系統緊密相連，就是對使用 Swift 構建實用的人工智慧非常有用。

本書將會介紹如何使用其中的一些工具，並向您提供其他工具的指引，以及解釋它們的適用範圍。我們不像使用 Apple 工具那樣頻繁地使用這些工具，不是因為它們比 Apple 工具差，而是因為在這個人工智慧工具發展很好的時代，我們通常不需要它們。Apple 提供的工具本身就很不可思議了。

我們將會在第 43 頁的「來自他人的工具」中探討這些工具，並在書中提到它們的使用方式。

與人工智慧相鄰的工具

「人工智慧相鄰工具」這個詞，我們其實指的是 Python 和它周圍的工具。雖然這本書的重點是 Swift，我們試圖在任何可能的地方都使用 Swift，但如果您是認真要做人工智慧和機器學習，真的很難避免使用 Python。

對於人工智慧、機器學習和資料科學社群來說，Python 可說是完全獨占的一種程式設計語言。對我們之前在第 20 頁的「人工智慧超棒工具」中提到過的那些情況來說，Python 處於工具發展的前沿。

這些工具通常不是專門針對人工智慧的，或者只是與人工智慧世界或 Apple 的 Swift 生態系統有間接的關聯。我們通常不會提到它們，除非是我們想用 Swift 呈現一個真正完整的實用人工智慧的概觀時。這些工具實在太有名（例如，當您在做人工智慧的時候，很難避免使用到 Python 程式設計語言），而有些似乎不值一提（例如，試算表）。

我們在第 45 頁的「與人工智慧相鄰的工具」中將會提到其中的一些工具，並在整本書中偶爾使用它們。

本章的其餘部分將討論這些類別以及其中的工具。

來自 Apple 的工具

Apple 為人工智慧提供了很多有用的工具。您可能會遇到和使用有 CreateML、CoreML、Turi Create、CoreML Community Tools，以及 Apple 為特定領域做的 framework，這些 framework 用於視覺（vision）、語音（speech）、自然語言（natural language）和其他特定領域。Apple 的工具如圖 2-1 所示。

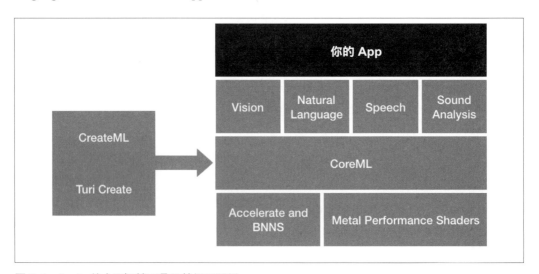

圖 2-1　Apple 的人工智慧工具及其相互關係

CoreML 和 CreateML 都是幫助您用人工智慧做事情的 Swift framework。圖 2-2 顯示了您的應用程式與 CoreML 和 CreateML 的相互關係。

Turi Create 是一個用於建立模型的 Python framework。它與 CreateML 非常相似，但是它活在 Python 的世界中，而不是 Swift 的世界中。

一般來說，CoreML 在使用模型時使用，而 CreateML 和 Turi Create 在生成模型的時候使用，但實際情況會更微妙些。

CoreML

CoreML 是您在應用程式中使用機器學習模型的 framework，在第 22 頁的「來自 Apple 的工具」（第 22 頁）中提到過。這本質上代表著要求模型進行預測，但您也可以在設備上使用 CoreML 執行訓練，動態更新模型。CoreML 將被您的應用程式使用，透過您的 Swift 程式碼，存取並使用您的機器學習模型來提供人工智慧功能。

圖 2-2　CoreML 做的事

 如果你有 Android 開發經驗，你對 Google MLKit 應該很熟悉，而 CoreML 就是 iOS 上的 MLKit。

CoreML 也是特定領域的 Apple framework 的基礎，例如 Vision、Natural Language、Speech 和 Sound Analysis，以及較低層級的數學或圖形相關 framework，如 Accelerate、BNNS 和 Metal。CoreML 適用於在 macOS 和 iOS 上。

 在這本書中，我們會經常使用 CoreML。我們會在第二部分構建的實際任務中使用 Vision、Natural Language、Speech 和 Sound Analysis。在第三部分中，我們將會簡要地討論 Accelerate 和 BNNS。

CoreML 被用來做什麼？

CoreML 是 Apple 在其設備上執行預先訓練的機器學習模型的 framework。CoreML 處理模型的載入並建立模型的介面，為您提供了一種標準化的方式來提供模型輸入和接收輸出，而不用去管您的應用程式中使用的是什麼模型。

除了直接對自己的自訂模型使用 CoreML 之外，CoreML 也被其他函式庫使用，如在 Apple 的 Vision framework 中，CoreML 提供影像分析和檢測的功能。

CoreML 本身是建立在其他 Apple 技術上的，比如 Accelerate framework 和 Metal Performance Shaders。如果願意，您可以改為直接使用這些函式庫，也可獲得與 CoreML 相同的結果，但是您需要做更多的工作才能獲得相同的結果。

如果您有興趣瞭解如何使用 CoreML 底層所使用的技術，請參閱第 12 章（第三部分），在那裡我們將逐步構建一個類神經網路。

您很少需要深入到像 Accelerate 這樣的低層級函式庫中，因為使用 CoreML 是更簡單的解決方案。同樣地，當您使用那些使用 CoreML 的特定功能的函式庫（例如 Vision 或 Natural Language）時，您通常不需要自己動手把東西組合在一起。

不過，在很多情況下，Apple 並沒有為特定的領域提供函式庫，這就是 CoreML 發揮作用的地方。當您使用 Vision 和其他 Apple framework 時，在底層總會用到 CoreML。

我們稍後會在第 39 頁的「Apple 的其他 framework」中討論 Apple 的其他 framework。

CoreML 為您提供了一種適用於 Apple 平台的標準機器學習方法，這代表著在您在掌握了 CoreML 之後，就可以按照相同的流程向應用程式添加大量的新功能，而不必考慮模型。

使用 CoreML 進行任何機器學習的標準方法都是相同的：

1. 將您的模型添加到您的專案中。

2. 在應用程式中載入模型檔案。

3. 為模型提供必要的輸入以進行預測。

4. 在應用程式中使用預測的輸出。

除了提供標準介面流程，若情況允許，CoreML 也會處理好所有在執行模組時需要的裝置硬體功能。這代表著您不需要擔心模型將會被如何執行，或需要加入對設備特定硬體功能的支援。CoreML 會幫您搞定。

大家都知道訓練一個機器學習模型通常會花費大量時間和資源。然而,即使執行機器學習模型也會導致相當大的性能和設備的電池消耗。

一般來說,這代表著您需要認真考慮什麼時候必須使用機器學習,什麼時候不需要。雖然 CoreML 盡力使用硬體功能並盡可能有效地執行模型,但是您應該始終確保您沒有浪費寶貴的設備資源,除非必須這樣做。

在使用 CoreML 時,應用程式的機器學習元件不應該拖慢程式的其餘部分,佔用太多記憶體,或消耗過多電池壽命,儘管這些將根據不同的模型而波動。

不過,沒有一個系統是完美的,所以您總是需要測試您的應用程式,以確保它們與機器學習正確的整合在一起,而且它們不會佔用您設備太多的資源。

CoreML 模型

在這一章中到目前為止,我們已經說了大量關於機器學習模型的事情,但是還沒有真正說明它們在 CoreML 環境中是什麼,所以現在讓我們來說明一下。

在非常高的層次上,**模型**是一種完全代表機器學習方法的東西。它描述了機器學習所需要的一切東西。

例如,對於一個類神經網路來說(類神經網路只是**模型**可以表示的其中一種**東西**),模型需要描述不同的層,它們的權重和偏差,層和層之間的連接,以及輸入和輸出。

雖然類神經網路被機器學習大肆炒作,但 CoreML 支援的遠不止是類神經網路。我們稍後會在第 423 頁的「類神經網路」中討論更多關於什麼是類神經網路。

在本書出版時,CoreML 支援以下內容:

- 類神經網路
- 回歸器
- 分類器
- 特徵工程
- 管道
- Apple 支援的自訂模型

不管使用什麼機器學習工具，這都是正確的。如果用的工具是 CoreML，所有這些東西
都被巧妙地打包在一個 *.mlmodel* 檔案（圖 2-3）中，這個物件儲存方便、可共用和可被
整合到應用程式中。

圖 2-3　MobileNet 影像檢測 CoreML 模型

 Apple 提供了把一些熱門機器學習模型轉換為 CoreML 模型的功能，您可
以在 *https:// Apple.co/2q8EeAY* 網頁探索這些功能。

圖 2-3 中的 MobileNet 的 *.mlmodel* 檔案就是從該網站下載的。

Xcode 支援 CoreML 模型，可以將模型加入到任何專案中。在您在 Xcode 中打開一
個 *.mlmodel* 檔案時，編輯器 view 將變成為類似圖 2-4 所示的內容，真是神奇。

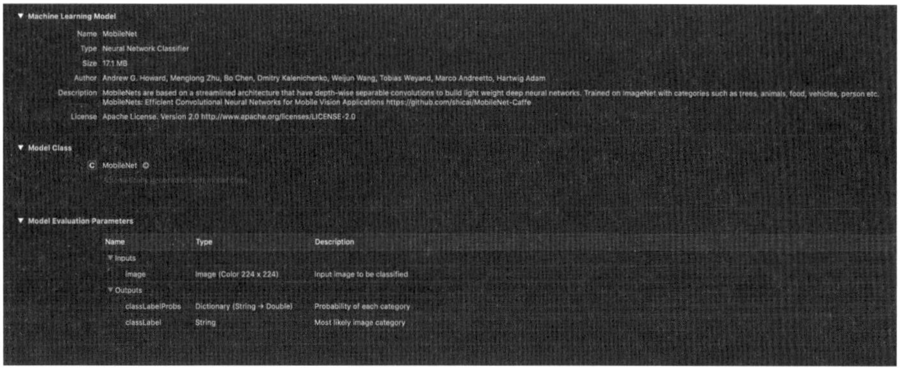

圖 2-4　Xcode 中的 MobileNet .mlmodel

這樣代表我們已經在 Xcode 中打開了前面的 MobileNet 模型，現在就可以看看 Xcode 是如何與這個檔案互動的，該檔案被分成三個主要部分。

第一個部分是描述資料，它顯示了模型的名稱、類型和大小。在我們的例子中，這個模型是一個 17.1 MB 的類神經網路分類器，名稱為 MobileNet。本部分還包含模型內部的所有附加描述資料；在本例中，我們看到的描述資料有作者、描述和授權，不過，在製作模型時，您可以在本部分放入幾乎任何您喜歡的內容。

下個部分將展示 Xcode 為您自動生成的所有模型類別。這是 CoreML 的優點之一，在讀完 .mlmodel 檔案之後，Xcode 會生成任何必要的互動檔案。您不應該碰這些檔案；但是，如果您很好奇，可以檢查生成的檔案，或者構建自己的檔案（如果您不信任 Xcode 或希望獲得更直接的控制）。

稍後我們將更詳細地討論這些生成的檔案，但是現在請您暫時將它們看作是黑盒子，它為您提供了一個要產生實體的類別，該類別具有一個 prediction 方法，您可以呼叫該方法來處理所有與 .mlmodel 檔案的互動。

最後一個部分顯示模型的輸入和輸出。在 MobileNet 的範例中，它只有一個輸入，該輸入是一個彩色影像，其寬和高都是 224 像素；它有兩個輸出，一個名為 classLabel 的字串和一個名為 classLabelProbs 的 dictionary。

以 MobileNet 為例，它是為物件檢測而設計的，這些輸出給您最有可能的物件和其他物件的機率。在您自己的模型中，雖然輸入和輸出會是不同的，但是概念是相同的：Xcode 向您顯示了需要提供給模型的資料，以及您可以期望的輸出。

MLModel 格式

除非您正在構建**客製**模型，否則您不需要擔心究竟什麼是 *.mlmodel* 檔案，即使是客製模型，Apple 已經為您準備了協助建立以及轉換模型的工具。

 我們所說的**客製**模型不是指您自己訓練出來的模型；我們指的是您自己
定義每個元件的模型。

然而，總有一些時候，您需要深入瞭解，做出一些改變或自訂的工具；在這種情況下，您需要瞭解模型格式。

MLmodel 格式是基於 Google 建立的 protocol buffers（*http://bit.ly/2phRylW*）（通常被稱為 protobuf）序列化資料格式。protobuf 是一種序列化格式，與其他格式（如 JSON 或 XML）類似，但與其他許多序列化格式不同之處是它不是被設計為人類可讀的，也不是文字格式。但是，與許多序列化格式一樣，protobuf 是可擴展的，可以儲存您需要的所有資料。

protobuf 的設計是為了提高效率、支援多種語言、向前和向後相容。隨著時間的推移，隨著模型的改進並獲得新的特徵，這類模型格式將會持續進版，但是模型格式也將被期望會使用很長一段時間。此外，目前大多數機器學習的訓練都是在 Python 中進行的。

所有這些原因以及更多的原因使得 protobuf 成為 **MLmodel** 非常好的格式選擇。

 如果您想在您的應用程式中使用 protobuf，Apple 提供了一個值得一試
的 Swift 函式庫（*http://bit.ly/2Mb5ck7*）。

MLmodel 格式包含各種**訊息**（這是 protobuf 的術語，表示**綁定資訊**（*bundled information*），您可以把它想成類似於類別或結構），這些資訊充分描述了不同機器學習模型所需的資訊。

格式規格中最重要的資訊是 Model 格式，您可以將其視為描述每個模型的高階容器。格式中包含版本、一個模型描述（是一個訊息）和一個 Type。

模型的 Type 是另一個用於描述該模型所需的所有資訊的訊息。CoreML 支援的每種不同的機器學習方法都有自訂 Type 訊息，其檔案格式封裝了該機器學習方法所需的資料。

回到類神經網路的例子，我們的 Type 將是 NeuralNetwork，在 NeuralNetwork 中有多個 NeuralNetworkLayer 和 NeuralNetworkPreprocessing 訊息。這些記錄著該類神經網路所需的資料，每個 NeuralNetworkLayer 都有一個層類型（如卷積（convolution）、共享（pooling）或自訂）、輸入、輸出、權值、偏差和啟動函式。

所有這些綁在一起就成了 *.mlmodel* 檔案，以供 CoreML 稍後讀取。

> 如果您想瞭解 CoreML 模型格式的細節，以及如何構建和使用它們，Apple 提供了一個完整的規格（*https://bit.ly/2IMNFfP*）供您閱讀。
>
> 上述資訊是專門為建立自訂模型和工具提供的，如果您正打算要做的就是這件事，那麼這些資訊正適合您。
>
> 大多數時候，您可以將一個 CoreML 模型視為一種資訊，這種資訊能完整描述模型，同時您而不必擔心它如何儲存該資訊的細節。

為什麼離線作業？

Apple 非常重視 CoreML 必須**離線作業**，在設備上執行，即所有的處理都在本地進行。

這與其他一些系統處理機器學習的方式有很大的不同，另一種流行的方式是把資料從設備上傳到另一台可以處理資料的電腦上，然後再將結果回傳到設備上。

Apple 決定讓 CoreML 以離線作業方式工作既有優點也有缺點。以下是主要優勢：

- 它永遠保持可用狀態。機器學習和必要的資料都在使用者的設備上，所以在沒有網路信號的地方，它仍然可以執行機器學習。

- 它不需要移動資料。如果是在本地完成的，就不需要下載或上傳任何東西。這節省了寶貴的移動資料。

- 它不需要基礎設施。若想自己執行模型代表著您需要提供一台機器來處理資料的傳輸。

- 它保留隱私。如果一切都是在本地完成的，那麼除非某個設備被入侵（這很難實現），否則任何人都沒有機會取得資訊。

以下是缺點：

- 更新模型更加困難。如果您更新或製作一個新模型，您要不是需要把它發送給您的使用者，此時只能做一個新的版本，就是使用 Apple 的 on-device personalization（請見第 390 頁的「在設備上更新模型」），裡面說到很多限制條件。

- 它會增加應用程式的大小。用了儲存在設備上的模型，您的應用程式就會比只將資料發送到另一台電腦上的要大。

取決您要用機器學習做什麼事，模型可能占去巨量的資源。

出於這個原因，Apple 已經發布過一些資訊（*https://apple.co/33rCIs8*），這些資訊告訴您如何在部署前縮小您的 *.mlmodel* 檔案。

Apple 認為，在設備上做任何事情的好處都大於壞處，我們傾向於同意這一點，尤其是在隱私方面。雖然機器學習有能力提供（有時是驚人的）洞察力和功能，但潛在的風險同樣驚人的巨大。

電腦不會關心隱私，所以必須確保我們考慮到隱私問題，並時刻惦記保護我們使用者的隱私。

瞭解 CoreML 的各個組成

CoreML 包含了很多東西，但我們不打算在這裡重複 Apple 的 CoreML 的 API 參考資料（*https://developer.apple.com/documentation/coreml/core_ml_api*）。

CoreML 的中心部分是 MLModel.MLModel（*https://apple.co/2MduLkB*），它封裝了一個機器學習模型，代表該機器學習模型，並提供從模型中進行預測和讀取模型描述資料的功能。

CoreML 還提供了 MLFeatureProvider，我們將在第 439 頁的「一窺 CoreML 的內部」中對此進行詳細討論。MLFeatureProvider 的存在是為了方便資料進出 CoreML 模型，與 CoreML 提供的 MLMultiArray.MLMultiArray（*https://apple.co/2osAidY*）密切相關。MLMultiArray.MLMultiArray 是一個多維陣列，可以用作模型的特徵輸入和特徵輸出。

多維陣列在人工智慧中很常見。它們可以很好地表示各種東西，從影像到簡單的數字都可以。CoreML 使用各種 MLMultiArray 來表示影像；影像的通道（channel）、寬度和高度都是各自有屬於自己的陣列維數。

CoreML 中還有更多的內容。我們建議您仔細閱讀這本書，然後查看 Apple 的文件來填補您感興趣的部分。

既然我們已經清楚地瞭解了關於 CoreML 的所有知識（對嗎？），我們不妨將新發現的知識用於測試。這就是這本書的第二部分。下一節將介紹 CreateML，這是您最有可能用來建立 CoreML 模型的方法。

CreateML

CreateML 是 Apple 用於在 Swift 中建立和訓練機器學習模型的工具包。它有兩個主要組件：一個 framework 和一個應用程式。它主要在 macOS 上使用，並被設計成作為您在工作流程中所要使用的 framework。

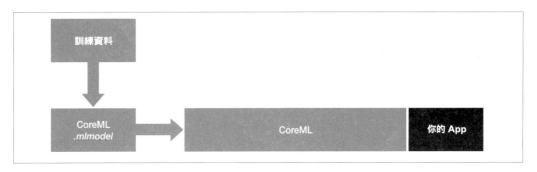

圖 2-5　CreateML

CreateML 也是一個 macOS 上的 App，Apple 將其作為開發工具的一部分發佈，如圖 2-6 所示。該 App 允許您在圖形化環境中建立和訓練機器學習模型，並且與 CreateML framework 存取相同的底層機器學習子系統，並將其打包到使用者介面中使用。

圖 2-6　CreateML App 圖示

CreateML framework 是 CreateML 的最初版本,並由 Apple 在 2018 年的全球開發者大會上宣佈。它最初的設計目的是允許您在 Xcode Playground 內建立機器學習模型。從那時起,它已經發展成為一種更通用的機器學習 framework,它不僅用於構建模型,而且用於處理和操作模型。

> CreateML 並不神奇,它只是一個由 Apple 提供的 framework,用於建立、使用和操作模型的協助工具。它是 CoreML 的操作副本。其他平台,例如 TensorFlow,已經將這塊綁定到一個 framework 中(例如「TensorFlow」)。您把 Apple 的主要機器學習堆疊想像成 *CreateML+CoreML* 可能有點幫助。

圖 2-7 顯示了 CreateML 的範本選擇器。

圖 2-7　CreateML 應用程式的範本選擇器

當您在 CreateML 應用程式中建立新專案時，可以提供一些描述資料，這些描述資料當您在 Xcode 中使用生成的模型時可以看見，如圖 2-8 所示。

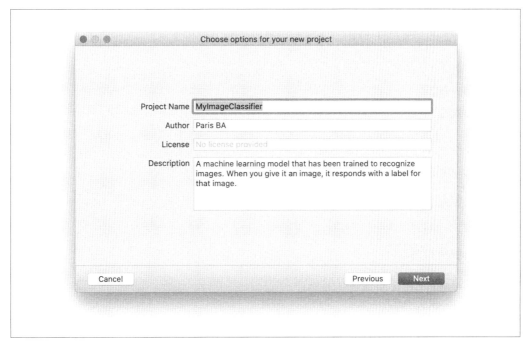

圖 2-8　CreateML 新專案選項

 在第 4 章中，當我們構建一個可以對影像進行分類的 App 時，我們將逐步實際使用 CreateML 應用程式來訓練一個模型。

CreateML 使訓練過程盡可能變得簡單，因為它甚至可為您將訓練資料分割為訓練集合和驗證集合。

 因為 CreateML 隨機選擇哪些資料進入訓練集合，哪些資料進入驗證集合，所以如果使用相同的資料對模型進行多次訓練，可能會得到略微不同的結果。

幾乎所有您可以用 CreateML 應用程式做的事情，您也可以在 Swift 程式碼中直接使用 CreateML framework 來做到。稍後，當我們使用 CreateML 時，我們將說明它們的相關性。

在撰寫本書時，CreateML 應用程式支援訓練以下類型的模型：

- 影像分類器

- 聲音分類器

- 目標偵測器

- 活動分類器

- 文字分類器

- 字詞標記

- 表格式回歸器

- 表格式分類器

CreateML framework 具有以下主要功能：

- 影像分類

- 影像中的目標檢測

- 文字分類

- 字詞標記模型

- 字嵌入，用於比較字串

- 聲音分類

- 活動分類

- 推薦系統

- 用於儲存分類資料的資料結構（`MLClassifier`），連續值（`MLRegressor`）和資料表（`MLDataTable`）

- 模型準確度指標

- 機器學習的錯誤處理

- 機器學習的描述資料儲存

在第二部分的範例中，我們將介紹以上多種 CreateML framework 功能。

 準確性、評估和驗證超出了本書的範圍，但是如果您有興趣瞭解更多，
Apple 的文件（ *https://apple.co/2B37yeq* ）是一個很好的起點。

瞭解 CreateML 的組成

我們原本打算寫一個又大又長的章節，將 CreateML 的每一塊都拆開分別說明，直到我們意識到這件事 Apple 已經做過了（ *https://apple.co/2B93466* ）。

所以我們將改為彙整 CreateML 的有用部分，並希望您在第二部分的實作任務中遇到 CreateML 時可以自行探索它。

CreateML 有一大堆可以訓練模型的東西，比如：

- `MLImageClassifier` 用於影像分類
- `MLObjectDetector` 用於檢測一個影像中的物件
- `MLTextClassifier` 用於對自然語言文字進行分類
- `MLWordTagger` 用於在單詞層級對文字進行分類
- `MLSoundClassifier` 用於對音訊進行分類
- `MLActivityClassifier` 用於對活動資料進行分類
- `MLClassifier` 用於對表格資料進行分類
- `MLRegressor` 用於使用回歸（而不是分類）估計（連續）值
- `MLRecommender` 用於做推薦

有幾項是在使用或訓練模型時可用的：

- `MLGazeteer` 用於定義術語和標籤，增強 `MLWordTagger` 的功能
- `MLWordEmbedding` 映射字串到向量，讓您可找到相鄰的字串
- `MLClassifierMetrics` 用於衡量分類器性能
- `MLRegressorMetrics` 對回歸器性能的指標
- `MLCreateError` 用於儲存在使用 CreateML 時發生的錯誤

儲存資料使用：

- `MLDataTable` 用於儲存資料表
- `MLDataValue` 用於儲存來自 `MLDataTable` 的一個資料單元
- `MLModelMetadata` 用於儲存關於模型的描述資料（如建立者和授權資訊）

雖然，您可以在 CreateML 的文件中學習到以上所有東西（*https://apple.co/2B93466*），但我們幾乎將所有這些東西做成我們在整本書中看到的實際任務。

除非您有很好的理由去 Apple 文件中進行探險，否則我們建議您先完成我們的任務，然後再回頭到 CreateML 中研究您感興趣的部分。這本書會盡最大的努力保持實用，為此，我們關注的是您*可以用 CreateML 做什麼*，而不是出於興趣所以去討論 CreateML 的細節。

Turi Create

Turi Create（*http://bit.ly/2VJaKFC*）是一個任務工具的開源程式碼集合，這些任務工具用於訓練機器學習模型、操作資料以及匯出 CoreML 模型格式的 Python 函式庫。它可在任何支援 Python 的平台上執行，並由 Apple 維護和支援。

> 如果我們很愛賭的話，我們會把錢壓在 Apple 最終將會整合 CreateML 和 Turi 所有的功能，將它們合併成一個工具。但那一天還沒有到來。

Apple 在 2016 年收購了一家名為 Turi 的新創公司，並在一年後將其軟體做成開源（圖 2-9）。Apple 以任務導向的機器學習和人工智慧方法深深根植於 Turi Create 所信奉的哲學，但 Turi Create 是 Python 軟體，與 Apple 生態系統的其他部分不太匹配，或者有著雷同的功能。

> 您可以在 GitHub（*http://bit.ly/2VJaKFC*）上取得 Turi Create；但是，您不需要下載或複製 GitHub 儲存庫後，才能開始使用 Turi Create，因為它已存在 Python 套件中。在本章的後面部分，在第 45 頁的「Python」中，我們將向您展示如何準備我們偏好的 Python 發行版本和環境。

Turi Create 是一個以任務導向的人工智慧工具包（請見第 16 頁的「典型任務導向方法」），它的大部分功能被設計成處理特定實際任務。關於以任務導向的人工智慧的複習，請回到第 xii 頁的「使用這本書」。

圖 2-9　GitHub 上的 Turi Create

在我寫這本書時，Turi Create 支援的任務導向工具集由下面項目構成：

- 推薦系統
- 影像分類
- 圖的分類
- 聲音分類

- 影像相似度

- 物件檢測

- 風格轉移

- 活動分類

- 文字分類

我們將在第二部分的章節中介紹其中的大部分內容，因此在這裡我們不會詳細討論它們。過程中，我們使用 Turi create 來完成以下任務，儘管它是 Python 而不是 Swift（我們並不反對 Python，但這本書的封面上用大大的字點明主題是「Swift」）：

- 影像風格轉換，在第 8 章

- 圖形識別，在第 11 章

- 活動分類，在第 7 章

瞭解 Turi Create 的組成

與 CreateML 一樣（在第 35 頁的「瞭解 CreateML 的組成」中討論過），除了我們在第 36 頁的「Turi Create」中提到的以任務導向的工具包之外，Turi Create 也提供了其他許多有用的功能。Turi Create 提供的其他功能更廣泛，而且不是任務導向。Turi Create 的文件（*http://bit.ly/2VCyyux*）裡面有良好的說明，但一般來說，Turi Create 不以任務導向的部分，是為了要操作資料（*http://bit.ly/33uG0un*）而設計的，包括繪圖（*http://bit.ly/2OICMzA*）和顯示（*http://bit.ly/2OICMzA*）。

Turi Create 支援一般表格分類、回歸和分群的部分非常實用，但是我們現在還不打算深入討論它們（儘管我們在整本書中都會講到它們）。

我們認為除了以任務導向的工具包之外，Turi Create 最有用的部分是處理資料的工具：

- SArray（*http://bit.ly/35wcMx0*）是一個可以儲存資料的陣列，它能容納的資料量超過您機器的主記憶體容量。這在處理大型資料集、並需要在訓練模型之前處理它們時非常有用。

- SFrame（*http://bit.ly/31e1eLv*）是 一 個 表 格 資 料 物 件（ 類 似 於 CreateML 的 MLDataTable），它允許您以持久的方式（在磁片上，而不是在記憶體中）以列和欄儲存大量資料。SFrame 中的每一欄都是一個 SArray。SArray 可以從逗號分隔值（CSV）檔案、文字檔案、Python dictionary、Pandas framework 的 DataFrame、JSON，或者預先儲存在磁片上的 SFrame 建構。它是個神奇的東西。

- SGraph（*http://bit.ly/2IJinqj*）是一個以 SFrame 為基礎的圖形結構。它讓您可儲存由關係和項目（頂點和邊）組成的複雜網路，並能進行資料探索。

此外（我們認為這可能是最被低估的部分），Turi Create 提供了一套視覺化工具：

- SArray 和 SFrame 都有一個 show 方法，這個方法可以將該資料結構用圖顯示出來。這也是一個神奇的功能。它可以使用原生的 GUI 或是在 Jupyter Notebook 中使用。

- SArray 和 SFrame 也都支援 explore 方法，這個方法打開了一個**可互動**的資料結構視圖。

您可以在文件（*http://bit.ly/2OICMzA*）中瞭解更多關於 Turi Create 的視覺化工具。

Turi Create 還附帶了一個 C++ API（*http://bit.ly/2M8ll9R*），如果您想把 Turi Create 的功能嵌入到其他應用程式中，這個功能非常有用。

> 有太多的第三方 framework 可以用來擴增 Turi Create 的功能，但是我們最喜歡的一個是「turi-annotate-od」，它幫您準備提供給 Turi Create's Object Detection 任務導向工具用的圖片。您可以到 GitHub 專案中瞭解更多資訊（*https://github.com/VolkerBb/turi-annotate-od/blob/master/README.md*）。

Apple 的其他 framework

Apple 還有很多實用的 framework 提供人工智慧功能，而不需要任何訓練。這些都是您在為 Apple 平台構建時即可使用的函式庫的一部分。我們在本書有限的時間中無法介紹完所有的 framework，但我們在第二部分會經常使用到其中的一部分，特別是：

- Vision（*https://apple.co/2MEeZ11*），用於應用電腦視覺演算法

- Natural Language（*https://apple.co/2pc5LB9*），用於分析自然語言文字

- Sound Analysis（*https://apple.co/2M7WNxD*），用於分析音訊流和檔案

- Speech（*https://apple.co/33rwto1*），用於識別人類語言並將其轉換為文字

我們不打算在這裡詳細介紹這些 framework，因為我們將在本書後面的任務中介紹它們。現在，只簡略說明一下，當您建立一個機器學習模型時（例如，使用 CreateML 或 Turi Create），並使用 CoreML 直接存取它，您將透過（例如）Vision 和 CoreML（如果它是一個與圖形相關的任務）存取它。圖 2-10 顯示了這些工具。

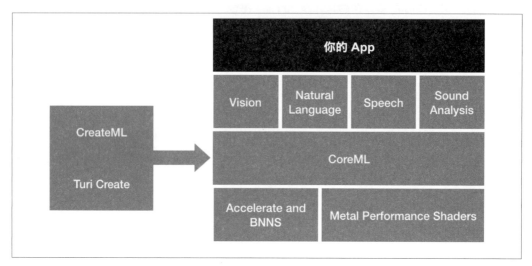

圖 2-10　Apple 的人工智慧工具以及它們之間的關係

有時，您甚至根本不需要建立自己的模型，您可以直接使用 Apple 的 framework 實現強大的人工智慧的功能；例如，當您需要在您的應用程式中執行語音辨識時。

這本書是思路開闊的：本書內容是我們認為實現人工智慧功能最直截了當的方式，無論是從頭建立或訓練模型、使用別人的模型或使用一個 Apple 的 framework（底層的某處還是會使用一個由 Apple 訓練好的模型）。

 您可能想知道為何沒提到 Apple 的 BNNS 和 Accelerate framework。如果您讀過 Apple 的文件，您就能理解為何我們試圖假裝這兩個 framework 不存在，我們是刻意這麼做的。然而，它們都非常實用，而且這兩者與實用人工智慧（這裡的關鍵字是實用）非常（以我們的拙見）無關。第 12 章將對此進行探討，但請先讀本書前面的部分，再讀第 12 章。

CoreML Community Tools

我們將在這裡介紹的最後一個來自 Apple 的工具是 CoreML Community Tools，它是一套 Python script，允許您將其他機器學習模型格式化並轉換為 CoreML 格式。您可以在 Apple 的 GitHub（*http://bit.ly/328qggE*）找到 CoreML Community Tools，如圖 2-11 所示。

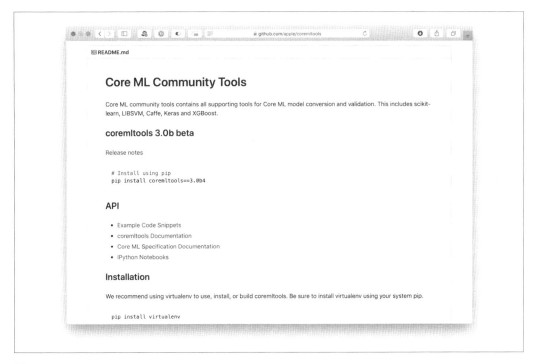

圖 2-11　CoreML Community Tools

您可以利用 CoreML Community Tools 做以下事情：

- 將模型從 Keras、Caffe、scikit-learn、libsvm 和 XGBoost 轉換為 CoreML 格式
- 遵循轉換流程，可將產生的 CoreML 模型用 *mlmodel* 格式輸出為一個檔案
- 執行基本推論，透過 CoreML framework 轉換好的模型來驗證和驗證模型轉換
- 從頭開始一層一層地建立一個類神經網路
- 建立可在設備上更新的模型
- 使用其他套件處理 TensorFlow 模型

如果您已經開始使用機器學習工具，您可能會注意到 TensorFlow 是這個列表中一個明顯的遺漏。您沒看錯，而且我們會在第 43 頁的「來自他人的工具」中討論您能為此做些什麼。

因為 CoreML 工具的存在，使得那些使用無數其他機器學習和人工智慧平台執行重要工作的人，可以將他們的工作帶到 CoreML 中。它讓 CoreML 被人們接受，並將更廣大的機器學習生態系統引入 Apple 世界。

您並不一定需要使用 CoreML 工具集，事實上，當您採用任務導向的實作方法時，就像這本書所做的那樣，您幾乎不需要它們，但是我們仍要說明它們，因為它們是使 Apple 和基於 Swift 的人工智慧生態系統如此強大的關鍵因素。

要安裝 CoreML Community Tools，請使用您喜歡的 Python 套件管理器來獲取和安裝 coremltools。在本章後面第 45 頁的「Python」中，將討論我們偏好的 Python 發行版本和環境設定。如果您想保持 Python 安裝的整潔，可以在一個 virtualenv 或類似的東西中安裝 coremltools。我們在第 45 頁的「Python」中會說明這個做法。

我們不會提供關於使用 CoreML 工具的完整指南，甚至也不會提供完整的實際範例（至少此時在本書中是沒有的），因為文件已經很好地涵蓋了這些內容。我們在這裡只是告訴您 CoreML 工具可以做什麼，以及它如何搭配我們在本書的實際範例中使用的工作流程。

如果您喜歡手動下載，可以從 Apple 的 GitHub（*http://bit.ly/328qggE*）上取得 CoreML Community Tools。下載之後，您可以選擇學習如何從原始碼開始建構這個工具集（*http://bit.ly/35pMxbD*）。我們不建議您這樣做，因為這樣做沒有任何好處。

如果您也沒有使用另一組工具集來進行機器學習工作，那麼 CoreML 工具的最大用途是，將其他人的模型轉換成您可以在應用程式中使用的格式。

請在查看那一大堆的 Caffe 模型列表（*http://bit.ly/2B4o9yf*）和一大堆的 MXNet 模型列表（*http://bit.ly/31gy9zq*），您可能會得到一些關於可以用其他格式的模型來實現什麼的思考和靈感。

在後面的第 9 章中，我們將介紹一些使用 CoreML 工具的小範例，這些內容是第 383 頁的「任務：使用 CoreML Community Tools」和第 327 頁的「任務：用 GAN 生成圖像」的一部分。

來自他人的工具

對於 Swift 和實用人工智慧來說，最重要的兩個工具是 TensorFlow to CoreML Model Converter 和 Swift for TensorFlow，這兩個工具都不是由 Apple 開發或發佈的。

但也有一些實用的第三方工具並不是來自於大公司，我們很快就會看到這些工具。

Swift for TensorFlow

Swift for TensorFlow 是一套全新的機器學習工具，是以 Swift 為中心所設計的。Swift for TensorFlow 將 TensorFlow 的功能直接集成到 Swift 程式語言中。這是一個非常有分量又複雜的專案，它採用的方法與一般的 TensorFlow 專案（是一個 Python 專案）也不同。

在寫這篇文章的時候，Swift for TensorFlow 的當前版本還不到 1.0，而且還在全力開發中。這是一個才剛開始的專案，還沒有完成所有的功能。我們很想為 TensorFlow 寫一本關於 Swift 的書，但它目前仍會不斷變化，迫使我們可能必須每個月都要重寫它，所以我們能提供最好的東西，是一個廣泛的、大觀的章節，去探索什麼是可能的。這就是第 9 章的內容。

您可以在 GitHub 上找到 Swift for TensorFlow （*http://bit.ly/31fhRXz*），如圖 2-12 所示，但是我們目前還不建議您複製或下載該儲存庫。

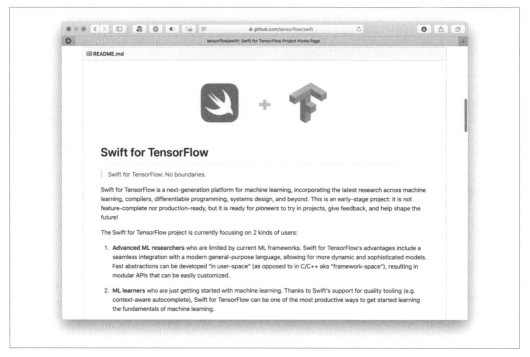

圖 2-12　在 GitHub 上的 Swift for TensorFlow

我們將在第 9 章中介紹如何用 Swift for TensorFlow 來解決一個任務導向的實際人工智慧問題，這是第 382 頁的「任務：使用 Swift for TensorFlow 的分類器訓練分類器」的一部分。

TensorFlow to CoreML Model Converter

TensorFlow to CoreML Model Converter 實現了它名稱中所標榜的功能：它允許您使用 Python 將 TensorFlow 模型轉換為 CoreML。它要求您必須要安裝 CoreML 工具，並且可以從偏好的 Python 套件管理器獲得 tfcoreml。

它用起來會和您所期望的差不多：

```
import tfcoreml as tf_converter

tf_converter.convert(tf_model_path='my_model.pb',
                     mlmodel_path='my_model.mlmodel',
```

```
        output_feature_names=['softmax'],
        input_name_shape_dict={'input': [1, 227, 227, 3]},
        use_coreml_3=True)
```

TensorFlow to CoreML Model Converter 的使用超出了本書的範圍，但是如果您感興趣，您可以到 GitHub 的專案頁面上瞭解更多關於這個專案的內容（*https://bit.ly/2VLRLdD*）。

其他轉換器

還有其他的轉換器，如下：

- 微軟的 MMdnn（*http://bit.ly/2VDhuon*），它支援與 CoreML 之間的一系列轉換
- torch2coreml（*http://bit.ly/33tjl1w*），它能將 PyTorch 模型轉換為 CoreML 模型
- mxnet-to-coreml（*http://bit.ly/2MyWBXq*），它支援從 MXNet 到 CoreML 的轉換

我們無法在本書中講這些，但它們都是實用的轉換器。在您學會如何使用它們之後，會覺得它們其實差不多！

與人工智慧相鄰的工具

實際上 Python 和 Swift 是驚人地相似的語言，但也有很多重要的區別。正如我們所提到的，在本書中我們使用 Python 的次數會比您所預期的再多一些，但是因為這本書是關於 Swift 的，所以我們常常忽略 Python 中所做事情的細節。

 我們建議從親愛的出版商出版的眾多精彩的 Python 書籍中挑選一本。我們個人最喜歡的是《Python 機器學習錦囊妙計》（歐萊禮，2019）和《初探機器學習：使用 Python》（歐萊禮，2017）。

Python

正如我們之前說過的，這本書不會深入探討用 Python 的實作人工智慧。這不僅不是這本書的主題，也不是我們的專業領域！這麼說吧，在閱讀本書的過程中，您將偶爾需要使用到 Python，我們也將建議一種在 macOS 機器上建立 Python 環境的特定方法。

在本書後面的章節中，每當需要您使用 Python 環境時，我們都會提醒您可回頭看這一節。如果您喜歡，可以把書頁的一角折起來（但如果您閱讀的是電子書，您可能無法這樣做了）。

 macOS 10.15 Catalina 之前的版本，會預先安裝 Python 到 macOS 上（macOS 10.15 是您在閱讀本書時需要用的 macOS 版本）。較早的文件、文章和書籍可能假定了 macOS 都預裝了 Python，但現在已不再預裝於 macOS 中了，除非您從 macOS 的舊版本升級到 Catalina（在這種情況下，您擁有的任何 Python 安裝都可能被保留下來）。

要將 Python 用於人工智慧、機器學習和資料科學，我們建議使用 Anaconda Python Distribution（*http://bit.ly/33u4Yub*）。它是一個開源套件工具，包括一個簡單的套件管理器，和所有您需要用 Python 來做人工智慧的相關工具。

設定 Python 環境的一般步驟如下：

1. 下載適用於 macOS 的 Python 3.7 Anaconda 發行版本。

 Anaconda 還提供了一些用於管理環境的圖形化工具，但我們更喜歡使用命令列工具，我們認為命令列工具更容易解釋，也更容易成為您的工作流程的一部分，但是如果您更喜歡圖形化使用者介面，則可以使用它。請啟動「Anaconda Navigator」並查看它。您可以到 *http://bit.ly/2IIPdrm* 瞭解更多關於 Anaconda 的資訊。

2. 安裝 Anaconda，如圖 2-13 所示。在「Preparing Anaconda」階段可能會花上一段時間，如圖 2-14 所示。

圖 2-13　在 macOS 上安裝 Anaconda

圖 2-14　Preparing Anaconda 可能需要一段時間才能做完

3. 打開 Terminal，執行以下命令：

```
conda create -n MyEnvironment1
```

這個命令將為您創造一個新的工作環境。每當您想用 Python 執行特定的任務時，可用不同的任務名稱取代 MyEnvironment1。

4. 若要啟動 MyEnvironment1，可以執行以下命令：

```
conda activate MyEnvironment1
```

若要停用（離開您當前所在的 Anaconda 環境），請執行以下操作：

```
conda deactivate
```

您可在圖 2-15 看到這個流程。

```
bash-3.2$ ./conda create -n "MyPythonEnv1"
Collecting package metadata (current_repodata.json): done
Solving environment: done

## Package Plan ##

  environment location: /Users/parisba/anaconda3/envs/MyPythonEnv1


Proceed ([y]/n)? y

Preparing transaction: done
Verifying transaction: done
Executing transaction: done
#
# To activate this environment, use:
# > conda activate MyPythonEnv1
#
# To deactivate an active environment, use:
# > conda deactivate
#

bash-3.2$
```

圖 2-15　建立一個新的 Anaconda 環境

5. 許多人工智慧和機器學習工具要求您使用 Python 3.6。您可以使用以下命令強制 Anaconda 為您建立一個 Python 3.6 環境：

```
conda create -n "MyPythonEnv2" python=3.6
```

6. 在您啟動了一個裝有特定 Python 版本 Anaconda Python 環境之後，可以在 Anaconda 環境中執行以下操作，來驗證是否執行了正確的 Python 版本：

```
python --version
```

您應該會看到 Python 印出它的版本號，如圖 2-16 所示。

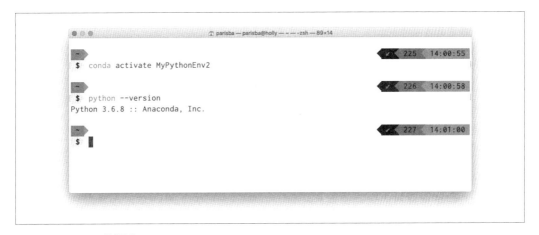

圖 2-16　Python 的版本

7. 您可以透過執行以下命令來檢查您當前在哪個 Anaconda 環境下工作，或者查看您所有的環境：

```
conda info --envs
```

Anaconda 將在您當前工作的環境旁邊顯示一個星號（＊），如圖 2-17 所示。

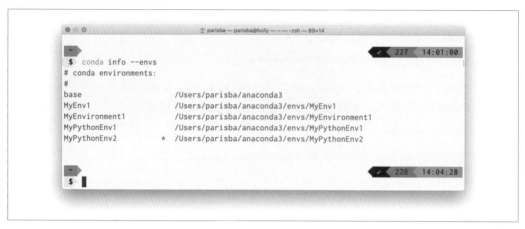

圖 2-17　列出您的 Anaconda 環境；目前使用的環境旁標了星號

8. 您可以透過執行以下命令來複製一個已經存在的 Anaconda 環境：

```
conda create --name NewEnvironment --clone OldEnvironment
```

請將 NewEnvironment 替換為要建立的新副本名稱，將 OldEnvironment 替換為用來複製的原本環境。

> 在 Anaconda 中還有很多其他的環境管理功能。更多相關資訊，請查看 Anaconda 文件（*http://bit.ly/2VAR32F*）。O'Reilly 也有一些關於這個主題的好書，比如 *Introducing Python, Second Edition*（*http://bit.ly/2MbxquU*）。

9. 您可以使用 Anaconda 的內建套件管理器在 Anaconda 環境中安裝套件。若要搜尋可用的套件，可以在環境中執行以下命令：

```
conda search scipy
```

此命令會在 Anaconda 套件管理器中搜尋 scipy 套件。

10. 若要使用 Anaconda 套件管理器安裝套件，請執行以下命令：

```
conda install scipy
```

> install 命令會將指定的套件安裝到當前使用的環境中。若要將套件安裝到指定的環境中，可以使用像 conda install --name MyEnvironment1 scipy 這樣的命令。

11. 您也可以同時安裝多個套件，命令如下：

```
conda install curl scipy
```

12. 如果您需要的套件在 Anaconda 套件管理器中不可用，您可以改用 pip（*http://bit.ly/2nC23QC*）。事實上 pip 是 Python 社群更廣為使用的的標準套件管理器。若要使用 pip 安裝套件，請啟動您要安裝套件的環境並執行以下命令：

```
pip install turicreate
```

當然，您需要將 turicreate 替換成您要安裝的套件。

> 我們強烈建議用 Anaconda 套裝軟體管理器安裝套件。只有當 Anaconda 無法取得套件時才改用 pip。

當我們建議您為任務建立一個新的 Python 環境時，從本書的觀點來看，我們是在建議您為正在從事的特定專案或任務建立一個新的 Anaconda 環境，方法請遵循我們剛才概述的過程。

對於我們使用 Python（因此也包括 Anaconda）執行的每個任務，我們將在執行過程中指出我們建議在您該任務環境中安裝哪些套件。我們還會說明這些套件是否可透過 Anaconda 套件管理器取得，或在 pip 中使用。

> 請記住，Anaconda Python 發行版本是為資料科學、機器學習和人工智慧而設計的。如果您感興趣的是拿 Python 做通用程式設計，建議您最好使用另一種 Python 環境。

Keras、Pandas、Jupyter、Colaboratory、Docker，我的天！

除了 Python 之外，在您使用 Swift 和人工智慧時，您可能會遇到各式各樣的料想不到的工具。當您撰寫 script 時，特別是在 Python 的 script 時，有各式各樣實用的 framework，從 Keras（*http://bit.ly/2OEXtw2*）（一個被設計成以一種對人類友好的方式呈現，為機器學習提供一系列實用功能的 framework，如圖 2-18 所示），到 Pandas（*http://bit.ly/2OO86wy*）（一個操控資料的 framework，如圖 2-19 所示）。

圖 2-18　Keras GitHub

Python framework 中，您還可以嘗試使用實用的 NumPy 和 scikit-learn，它們讓您以各種實用的方式處理和操控資料。

在本書的任務中處理資料時，我們偶爾會使用這些 Python framework。但我們不願做詳細的介紹；詳細的介紹可在網路和在 O'Reilly Online Learning（*https://learning.oreilly.com*）上找到。

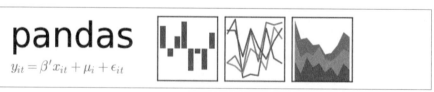

圖 2-19　Pandas

我們認為您可能會遇到或想要使用的三個工具是 Jupyter、Google 的 Colaboratory 和 Docker。

Jupyter Notebook 是一個以瀏覽器為基礎的線上版 Python 環境（只要有插件的話，可以在裡面寫任何一種語言），它讓您可在瀏覽器中共用、撰寫和執行 Python 程式碼。

Jupyter 在資料科學領域非常受歡迎，它是一種透過整合說明來共用程式碼的好方法，並且是主流和用來解釋概念和思想標準。Google 的 Colaboratory（通常稱為 Colab）是一個擁有免費的線上託管的微調版 Jupyter。

Colab 具有所有相同的功能（甚至更多的功能），但是您不需要擔心自己要如何使用 Colab 執行 Jupyter；您可以讓 Google 在其巨大的雲基礎設施上執行它。圖 2-20 顯示的是 Colab，您可以在 *https://colab.research.google.com* 找到它。

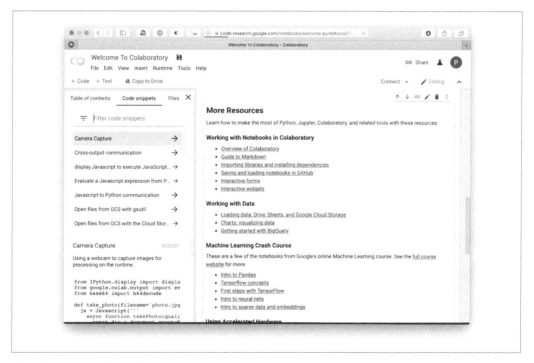

圖 2-20　Google 的 Colab

Colab 是執行 Python script 的好地方,當您做人工智慧的工作時,您將不可避免地需要撰寫這些 script,特別是如果您不想在自己的機器上安裝 Python 時。

Docker 是一個虛擬系統,它允許您以一種無需在底層主機作業系統上全部安裝軟體的方式來打包軟體。在發佈大型的、難以處理的安裝時,採用 Docker 就非常實用。當我們在第 370 頁的「任務:安裝 Swift for TensorFlow」小節中,為 TensorFlow 安裝 Swift 時,我們將會用到 Docker。您可以在 *https:// www.docker.com* 瞭解更多關於 Docker 的資訊。

其他人的工具

我們最喜歡的小而有用的東西之一是 Matthijs Hollemans 的 CoreMLHelpers 儲存庫（*http://bit.ly/2phTtqE*）。它有很多實用的功能（還有更多還在開發的功能），包括以下這些:

- 轉換影像到 CVPixelBuffer 物件和轉換回來
- MLMultiArray 和影像間的轉換
- 獲得預測前五名的實用函式,如 argmax 等等
- 邊界的非最大值壓抑 Nonmaximum suppression for bounding boxes
- 一個對 Swift 更加友好的 MLMultiArray 版本

現在這其中的多數可能對您來說意義不大,但是相信我們,它們非常實用。我們希望讀完這本書後,它們能對您有所幫助。

 如果您想瞭解更多關於這些工具的資訊,我們強烈推薦 Matthijs Holleman 的書 *CoreML Survival Guide*（*http://bit.ly/2OHSRVX*）。

我們也是 Fritz AI 的忠實粉絲,他們的教學、文件和專案讓移動設備上實現人工智慧變得更加容易。具體請查看他們的 Blog（*http://bit.ly/33Ep051*）和程式碼範例（*http://bit.ly/2nT0gXy*）。

下一步？

這一章不是一個您用 Swift 做人工智慧時可能用到所有工具詳盡的匯總說明。能涵蓋這個主題的指引文件也不存在。在本章中，我們已經從自上向下、以任務導向、非常實際的角度探討了您在使用 Swift 時最有可能遇到的工具。

我們在本章中提到的幾乎每一個工具，都將會在第二部分或第三部分以某種方式進行進一步的探索。

您可能想知道如何使用本章中討論的工具來建立、操作或探索模型。問得好，我們很高興您問了這個問題，因為我們將在第二部分逐章回答這個問題。

 我們原本打算寫一個專門講述 CoreML 消費模型的章節，但後來意識到自己偏離了這本書最初的目標：實用人工智慧指南。重點應該放在如何建立人工智慧功能以及使用體驗，而不是一本探索圖書。只有這一章是我們唯一的妥協，也是必然的讓步。您可以存取我們的網站（*https://www.aiwithswift.com*），取得從其他角度講述此主題的文章、教學和程式碼範例。

## 第三章

找尋或建立資料集合

機器學習或人工智慧（AI）有許多介紹性的練習，這種練習都提供了會使用到的資料集合，這本書也是這麼做。但當您面對自己的實作時，情況可能不是這樣。為解決特定問題去尋找和轉換輸入資料本身就是一個挑戰。

資料科學中一個常見的俗語是 *GIGO*，意思是「垃圾進，垃圾出（garbage in, garbage out）」，這指的是一個模型最好只能和它的訓練資料一樣好。本章會說到幾種獲取預先做好的資料集合的選項，以及設計和建設自己的資料集合。

請注意，對您的個人資料和解決方案需求來說，這個過程中的每個步驟都是非常主觀的，因此在某些地方可能會講得比較抽象。許多資料角力實作都是透過經驗磨練出來的。

計畫和識別目標資料

有些人將資料集合的規劃階段視為設計過程，這不是件誇張的事。在機器學習過程中最容易犯的一個錯誤是沒有為工作選擇合適的輸入資料，更不用說資料品質差或來源不明，選擇了與模型要預測的結果沒有充分關聯的資料也算在內。

並不是所有的機器學習問題都能用非技術層面的方法得到解決。儘管可依直覺知道預測天氣至少需要記錄歷史溫度、濕度和天氣趨勢資料，但其他問題可能就沒那麼簡單了。

如果需要一個模型來預測人類行為的情況呢？在本地一所大學的人工智慧基礎課程中，首先提出的問題之一是如何設計一個模型，預測調皮孩子在學校的某一天惡作劇的可能性。這是一個純理論上的練習，同樣的題目通常每個學期都會出現。除了記錄特定某一天他們有沒有使壞之外，我們還應該記錄那天是星期幾，他們吃了什麼早餐，他們是否沒睡飽，是否被禁足，天氣狀態，他們的最好的朋友是否在學校，這個列表可以一直列下去。

但是，這樣的一個因素列表，真的會影響一個人的心情或行為嗎？並不會，真的。

您可能很容易陷入試著為蝴蝶效應（Butterfly Effect）（*http://bit.ly/2OTKQNM*）建模的困境。因此，雖然模型訓練的資料準備過程可以概括為以下幾點：

獲取資料→清潔資料→轉換資料→訓練

由於完美的解決方案不存在，迫使我們使用更有彈性的流程，像這樣：

調查可用資料來源→獲取資料→探索資料**→清潔資料→**探索資料**→轉換資料→**探索資料**→訓練**

在這個過程中，在任何一個探索資料的地方都有可能決定整個流程重新來過。

對於真實世界的專案來說，通常會多次探索轉換後的資料之後，才決定繼續下去，利用不同的轉換方法所獲得的知識，或者在每次迭代明白資料中應該包含其他的一些變數。

這裡沒有明確的守則，只能建議您使用任何可用的腦力激盪技巧。然而，整體看待資料和問題時，以下是一些您必須避免的常見錯誤：

- 失敗則否定
- 封閉世界假設

讓我們分別解釋一下這兩個錯誤：

失敗則否定

這個術語用來描述在無法證明正面結果的情況下，預設產生負面結果的問題。

例如，使用 if/else（定義正面結果時的條件，若不符合即預設為負面結果）與使用
if/else if（定義兩個條件，若兩個條件都不符合則預設為無動作）之間的邏輯差異
可能看起來很小。但是，如果沒有清楚定義這個邏輯，那麼可能引起很大的問題。
例如：

```
if input == "Y" {
    print("Answer was yes.")
} else {
    print("Answer was no.")
}
```

如果輸入只有兩種可能，這樣寫可能是安全的，但是這樣的程式碼會將其他任何輸入
的答案認定為 no。這代表著 y、yes 或任何其他字元或符號，甚至可能只是一個分行符
號，都將被認定為 no。它想要的答案不是 Y 就是 N，但是條件並沒有被好好地被劃分。

封閉世界假設

這個術語描述了不準確的假設，即對一個東西所擁有的資訊是被封裝起來的，或是用整
體表示。例如，使用一個非現實世界中被認定已窮舉的列表：

```
let yesResponses = ["Y", "y", "yes", "Yes"]
let noResponses = ["N", "n", "no", "No"]

if yesResponses.contains(input) {
    print("Answer was yes.")
} else if noResponses.contains(input) {
    print("Answer was no.")
} else {
    print("Answer was not yes or no.")
}
```

有更好的方法嗎？可能。有完美的方法嗎？不可能有完美的方法。一個理想的系統應該
要複製人類在聽到有人說「是或不是」時的思維過程：該人曾經聽過的任何代表是或
不是的詞，目前聽到的聲音是否相似？若是，就假設對方說了是，否則的話，就判斷為
沒聽過的俚語。因為幾乎可以肯定在回應是 / 不是問題時，通常回答也會是 / 不是，對
嗎？無論如何，這對人類來說都很簡單。

認罪

實際上，本書其中一位作者最近在設計類似這樣的東西時犯了一個錯誤，當她快速地為她的一個 macOS 應用程式製作一個替代的模型時。她訓練了一個可以用來分類美術風格的強大的分類模型，並且已經在內部觀察階段可分類出不同美術風格，但是由於它是在私有資料集合上訓練，在公開展示之前必須取出私有資料集合。

這個問題的替換資料集合很難取得，而且快速拼湊資料的結果使得精確度比以前版本低得多，它會看到不存在的分類，因為這個輸入資料沒有覆蓋原始資料集合擁有的所有類別。

之後做了一個快速修改：如果模型對識別分類的信心小於 $n\%$，它就不應認定分類答案。但問題是，現在如果一個圖像多個分類可選，足以混淆它應該選擇哪個時，它仍然不會給出分類。

好吧，這樣足夠做個示範了。

除了簡單的邏輯錯誤外，錯誤的原因可以有很多種。大多數解決方案都可以歸結為確保系統的設計，和輸入盡可能準確及完整地表示您試圖建模或預測的現象。這不是一件容易的事，但卻是一件值得做的事。

請記住，除了圖像類的資料（照片、頻譜圖、影片幀等）之外，您要建立或使用的絕大多數資料集合都將（或需要）轉換為由值組成的表。試想一下：如果您的問題領域中所有之前觀察到的結果都必須放入一個表中，那麼欄的標題和類態會是什麼？

尋找資料集合

對於知道如何以及在何處可以尋找要使用的資料集合是一件很好的事。在人工智慧的廣闊領域和它可以應用到的大量問題中，雖然如何找和在何處找都是非常主觀的，但是仍然有一些普遍的事實和建議存在。

去哪裡找

對於常見的問題，您可以從以下幾個地方開始搜尋：

Google Dataset Search（*http://bit.ly/2MpUoi0*）用於找尋資料集合，而 Google Scholar 用於找尋研究論文，或是使用萬用的 Google Search。這是一個很好的第一站，讓您對某個特定的主題開始有點感覺。Google 還管理一個自己的通用公共資料儲存庫，稱為 Google Public Data（*http://bit.ly/2MmDK2O*），如同 Amazon 的 AWS Data Registry（*https://registry.opendata.aws*）一樣。

Kaggle.com（*https://www.kaggle.com/datasets*）是一個致力於資料科學的線上社群。它有一個大型的儲存庫，其中包含由社群和組織提供的大量資料集合，可以用於您喜歡的任何主題。這個網站也是一個透過參加比賽或討論來學習資料分析細節的好資源。

一些研究機構經常會發佈科學資料供公眾使用。如果您需要敏感性的人類資料更是如此，您可以確信這些資料已適當地匿名化，那麼這一點特別有用。在澳大利亞，我們也有像這樣的機構，例如：Australian Bureau of Statistics（*http://bit.ly/32pmXlh*）、Commonwealth Scientific and Industrial Research Organisation（CSIRO）（*http://bit.ly/2OTi53X*），甚至還有一個我們所有政府資料的線上門戶 data.gov.au（*https://data.gov.au*）。

在世界其他地方，著名的機構包括 NASA（*https://data.nasa.gov*）、NOAA（*http://bit.ly/2oSBN57*）NIST（*https://www.nist.gov/data*）、CDC（*https://data.cdc.gov*）、WHO（*http://bit.ly/2oPXvH3*）、UNICEF（*https://data.unicef.org*）、CERN（*http://opendata.cern.ch*）、Max Planck Institute（*http://bit.ly/2VOvV9h*）、CNR（*http://bit.ly/2MqZV81*）、EPA（*http://bit.ly/32pCx07*），和更多更多。偉大的科學機構太多了！

類似地，許多國家都有中央政府資料儲存庫，例如 data.gov（*https://www.data.gov*）（USA）、open.canada.ca（*http://bit.ly/2MmWBe7*）、data.govt.nz（*https://www.data.govt.nz*）、data.europa.eu（*http://bit.ly/2Bnl1xC*）和 data.gov.uk（*https://data.gov.uk*）等等，這裡只列出少數幾個。

如果一些具有非科學目的的公司達到了能夠或需要進行內部研究的規模，這些公司甚至也會發佈資料儲存庫。這方面的一些很好的例子是 World Bank（*http://bit.ly/2OX0vvK*）和 International Monetary Fund（IMF）（*http://bit.ly/35HRCMx*），它們已經成長為開放金融和大眾資料的主要來源。

從信譽良好的組織（在得到許可的地方）獲取資料是確保準確性和覆蓋率，以及適合使用的數值型別和格式的品質的好方法。

新聞網站，例如 FiveThirtyEight（*https://53eig.ht/2OWLABL*）和 BuzzFeed（*https://github.com/BuzzFeedNews*）提供為公共調查或為關鍵文章收集的資料，這些資料代表了可能涉及公眾福祉監察、政府監視、槍支、衛生保健和更多其他的主題，例如體育成績或民意調查。

如果您有什麼想法，但需要別人的幫助來找到資料集合時，Reddit 的 /r/datasets（*http://bit.ly/2pA3jEr*）（是的，就叫這個名字）是一個非常好的去處；您既可以瀏覽人們發佈的有趣的東西，也可以就某個特定的問題尋求幫助。甚至還有最好很棒的描述資訊（*http://bit.ly/31q2ziH*）。當您開始使用它以後，請看看也很棒的 /r/MachineLearning（*http://bit.ly/2pwoN56*）。

一些狂熱份子有時也會幫到您。作者個人最喜歡的網站是 Jonathan's Space Home Page（*http://bit.ly/2IZ5bO4*），其中一位是來自 Harvard-Smithsonian Center for Astrophysics（哈佛 - 史密森天體物理中心）的天體物理學家，它維護了一個發射進入太空的**任何東西**的清單。雖然只是一個小專案，但還是很驚人的。

另一個稍微不尋常的資料來源是 Online Encyclopedia of Integer Sequences (OEIS)（*http://oeis.org*），它是各種數字序列和有關它們的附加資訊（如圖或用於生成序列的公式）的巨大集合。因此，如果您曾經對 Catalan 數字（*http://oeis.org/A000108*）感興趣，或者想瞭解 Busy Beaver Problem（*http://oeis.org/A060843*），OEIS 可以幫助您。

在像是公開政府、關鍵研究出版物中使用的學術資料，以及其他各式各樣的領域中，還有無數的網站想致力於成為資料集合的中央註冊中心。

現在可能已經說明了一點：**資料到處都是**。我們無時無刻都在生產更多的東西，有相當多的人和組織致力於使這些資料能對我們所有人都有用。個人對資料來源的偏好是隨著時間和經驗建立的，因此要廣泛地探索和試驗。

要注意什麼

在您開始尋找之前，要有一個清晰的計畫來模擬您要解決的問題。對於考慮要用的資料，請考慮以下幾點：

- 資料中出現的值和數值型別。
- 收集資料的人或組織。

- 用於收集資料的方法（如果已知）。

- 收集資料的時間段。

- 對於您的問題，這個集合是否足夠。如果沒有，能容易和其他來源資料合併嗎？

預先準備好的資料集合通常需要一些修改以適合其他用途。所以，即使可以假設資料已經是乾淨的（應該進行驗證以防萬一），仍然可能需要進行一些資料轉換。為了確保輸出的品質，您應該從此處開始瞭解一般的資料準備步驟。

請記住，有時可能需要一些額外的或不同格式的資訊來產生所需的結果。由別人預先建立的資料集合是一個不錯的起點，但它不是就不用檢查了：一個不合適的資料集合應該被修改或替換，即使這將在短期內涉及大量工作。

建立資料集合

若要從頭建立資料集合，必須從某個地方獲取原始資料。這些工作通常分為三個主要的陣營：記錄資料，整理資料，或者抓取資料。

免責宣告

每個國家在資料集合的收集、儲存和維護方面都有自己的法律和法規。本節中描述的一些方法在某個地區可能是可行的，但在另一個地區可能是非法的。在尚未檢查是否合法之前，您不應該採取任何行動來獲取資料集合。

特別是，透過資料抓取或跟蹤方法等方式觀察不屬於您的線上內容時，在世界上的某些地方可能招致嚴重的懲罰，無論您知不知道自己這樣做了，或做了些什麼。都不值得。

其他方法可能在法律中沒有明確規定，例如從公共場所收集照片或錄影，或為其他目的提供的資料的所有權。

即使一個資料集合有授權說您可以使用您想要的資料，但是在獲得資料後，收集資料的方法和責任也是您需要仔細考慮的事情。您所在地區的法律*始終*高過您存取資料的授權。

> 根據經驗，如果不是您自己建立的資料，您就不擁有它（即使確實是您建立了它，您也可能不擁有它）。所以，除非您得到明確的許可，否則您不能收集或使用它。
>
> 請小心謹慎。我們不是律師：請自己盡力調查。

資料記錄

資料記錄是第一線的資料收集：由您自己觀察一些現象和屬性，記錄屬於您自己的獨特資料。這動作可以透過感測器或攝影機等物理設備來實作，也可以透過網路跟蹤器或爬蟲等數位觀察來實現。

您可以收集在特定位置發生的動作或環境條件的資料，記錄希望識別的不同物件的圖像，或者記錄 web 服務的流量以預測使用者行為。

您可以使用這些方法在以前可能沒有觀察到的主題上建立高度專用的資料集合，但這是最耗時的方法。收集的資料的品質也會受收集資料的設備或方法的影響，因此建議使用一些專業技術。

資料整理

資料整理是將多個資訊來源組合在一起以建立要分析的新資料的工作。這可以透過從報告中取得資料、合併來自不同線上資料來源的資料或查詢 API 等方法來建立。它將存在於許多地方的資料以一種有用的方式匯集在一起。

在某些情況下，資料整理幾乎與記錄或生成您自己的資料一樣耗時，但它更有可能建立出發生在難以到達的地方（如海外或私人組織內部）的現象的資料集合。如果一個公司因為某個問題而沒有共用其初始資料集合，那麼它可能會發表多篇論文以包含所有資料。或者，一個不允許您下載做過 *Y 的所有使用者記錄*的網站，卻有可能讓你持續發出查詢，詢問*使用者 X 是否做過 Y*？

做完整理後資料的品質也只能和原本來源的水準一樣高，諸如合併使用不同測量單位的來源或簡單的轉錄錯誤，可能會危及整體。

資料抓取

資料抓取是一種收集大量的資訊的方法，這些資訊是原本就已存在，只是觀察時的記錄結構可能不是適合使用。這是過去進行社交媒體分析的主要方式（尤其是第三方），但許多平台已抑制了人們從其服務中獲取資料或使用資料的能力。

抓取是透過從 web 目標載入、觀察和下載大量內容（通常是不加區別地）的軟體執行的，然後可以對其進行修改以供使用。您必須事先知道您在尋找什麼。

準備資料集合

原始資料本身幾乎毫無用處。要使它實際有用，您需要對它做一些前置工作。

瞭解資料集合

如前所述，資料探索是資料準備中的關鍵和會不斷重複的階段。我們無法對一組太大的資料進行每個值的讀取、檢查和編輯，但在確認它值得花時間和力氣去製造一個模組之前，人們仍然需要驗證其品質和適用性。

最簡單的方法是將大量的樣本資料集合倒進一個試算表程式中，只要看看每一欄的種類或範圍的值，就可以識別諸如預設值不正確（比方說，在沒有測量值的地方使用零，而不使用 NULL），或不可能範圍或不相容的合併（看出資料是依不同來源分組的，而每個來源使用不同單位；例如，華氏溫度與攝氏溫度）。

資料分析工具有很多。若碰到資料集合太大而無法在試算表程式中打開時，Python 中的腳本或 RStudio 之類的應用程式具有強大的功能可以應用，它們能夠視覺化、匯總或報告資料。請使用您喜歡的方法，至少確定各屬性值的格式和一般分佈為何。

資料處理工具

在能夠使用資料集合之前，可以使用無數的工具來清理、處理和觀察資料集合。正如我們在第 2 章中所說的，Python 是這方面工作的標準：它有好多好多工具來理解和處理資料。

像 Matplotlib（*https://matplotlib.org*）這樣的套件，通常可以很容易地用來繪製資料圖，以便進行視覺化檢查。

Pillow（*http://bit.ly/2IYOWRa*）提供各種影像處理、轉換和操作的功能。

Python 有一個內建的統計套件（*http://bit.ly/35Jjikk*），如果您需要更多的功能，可以使用 NumPy（*http://bit.ly/2MOq1AJ*）。

Python 還提供了廣泛的內建和第三方支援來處理幾乎所有您將遇到的檔案案格式，從 CSV（*http://bit.ly/35Jeb3x*）、JSON（*http://bit.ly/2OSbarM*）、YAML（*https://pyyaml.org*）、XML（*http://bit.ly/31pvgvS*）和 HTML（*http://bit.ly/2VP7Pv7*），以及更深奧的格式，如 TOML（*http://bit.ly/31q3G1R*）或 INI（*http://bit.ly/2VXLxr6*）檔案。

當這些都無法解決您的問題時，還有一個值得您搜尋的索引（*https://pypi.org*），看看是否有什麼可以解決您的問題。或者，只要搜尋「python 我想做的事情」，大多數時候您會發現有人有同樣的問題，或者為它寫了一個解決方案，或者至少提供了一些您可以查看的指引。

如果您不喜歡 Python，那麼幾乎所有的程式設計語言都有類似的工具和功能。我們如此喜歡 Python 的原因是，這些工作都已經為您備齊了，有大量的範例可以上手。在這一點上，Python 並沒有什麼神奇之處，只因為它是最受歡迎的選擇，所以我們建議在這一點上也堅持使用大多數人的做法。

另一個不錯的選擇是 Excel、Numbers 或 Google Sheets 之類的試算表程式。即使它們經常受到抨擊，您也不應該輕視它們。在其中進行資料準備可能很麻煩，但是在將 Python（或您選擇的另一個工具）派上場之前，您可以使用它們非常快速地獲得大量有用的資訊和做好一些準備。而且更好的是，您幾乎肯定已經安裝了其中之一，在您的機器上隨時可用。

最後，不要害怕跳出框框思考，像壓縮資料集合這樣簡單的事情可以讓您對資料集合的熵有一個大致的概念，甚至不用往資料裡面看就可以知道。如果一個資料集合壓縮得非常好，而來自同一資料來源的另一個資料集合壓縮得不那麼好，那麼第二個資料集合的資料熵可能比第一個資料集合大。

我們已在第 2 章、更詳細地介紹工具，所以如果您想瞭解更多關於實用 AI 工具的資訊，請查看第 2 章。

圖像資料集合不是那麼容易觀察，但是絕對值得花時間，至少大致看看圖像的總體品質和使用了什麼樣的裁剪方法。我們在第 38 頁的「瞭解 Turi Create 的組成」中曾介紹過，像 Turi Create 的視覺化特性這樣的工具，對於瞭解您的資料非常有用。圖 3-1 顯示了一個範例。

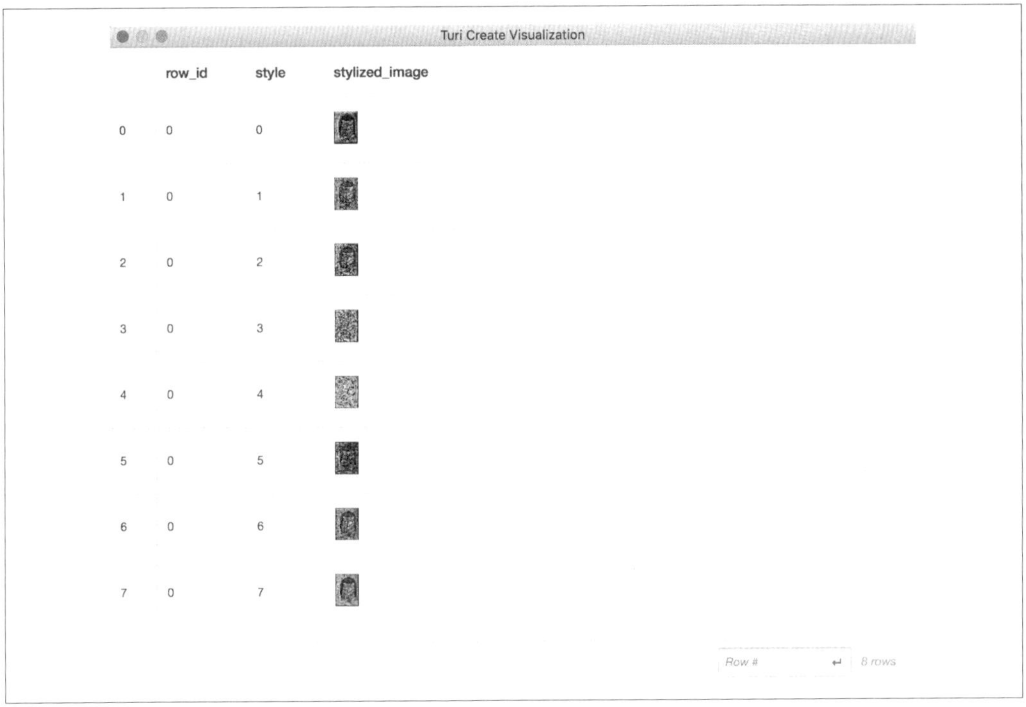

圖 3-1　使用 Turi Create 來瞭解您的資料

清理資料集合

在瞭解一個資料集合的過程中，很可能會遇到一些不正確的東西。記錄是一個不完美的人造品，就像人類做的任何工藝品一樣，都會產生錯誤。要找出的錯誤可以分為以下幾類：

- 均值（Uniform-value）誤差
- 單值（Single-value）誤差
- 缺失值（Missing value）

均值誤差包含了會導致整個欄或整個資料集合不準確的情況，比如當用儀器來記錄以均等量校準的東西，溫度測量時從旁邊的東西產生額外的熱能，使用天平稱量時沒有先歸零等等。這還包括來自各種來源的資料沒有經過轉換就被不恰當地合併：來自美國和英國的一組資料被簡單併在一起，導致現在系統認為 100 攝氏度是完全合理的溫度。

單值誤差是另一個術語，用於描述在少數情況下，導致不準確或完全不合邏輯的異常值或不一致的誤差校準。例如，某天感測器超載了，產生的值比理論上可能產生的值高出 1,000%，這種情況應該是相當明顯的。

在記錄資料的方法出現問題時，或者資料集合在其生命週期的某個時間點經歷了某種變形轉換時，可能會出現缺失值。缺失值可能是一個簡單的 nil 或 NULL 值，或一些不太有用的值，如字串 "NONE" 或一個預設值，如 0。它甚至可以是無意義的字元，我們曾看過各式各樣的缺失值。

均值誤差通常可以透過用一致誤差值（如果可以識別的話）來縮放或轉換整個值集來補救。單值誤差和缺失值則需要您使用某種可行的方法替換值，否則就完全刪除列 / 觀察紀錄以防止錯誤。

您可以透過獲取該欄中所有其他值的平均值，使用該欄中與丟失值最接近的觀察值進行計算，或者使用其他特定於該應用領域的的方法來猜測該值。

轉換一個資料集合

在使用之前轉換資料有兩個主要的原因：為了滿足要使用的演算法的格式要求，以及用新的推斷屬性改進或擴展當前資料。對於這兩個目的，常會套用於資料的轉換有三種：

正規化

這是一種適用於數值資料的方法，將最大值和最小值綁定到一個刻度上，使它們更容易處理。

這個方法的一個例子是，用數值資料進行的觀測需要與一些不同的度量進行比較。如果您想根據不同的魚的長度、重量、年齡和眼睛缺失的數量來評估它們的健康狀況，想必每個人都會同意用不同的標準來比較兩條魚（例如，以一隻眼睛、一歲或一釐米長進行比較），得到的結果會與用同樣的標準進行所得到的結果不同。

對正的值做正規化很簡單：

```
func normalise(_ value: Double, upperBound: Double) -> Double {
    return (value / upperBound) * 1.0
}

length = normalise(length, upperBound: maxLength)
weight = normalise(weight, upperBound: maxWeight)
age = normalise(age, upperBound: theoreticalAgeLimit)
eyesDifferent = normalise(eyesDifferent, upperBound: 2)
```

泛化

將特定值替換為更高級概念以更好地分組觀察值的方法。

當記錄某個屬性的方法比實際需要的更精確時,通常會出現這種情況。例如,如果您有一個人類移動的 GPS 統計資料,您可能會將緯度和經度歸納為一個位址,從而防止系統將每個微小的移動視為位置的變化。或者,將數值測量轉換成人為刻度,不用公分為單位來表示人們的身高,而是將相關因素劃分為低於、接近或高於平均身高。

聚合

這是透過總結一些複雜的屬性來進行更有效的分析的一種方法。

以分析文字段落 (Attribute: Text, Classification: Class) 當作一個示範的話,可以從文字中提取出關鍵字(甚至單詞頻率),只呈現最相關或唯一的面向,以便所指定的分類相關聯。

在這些步驟之前、之間或之後可能會出現一種不同類型的資料轉換,其中資料不僅僅是被修改,也有可能擴展或減少:

特徵建立

一種建立新屬性的方法,通常透過推理或組合現有的其他值來實作。

這方面的一個範例是保留住原始值的泛化或聚合,或者更常見的情況是,某兩個或多個值一起出現時可以告訴您的資訊(用於發現第三個值)。例如,如果您擁有某一個公司的名稱和營運所在國家時,您可以查找它的業務註冊號碼,或者如果您擁有某人的身高和體重,您可以計算他們的 BMI(*http://bit.ly/2IY4Wmc*)。

資料減少

這是用來刪除某些屬性的方法,要刪除的原因可能是與另一個屬性相關,也可能是這些屬性與要解決的問題無關。

例如，如果您有某人的位址、郵遞區號和電話區號，那麼這些資訊中至少會有一條是多餘的。也許，就像特徵建立一樣，您有一些演算法上的理由來分析兩者，但通常不太會發生。兩個或多個屬性之間的高度相關性，可能在分析中導致錯誤，這些屬性應該考慮刪除。

驗證資料集合的適用性

在您達到這一點之後，您應該再花一段時間仔細查看您試圖解決的問題和您打算使用的資料集合。在出現人工智慧應用程式之前的資料分析的廣闊世界中，雖然可能沒有明確的規則，但您通常會知道一個解決方案似乎不可行，或者一個資料集合似乎不符合您的需求。

相信那心頭微弱的聲音，因為如果超過這個界限後才後悔，會浪費的工作就會變得非常多。

請再次查看您的資料。瀏覽它，視覺化它，用小的資料子集測試您的解決方案，做任何您需要做的事情。如果仍然感覺正確，那就繼續前進。

Apple 的模型

我們已經提過幾次了，但總是值得再次提及：Apple 提供了一個網站，內容是所有可用模組的集合（*https://apple.co/ 33oLF5p*）。如果您想建立的功能可以用 Apple 的其中一個模型完成，那麼使用那些模型之一可讓您更快或更容易完成功能。

在寫這篇文章的時候，Apple 有適合以下幾種工作的可用模型：

- 根據圖像預測深度（FCRN-DepthPrediction）
- 對圖片中的主要物件進行分類（MobileNetV2、Resnet50 和 SqueezNet）
- 將圖像中的像素分類（DeeplabV3）
- 檢測和分類一張圖像中的多個物件（YOLOv3）
- 根據提供的文字生成文字問題的答案（BERT-SQuAD）

如果您的**任務**會用到其中的任何一項，就去用吧！不用再擔心要花心思去找到資料集合並建立或訓練您自己的模型，您只要使用一個現成的模型即可。

我們將在第二部分介紹的一些任務中使用 Apple 提供的一兩個模型。

任務

## 第四章

視覺

本章將探討在您的 Swift App 中實作*視覺*相關人工智慧功能。採用自上向下的方法，我們將探索七個視覺任務，以及如何使用 Swift 和各種人工智慧工具來實作它們。

實用的人工智慧和 Vision

以下是我們在本章中將探討的七個與視覺相關的實際人工智慧任務：

人臉偵測（*Face detection*）

　　它使用圖像分析技術來計算圖像中的人臉數量，並根據這些資訊執行各種操作，例如將其他圖像套用於人臉時使用正確的旋轉角度。

條碼偵測（*Barcode detection*）

　　它使用 Apple 的 framework 來找尋圖像中的條碼。

重點偵測（*Saliency detection*）

　　這個任務使用 Apple 的 framework 找到圖像中最重要的區域。

圖像相似度（*Image similarity*）

　　兩個圖像有多相似？我們會開發一個 App，讓使用者選擇兩張圖片，然後判斷它們有多相似。

圖像分類（*Image classification*）

分類是一個經典的人工智慧問題。我們會建立一個分類 App，它可以告訴我們照片中拍到了什麼。

繪圖識別（*Drawing recognition*）

不管您在分類什麼，識別（recognition）基本上就是分類（classification），但是為了和您一起探索更廣泛的實用人工智慧主題，這裡我們將會開發一個 App，它可以讓您拍一張塗鴉的照片並識別它。

風格分類（*Style classification*）

我們將會更新我們的圖像分類 App，將另一套工具所建立的模型轉換成 Apple 的 CoreML 格式，以支援識別圖像的風格。

我們稱這一章為「視覺」，但它不僅僅是講述關於 Apple 提供的與視覺相關的程式設計 framework，這個 framework 也被稱為 Vision（視覺）（*https://apple.co/2MEeZ11*）。不過，在整本書中，我們確實大量使用了 Vision！查看索引以獲得詳細資訊。

任務：人臉偵測

不管您是因為要做使用者驗證或查證使用者大頭照，所以需要檢查是否存在一張臉，還是您想在使用者提供的照片上畫東西，讓照片成為 SnapChat 風格，人臉偵測對很多 App 來說都是一個實用的功能。

在第一個任務中，我們將看看在您的 Swift iOS App 中加入實用的人臉偵測功能有多容易。我們將使用 Apple 提供的 AI framework（請見第 39 頁的「Apple 的其他 framework」），而不需要做任何模型訓練。

正因為如此，這個任務與本書中的許多其他任務稍有不同，因為執行人臉識別的工具集主要是由 Apple 提供的。在第 110 頁的「任務：圖像相似度」和第 174 頁的「任務：語音辨識」中，我們遵循類似的流程去使用 Apple 的 framework。

您可以自行訓練一個能識別人臉的模型，但 Apple 已經為您完成了這項工作：只需看看 iOS 上的照相機 App，以及它如何識別人臉。

問題和方法

就像這本書中的許多實用人工智慧任務一樣,人臉偵測可以應用在任何地方。作者群一致最喜歡的人臉識別的描述,是在極具前瞻性的虛構電視節目疑犯追蹤(*Person of Interest*)中。

說真的,我們真的極度推薦疑犯追蹤。請您先讀到這裡,去看,然後回來繼續後面的內容,我們不會跑掉的。

在這個任務中,我們將透過以下步驟來認識人臉偵測的實用面:

- 開發一款可以偵測圖像中的人臉的 App,讓我們確認使用者是否提供了有用的個人資料照片

- 在不訓練模型的情況下使用 Apple 的工具來做這件事

- 進一步探索改進人臉偵測

我們將建立一個 App,它可以計算使用者選擇的照片中的臉的數量。您可以在圖 4-1 中看到這個 App。

建立 App

我們將使用 Apple 最新的使用者介面(UI)SwiftUI framework,來為這個 App 建立使用者介面。

在本書中,我們在不同的範例中分別使用了 SwiftUI 和 UIKit,讓您在建立人工智慧驅動的 App 時,對 Apple 的 iOS UI framework 有一個實際的瞭解。我們經常隨意地選擇使用哪個 framework,就像在現實世界中一樣(但是請不要這樣告訴客戶)。

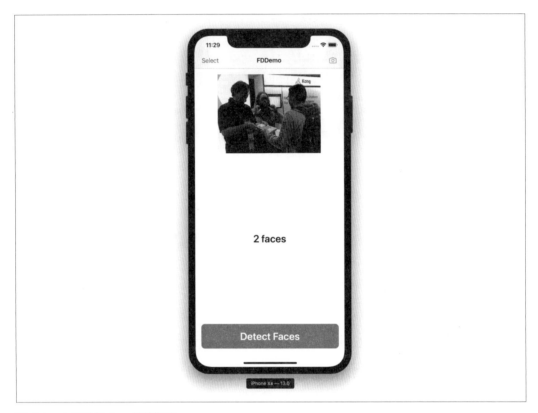

圖 4-1　人臉計數 App 最終版本

圖 4-1 中最終版本的 App 由以下 SwiftUI 元件所組成：

- 一個 NavigationView，用於顯示 App 的標題以及選擇照片的按鈕

- 一個 Image，用於顯示被 App 拿來計算臉的那張圖像

- 一個 Button，用於觸發人臉計數

- 一些 Text 來顯示有幾張人臉

如果您需要複習一下 SwiftUI，請查看 *https://apple.co/32eMZYu* 和 *https://aiwithswift.com*。

不過，我們用了多個子 view 建構這個 view，而且我們做這件事的方式與我們在本書其他使用 SwiftUI 的地方不太一樣。我們這樣做是為了要展範多種建立 UI 的方法（原因與我們在整本書中使用 SwiftUI 和 UIKit 的原因大致相同，用於不同的實際範例）。這種方法使您最大限度地瞭解真實世界的做事方式。

 如果您不想手動建立人臉計數的 iOS App，您可以從網站（*https:// aiwithswift.com*）下載程式碼；請找尋名為 FDDemo-Starter 的專案。在您拿到專案之後，翻到本章後面的部分（我們不建議跳過它），然後從第 86 頁的「剛才發生了什麼？這是怎麼做到的？」繼續閱讀。

想要自行製作人臉計數 iOS App，您需要做以下工作：

1. 啟動 Xcode。

2. 在 Xcode 中建立一個 iOS App 專案，選擇「Single View App」範本。專案語言選用 Swift，並且應該勾選 SwiftUI 核取方塊，如圖 4-2 所示。

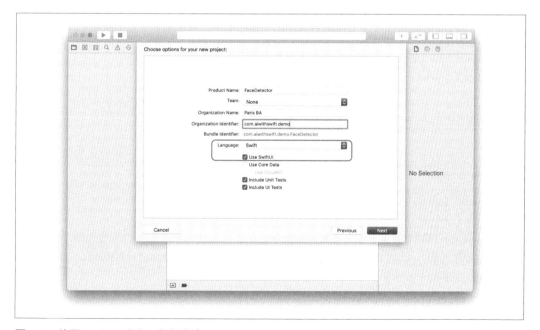

圖 4-2　使用 SwiftUI 建立一個新專案

3. 加入一個新的 Swift 檔案到專案（File menu → New → File），將檔名設為 *Faces. swift*，並加入下面的 import：

```
import UIKit
import Vision
```

這裡沒做什麼特別有趣的事：因為我們用的是 UIImage，所以我們匯入 UIKit，UIKit 中有 UIImage。另外，我們匯入 Vision，因為它是 Apple 的 framework，我們會用它來偵測人臉。

4. 請在 import 述句下方，為 UIImage 加入以下 extension：

```
extension UIImage {
    func detectFaces(completion: @escaping ([VNFaceObservation]?) -> ()) {

        guard let image = self.cgImage else { return completion(nil) }
        let request = VNDetectFaceRectanglesRequest()

        DispatchQueue.global().async {
            let handler = VNImageRequestHandler(
                cgImage: image,
                orientation: self.cgImageOrientation
            )

            try? handler.perform([request])

            guard let observations =
                request.results as? [VNFaceObservation] else {
                    return completion(nil)
            }

            completion(observations)
        }
    }
}
```

這個 UIImage 的擴展加入了一個 detectFaces 函式到 UIImage 中，這個函式讓我們要求 UIImage 偵測人臉。該函式中的程式碼建立了 VNDetectFaceRectanglesRequest，並將其分派到一個佇列中。

VNDetectFaceRectanglesRequest 是用來做什麼的？它為正在被分析的圖像中的每張人臉，回傳其邊界框（矩形框）。您可以在 Apple 的文件（*https://apple.co/33vHvsC*）中瞭解更多關於它的詳情。我們將 VNDetectFaceRectanglesRequest 當作 VNImageRequestHandler 的一部分執行，VNImageRequestHandler 是一個讓我們可以執行分析要求的物件（*https://apple. co/2OGsGiq*）。

這本書不是來教 Swift 語言的，以下只是用來喚起您的回憶：擴展讓您可向現有的類別、結構、枚舉或協定加入新功能。您可能已經猜到，這個新功能包括函式。您可以閱讀更多關於 Swift 擴展的資訊（*http://bit.ly/328ovjy*）。

呼叫 `DispatchQueue.global().async {}` 讓我們在一個全域執行緒上執行對 `VNImageRequestHandler`（包含執行我們的 `VNDetectFaceRectanglesRequest`）的呼叫，這樣我們的 UI 就不會被鎖死。您可以到 Apple 的文件中瞭解更多關於 `DispatchQueue` 類別（*https://apple.co/2IKkxGc*）。

接下來，在專案中建立一個新檔案（我們將檔案取名為 *Views.swift*），我們用它來為我們的 App 定義一些 SwiftUI 元素：

1. 請 `import SwiftUI` 然後加入一個新的 View struct，將它取名為 TwoStateButton：

   ```swift
   struct TwoStateButton: View {
       private let text: String
       private let disabled: Bool
       private let background: Color
       private let action: () -> Void

   }
   ```

   TwoStateButton struct 定義了一個 Button，可以啟用或禁用它，改變它的顏色，或以其他方式做按鈕類的動作，非常實用。

2. TwoStateButton 還需要一個 body：

   ```swift
   var body: some View {
       Button(action: action) {
           HStack {
               Spacer()
               Text(text).font(.title).bold().foregroundColor(.white)
               Spacer()
               }.padding().background(background).cornerRadius(10)
           }.disabled(disabled)
   }
   ```

   body 負責處理畫出 TwoStateButton（它實際上只是繪製一個 Button 和根據變數的值畫出一些 Text）。

3. 它還需要一個 init() 函式：

```
init(text: String,
    disabled: Bool,
    background: Color = .blue,
    action: @escaping () -> Void) {

    self.text = text
    self.disabled = disabled
    self.background = disabled ? .gray : background
    self.action = action
}
```

init() 函式會初始化一個新的 ThreeStateButton 到特定的狀態（例如顯示文字、是否被禁用、背景顏色、當按鈕被按下時的動作）。

4. 接下來，建立另一個 View struct，將它取名為 MainView：

```
struct Main View: View {
    private let image: UIImage
    private let text: String
    private let button: TwoStateButton
```

這個 View 用一些變數來儲存一個 UIImage，包括一個 String，和一個 TwoStateButton（我們剛才建立的！）

5. MainView 需要用到一個 body：

```
var body: some View {
    VStack {
        Image(uiImage: image)
            .resizable()
            .aspectRatio(contentMode: .fit)
        Spacer()
        Text(text).font(.title).bold()
        Spacer()
        self.button
    }
}
```

這個 body 繪製一個 Image，一些 Spacer，一些 Text，一個 TwoStateButton（由變數定義）。

6. MainView 還需要一個 init()：

```
init(image: UIImage, text: String, button: () -> TwoStateButton) {
    self.image = image
    self.text = text
    self.button = button()
}
```

這個 init() 函式會建立 MainView，設定圖像、文字和按鈕的值。

7. 我們還需要加入一個非常長的 struct，這個 struct 繼承自 UIViewController Representable，目的是為了呼叫一個 UIImagePicker，這是 SwiftUI 舊的 UIKit framework 的一部分：

```
struct ImagePicker: UIViewControllerRepresentable {
    typealias UIViewControllerType = UIImagePickerController
    private(set) var selectedImage: UIImage?
    private(set) var cameraSource: Bool
    private let completion: (UIImage?) -> ()

    init(camera: Bool = false, completion: @escaping (UIImage?) -> ()) {
        self.cameraSource = camera
        self.completion = completion
    }

    func makeCoordinator() -> ImagePicker.Coordinator {
        let coordinator = Coordinator(self)
        coordinator.completion = self.completion
        return coordinator
    }

    func makeUIViewController(context: Context)
        -> UIImagePickerController {

        let imagePickerController = UIImagePickerController()
        imagePickerController.delegate = context.coordinator
        imagePickerController.sourceType =
            cameraSource ? .camera : .photoLibrary

        return imagePickerController
    }

    func updateUIViewController(
        _ uiViewController: UIImagePickerController, context: Context) {}

    class Coordinator: NSObject, UIImagePickerControllerDelegate,
```

```
UINavigationControllerDelegate {

    var parent: ImagePicker
    var completion: ((UIImage?) -> ())?

    init(_ imagePickerControllerWrapper: ImagePicker) {
        self.parent = imagePickerControllerWrapper
    }

    func imagePickerController(_ picker: UIImagePickerController,
        didFinishPickingMediaWithInfo info:
            [UIImagePickerController.InfoKey: Any]) {

        print("Image picker complete...")

        let selectedImage =
            info[UIImagePickerController.InfoKey.originalImage]
                as? UIImage

        picker.dismiss(animated: true)
        completion?(selectedImage)
    }

    func imagePickerControllerDidCancel(
            _ picker: UIImagePickerController) {

        print("Image picker cancelled...")
        picker.dismiss(animated: true)
        completion?(nil)
    }
    }
}
```

這一長串的程式碼是為了讓 SwiftUI 提供足夠的 UIKit 功能來呼叫 **UIImagePicker**。

您 可 以 到 Apple 的 文 件（*https://apple.co/2IKkxGc*） 得 到 更 多 關 於 **UIViewControllerRepresentable** 的相關說明：當您使用 SwiftUI 時，您可以使用它來假冒 UIKit view 的功能。本質上來說，這是一種將舊的 UI framework 的功能與新的 UI framework 連接起來的方法。

8. 最後，仍要繼續修改 *Views.swift*，我們需要加入一個擴展到 **UIImage**，這個擴展讓我們可根據需要改變操作方向：

```
extension UIImage {
    func fixOrientation() -> UIImage? {
        UIGraphicsBeginImageContext(self.size)
```

```
            self.draw(at: .zero)
            let newImage = UIGraphicsGetImageFromCurrentImageContext()
            UIGraphicsEndImageContext()
            return newImage
        }

        var cgImageOrientation: CGImagePropertyOrientation {
            switch self.imageOrientation {
                case .up: return .up
                case .down: return .down
                case .left: return .left
                case .right: return .right
                case .upMirrored: return .upMirrored
                case .downMirrored: return .downMirrored
                case .leftMirrored: return .leftMirrored
                case .rightMirrored: return .rightMirrored
            }
        }
    }
```

下一步，我們移動到 *ContentView.swift* 中：

9. 首先，`import` 如下：

```
import SwiftUI
import Vision
```

> *ContentView.swift* 有 點 類 似 於 UIKit 中 的 ViewController，只 是 改 用 SwiftUI。

10. 加入一個 `ContentView` 擴展到 *ContentView.swift* 的結尾：

```
extension ContentView {

}
```

11. 在這個擴展中，加入一個函式來回傳我們的 main view：

```
private func mainView() -> AnyView {
    return AnyView(NavigationView {
        MainView(
            image: image ?? placeholderImage,
            text: "\(faceCount) face\(faceCount == 1 ? "" : "s")") {
                TwoStateButton(
                    text: "Detect Faces",
```

```
                            disabled: !detectionEnabled,
                            action: getFaces
                        )
                }
                .padding()
                .navigationBarTitle(Text("FDDemo"), displayMode: .inline)
                .navigationBarItems(
                    leading: Button(action: summonImagePicker) {
                        Text("Select")
                    },
                    trailing: Button(action: summonCamera) {
                        Image(systemName: "camera")
                    }.disabled(!cameraEnabled)
                )
        })
    }
```

這個函式不僅回傳我們的 main view，而且還建立它。這就是 SwiftUI 神奇之處！

12. 加入一個函式來回傳圖像選擇器：

```
    private func imagePickerView() -> AnyView {
        return AnyView(ImagePicker { result in
            self.controlReturned(image: result)
            self.imagePickerOpen = false
        })
    }
```

13. 並加入一個函式來回傳 camera view：

```
    private func cameraView() -> AnyView {
        return AnyView(ImagePicker(camera: true) { result in
            self.controlReturned(image: result)
            self.cameraOpen = false
        })
    }
```

14. 回到接近檔案頂部的位置，加入一些 @State 變數到 ContentView 中：

```
    struct ContentView: View {
        @State private var imagePickerOpen: Bool = false
        @State private var cameraOpen: Bool = false
        @State private var image: UIImage? = nil
        @State private var faces: [VNFaceObservation]? = nil

    }
```

這些定義了一些可以改變的東西：例如是否打開圖像選擇器，是否打開相機，顯示的圖像本身，以及偵測到的臉。

 您可以透過 SwiftUI 的文件（*https://apple.co/2B9OOtA*）瞭解更多關於 State 的資訊。

15. 加入一些 private 變數：

```
private var faceCount: Int { return faces?.count ?? 0 }
private let placeholderImage = UIImage(named: "placeholder")!

private var cameraEnabled: Bool {
    UIImagePickerController.isSourceTypeAvailable(.camera)
}

private var detectionEnabled: Bool { image != nil && faces == nil }
```

這些變數用來儲存臉的數量、預設圖片（在使用者選取影像前顯示的圖片）、相機是否可用以及偵測是否啟動（未啟動時按鈕無法使用）。

16. 將 body 更新如下：

```
var body: some View {
    if imagePickerOpen { return imagePickerView() }
    if cameraOpen { return cameraView() }
    return mainView()
}
```

body View 回傳圖像選擇器，如果圖像選擇器是打開的，則回傳相機；否則它將回傳 mainView()，它是我們之前透過擴展加入到 ContentView 的函式。

17. 加入一個函式到 getFaces()：

```
private func getFaces() {
    print("Getting faces...")
    self.faces = []
    self.image?.detectFaces { result in
        self.faces = result
    }
}
```

這個函式會替當前的圖像呼叫我們之前加入的 detectFaces() 函式，detectFaces() 函式是我們之前寫在 *Faces.swift* 檔案的 UIImage 的擴展中。

18. 我們還需要一個函式來顯示圖像選擇器：

```
private func summonImagePicker() {
    print("Summoning ImagePicker...")
    imagePickerOpen = true
}
```

19. 以及顯示相機：

```
private func summonCamera() {
    print("Summoning camera...")
    cameraOpen = true
}
```

如果您想要的話，可加入啟動畫面和圖示，現在可以啟動您的 App 了！如果您在真實設備上執行，則您可以從照片庫中選擇一張照片，請按下 Detect Faces 按鈕，App 會告訴您它找到了多少張臉。您可以在前面的圖 4-1 中看到它執行起來的樣子。

剛才發生了什麼？這是怎麼做到的？

這裡沒什麼好說的。我們正在開發一款可以識別人臉的 App。在這個前期工作中，我們使用 SwiftUI 建立了一個 iOS App，讓使用者從他們的圖庫中選擇一張照片，或者拍一張新照片，然後計算其中的人臉數量。正如我們所說，沒什麼好說的。

因為我們使用了 Apple 提供的 framework，所以不需要訓練任何機器學習模型就可以做到這些。如果您想知道 Apple 的 framework 是如何工作的，我們將在第 11 章中討論。

但如果我們想做得更多呢？

改進 App

在本節中，我們將會改進了人臉計數 App，使其不僅計數所選圖像中的人臉，而且還在它們周圍繪製一個方框，如圖 4-1 所示。

您需要做完第 75 頁起的「建立 App」中描述的 App 才能從這裡開始。如果您不想這樣做，或者需要一個乾淨的起點，您可以從 *https://aiwithswift.com* 下載本書的資源，並找到其中的 FDDemo-Starter 專案。

如果您不想跟著本節中的說明一步步地實作，您可以看看 `FDDemo-Completed` 專案，這個
專案是本節的最終結果。如果您這麼做了，我們仍強烈建議您閱讀我們在本節中討論的
程式碼，並將程式碼與 `FDDemo-Completed` 中的程式碼進行比較，以便您理解我們加入的
內容。

這裡不需要修改太多程式碼，所以讓我們直接開始，在臉附近畫框：

1. 打開 *Faces.swift* 檔案，並在現有擴展下方加入以下 Collection 擴展：

```swift
extension Collection where Element == VNFaceObservation {

}
```

2. Collection 擴展只能適用於 `VNFaceObservation` 元素。

3. 在此擴展中加入以下內容：

```swift
func drawnOn(_ image: UIImage) -> UIImage? {
    UIGraphicsBeginImageContextWithOptions(image.size, false, 1.0)

    guard let context = UIGraphicsGetCurrentContext() else {
        return nil
    }

    image.draw(in: CGRect(
        x: 0,
        y: 0,
        width: image.size.width,
        height: image.size.height))

    context.setStrokeColor(UIColor.red.cgColor)
    context.setLineWidth(0.01 * image.size.width)

    let transform = CGAffineTransform(scaleX: 1, y: -1)
        .translatedBy(x: 0, y: -image.size.height)

    for observation in self {
        let rect = observation.boundingBox

        let normalizedRect =
            VNImageRectForNormalizedRect(rect,
                Int(image.size.width),
                Int(image.size.height))
            .applying(transform)

        context.stroke(normalizedRect)
```

```
    }

    let result = UIGraphicsGetImageFromCurrentImageContext()
    UIGraphicsEndImageContext()

    return result
}
```

4. Collection 擴展讓我們使用 VNFaceObservation，我們要回去那裡，並加入一個名為 drawnOn() 的函式，它負責在圖像中的每個臉周圍繪製一個方框。

5. 更新 *ContentView.swift* 中的 getFaces() 函式，加入對我們剛才加入的新 drawnOn() 函式的呼叫：

```
private func getFaces() {
    print("Getting faces...")
    self.faces = []
    self.image?.detectFaces { result in
        self.faces = result

        if let image = self.image,
        let annotatedImage = result?.drawnOn(image) {
            self.image =  annotatedImage
        }
    }
}
```

 你也許會對我們為什麼都用擴展感到好奇。我們這麼做有幾個理由，但首先也是最重要的，我們這樣做是為了確保我們的程式碼被分割成相對容易理解的片段。我們不想因為有大量的類別而使事情變得過於複雜，程式碼已經夠多了。

您現在可以執行您的 App，選擇一個圖像，點擊按鈕，並且看到圖像中的任何面孔周圍都有一個框，如圖 4-3 所示。

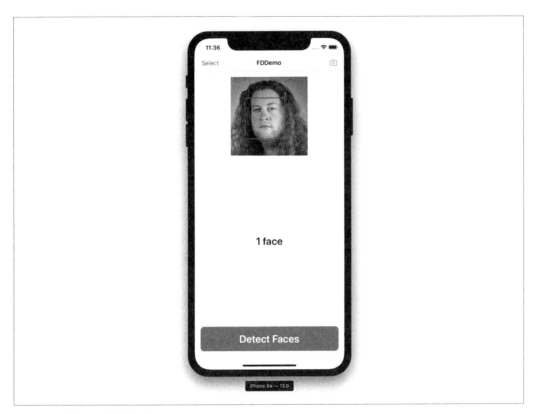

圖 4-3　改進過的人臉偵測

做更多改進

我們通常會在有一些進度後暫停一下，然後討論現有的一切是如何運作的，為什麼會這樣，但是在這裡我們不會這樣做。人臉偵測太有趣了，到目前為止，在這一章中，我們已經瞭解了如何建立一個 App，計算選定圖像中人的臉的數量，然後修改 App，在它偵測到的人臉周圍繪製一個紅色框。

在這一節中，讓我們更進一步，在偵測到的面孔上呈現一個表情符號。沒有什麼功能比這更實用的了，如圖 4-4 所示。

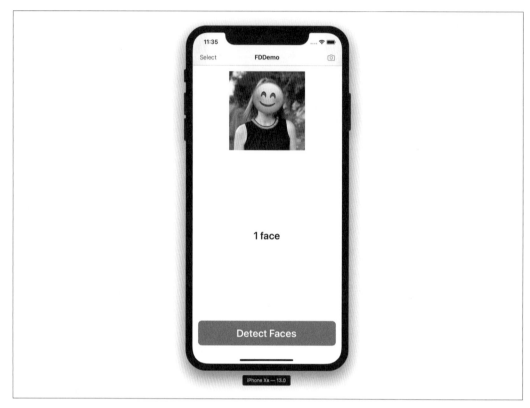

圖 4-4 人臉偵測 App 在臉的上方套用一個表情符號

您需要完成第 86 頁的「改進 App」中描述的 App 才能從這裡開始讀下去。如果您不想這樣做，或者需要一個乾淨的起點，您可以從我們網站（*https://aiwithswift.com*）下載本書的資源，並找到專案 FDDemo-Complete，我們接下來開發 App 將以此為基礎。

如果您不想照著本節中的說明一步步地做下去，您還可以找到 FDDemo-Improved 專案，它是本節的最終結果。如果您直接使用它，我們仍強烈建議您閱讀我們在本節中討論的程式碼，並將其與 FDDemo-Improved 中的程式碼進行比較，以便您理解我們加入的內容。

這次我們唯一需要做的改動是在 *Faces.swift* 檔案中：

1. 在 detectFaces() 函式的下面，在我們之前建立的 UIImage 擴展中，建立一個名為 rotatedBy() 的新函式：

```swift
func rotatedBy(degrees: CGFloat, clockwise: Bool = false) -> UIImage? {
    var radians = (degrees) * (.pi / 180)

    if !clockwise {
        radians = -radians
    }

    let transform = CGAffineTransform(rotationAngle: CGFloat(radians))

    let newSize = CGRect(
        origin: CGPoint.zero,
        size: self.size
        ).applying(transform).size

    let roundedSize = CGSize(
        width: floor(newSize.width),
        height: floor(newSize.height))

    let centredRect = CGRect(
        x: -self.size.width / 2,
        y: -self.size.height / 2,
        width: self.size.width,
        height: self.size.height)

    UIGraphicsBeginImageContextWithOptions(
        roundedSize,
        false,
        self.scale)

    guard let context = UIGraphicsGetCurrentContext() else {
        return nil
    }

    context.translateBy(
        x: roundedSize.width / 2,
        y: roundedSize.height / 2
    )

    context.rotate(by: radians)
    self.draw(in: centredRect)

    let result = UIGraphicsGetImageFromCurrentImageContext()
    UIGraphicsEndImageContext()

    return result
}
```

這個函式回傳一個 UIImage，它會依指定給 CGFloat 的角度，旋轉指定的角度，可能是順時針或逆時針方向。

2. 為 VNFaceLandmarks2D 加入一個擴展，該擴展包含一個函式 anchorPointInImage()，該函式允許我們將偵測到的位置點（代表眼睛、眉毛、嘴唇等）做置中：

```swift
extension VNFaceLandmarks2D {
    func anchorPointInImage(_ image: UIImage) ->
        (center: CGPoint?, angle: CGFloat?) {

        // 如果有偵測到臉，則將每一組可能被探測到的點做置中
        let allPoints =
            self.allPoints?.pointsInImage(imageSize: image.size)
            .centerPoint

        let leftPupil =
            self.leftPupil?.pointsInImage(imageSize: image.size)
            .centerPoint

        let leftEye =
            self.leftEye?.pointsInImage(imageSize: image.size)
            .centerPoint

        let leftEyebrow =
            self.leftEyebrow?.pointsInImage(imageSize: image.size)
            .centerPoint

        let rightPupil =
            self.rightPupil?.pointsInImage(imageSize: image.size)
            .centerPoint

        let rightEye =
            self.rightEye?.pointsInImage(imageSize: image.size)
            .centerPoint

        let rightEyebrow =
            self.rightEyebrow?.pointsInImage(imageSize: image.size)
            .centerPoint

        let outerLips =
            self.outerLips?.pointsInImage(imageSize: image.size)
            .centerPoint
```

```swift
let innerLips =
    self.innerLips?.pointsInImage(imageSize: image.size)
    .centerPoint

let leftEyeCenter = leftPupil ?? leftEye ?? leftEyebrow
let rightEyeCenter = rightPupil ?? rightEye ?? rightEyebrow
let mouthCenter = innerLips ?? outerLips

if let leftEyePoint = leftEyeCenter,
    let rightEyePoint = rightEyeCenter,
    let mouthPoint = mouthCenter {

    let triadCenter =
        [leftEyePoint, rightEyePoint, mouthPoint]
        .centerPoint

    let eyesCenter =
        [leftEyePoint, rightEyePoint]
        .centerPoint

    return (eyesCenter, triadCenter.rotationDegreesTo(eyesCenter))
}

// 若沒有的話
return (allPoints, 0.0)
    }
}
```

VNFaceLandmarks2D 代表 Apple 的 Vision framework 偵測出人臉的所有位置，以屬性表示。您可以透過 Apple 的文件（*https://apple.co/2IJ2W1a*）瞭解更多。

3. 我們還需要為 CGRect 建立一個擴展，這個擴展會回傳一個依 CGPoint 進行置中的 CGRect：

```swift
extension CGRect {
    func centeredOn(_ point: CGPoint) -> CGRect {
        let size = self.size
        let originX = point.x - (self.width / 2.0)
        let originY = point.y - (self.height / 2.0)
        return CGRect(
            x: originX,
```

```
            y: originY,
            width: size.width,
            height: size.height
        )
    }
}
```

4. 既然我們在這裡，就讓我們為 CGPoint 加入一個擴展：

```
extension CGPoint {
    func rotationDegreesTo(_ otherPoint: CGPoint) -> CGFloat {
        let originX = otherPoint.x - self.x
        let originY = otherPoint.y - self.y

        let degreesFromX = atan2f(
            Float(originY),
            Float(originX)) * (180 / .pi)

        let degreesFromY = degreesFromX - 90.0

        let normalizedDegrees = (degreesFromY + 360.0)
            .truncatingRemainder(dividingBy: 360.0)

        return CGFloat(normalizedDegrees)
    }
}
```

這個擴展加入了一個名為 rotationDegreesTo() 的函式，該函式回傳一些旋轉角度，這些角度是依另外一個點來計算的。這個函式幫助於我們根據人臉特徵旋轉表情符號。

5. 為了處理由 CGPoint 組成的陣列，我們還需要在 Array 加入一個擴展：

```
extension Array where Element == CGPoint {
    var centerPoint: CGPoint {
        let elements = CGFloat(self.count)
        let totalX = self.reduce(0, { $0 + $1.x })
        let totalY = self.reduce(0, { $0 + $1.y })
        return CGPoint(x: totalX / elements, y: totalY / elements)
    }
}
```

這加入了一個函式 centerPoint()，它的功能是為一個點組成的陣列回傳一個 CGPoint。

6. 因為我們要使用的是表情符號，表情符號實際上是文字，我們還需要為 String 加入一個擴展：

```
extension String {
    func image(of size: CGSize, scale: CGFloat = 0.94) -> UIImage? {
        UIGraphicsBeginImageContextWithOptions(size, false, 0)
        UIColor.clear.set()
        let rect = CGRect(origin: .zero, size: size)
        UIRectFill(CGRect(origin: .zero, size: size))
        (self as AnyObject).draw(
            in: rect,
            withAttributes: [
                .font: UIFont.systemFont(ofSize: size.height * scale)
            ]
        )

        let image = UIGraphicsGetImageFromCurrentImageContext()

        UIGraphicsEndImageContext()

        return image
    }
}
```

這讓我們從一個 String 中取得一個 UIImage，這很實用，因為我們希望能夠在圖像上顯示表情符號，所以我們希望這些表情符號是圖像。

7. 將 Collection 中的擴展用以下的程式替換：

```
extension Collection where Element == VNFaceObservation {
    func drawnOn(_ image: UIImage) -> UIImage? {

        UIGraphicsBeginImageContextWithOptions(image.size, false, 1.0)
        guard let _ = UIGraphicsGetCurrentContext() else { return nil }

        image.draw(in: CGRect(
            x: 0,
            y: 0,
            width: image.size.width,
            height: image.size.height)
        )

        let imageSize: (width: Int, height: Int) =
            (Int(image.size.width), Int(image.size.height))

        let transform = CGAffineTransform(scaleX: 1, y: -1)
            .translatedBy(x: 0, y: -image.size.height)

        let padding: CGFloat = 0.3
```

```
for observation in self {
    guard let anchor =
        observation.landmarks?.anchorPointInImage(image) else {
            continue
    }

    guard let center = anchor.center?.applying(transform) else {
        continue
    }

    let overlayRect = VNImageRectForNormalizedRect(
        observation.boundingBox,
        imageSize.width,
        imageSize.height
    ).applying(transform).centeredOn(center)

    let insets = (
        x: overlayRect.size.width * padding,
        y: overlayRect.size.height * padding)

    let paddedOverlayRect = overlayRect.insetBy(
        dx: -insets.x,
        dy: -insets.y)

    let randomEmoji = [
        "😀",
        "😁",
        "😆",
        "😍",
        "😛",
        "🙁",
        "😨",
        "😮",
        "😴"
    ].randomElement()!

    if var overlayImage = randomEmoji
        .image(of: paddedOverlayRect.size) {

        if let angle = anchor.angle,
            let rotatedImage = overlayImage
                .rotatedBy(degrees: angle) {

            overlayImage = rotatedImage
        }

        overlayImage.draw(in: paddedOverlayRect)
```

```
            }
        }

        let result = UIGraphicsGetImageFromCurrentImageContext()
        UIGraphicsEndImageContext()

        return result
    }
}
```

簡單地說，這個擴展（包括裡面的新 drawnOn() 函式）可在臉上隨機繪製一個表情符
號。

這樣就做完了。您可以啟動自己的 App，選擇一張圖片，然後看著它隨機給圖片上的人
臉貼上表情符號。現在您可以拿照片給您的朋友和家人看，您回來的時候我們仍然會在
這裡等您。您可以在圖 4-5 中看到最終 App 的範例。

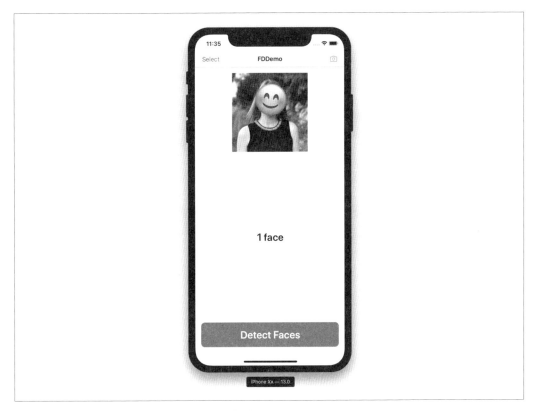

圖 4-5　我們最後的人臉偵測，貼上了表情符號

任務：條碼偵測

我們不會對這個任務做太多解釋，尤其當您已看過第 74 頁的「任務：人臉偵測」之後，因為這個任務和人臉偵測相似，又非常簡單。

因為它很簡單，所以我們要在 Playground 上做這個任務。不過，它還是需要一些樣板程式碼：

1. 啟動 Xcode 並建立一個新的 iOS Playground，如圖 4-6 所示。

圖 4-6　在 Xcode 中建立一個新的 iOSPlayground

2. 加入一個名為 *Extensions.swift* 的新原始檔案。在 *Extensions.swift* 中，請做以下 import：

   ```
   import UIKit
   ```

若想要在我們的資源中找到這段程式碼，請前往我們的網站（*https://aiwithswift.com*）下載資源，可在 *BarcodeAndSaliencyDetection* 資料夾中找到這個 Playground。

3. 為 CGSize 加入以下擴展：

```
public extension CGSize {
    func scaleFactor(to size: CGSize) -> CGFloat {
        let horizontalScale =  self.width / size.width
        let verticalScale =  self.height / size.height

        return max(horizontalScale, verticalScale)
    }
}
```

這個擴展讓我們可以對 CGSize 呼叫到我們的 scaleFactor() 函式，以回傳比例係數，這個比例係數可使 CGRect 符合適合指定大小方框。

4. 為 CGRect 加入擴展：

```
public extension CGRect {
    func scaled(by scaleFactor: CGFloat) -> CGRect {
        let horizontalInsets =
            (self.width - (self.width * scaleFactor)) / 2.0
        let verticalInsets =
            (self.height - (self.height * scaleFactor)) / 2.0

        let edgeInsets = UIEdgeInsets(
            top: verticalInsets,
            left: horizontalInsets,
            bottom: verticalInsets,
            right: horizontalInsets
        )

        let leftOffset = min(self.origin.x + horizontalInsets, 0)
        let upOffset = min(self.origin.y + verticalInsets, 0)

        return self
            .inset(by: edgeInsets)
            .offsetBy(dx: -leftOffset, dy: -upOffset)
    }

    func cropped(to size: CGSize, centering: Bool = true) -> CGRect {
        if centering {
            let horizontalDifference = self.width - size.width
```

```
            let verticalDifference = self.height - size.height
            let newOrigin = CGPoint(
                x: self.origin.x + (horizontalDifference / 2.0),
                y: self.origin.y + (verticalDifference / 2.0)
            )
            return CGRect(
                x: newOrigin.x,
                y: newOrigin.y,
                width: size.width,
                height: size.height
            )
        }

        return CGRect(x: 0, y: 0, width: size.width, height: size.height)
    }
}
```

這個擴展允許我們對 CGRect 呼叫 scaled()，按一個大小（一個比例係數）縮放它，或者對 CGRect 呼叫 cropped()，讓它依指定的 CGSize 進行裁切。

5. 為 UIImage 建立一個擴展：

```
public extension UIImage {
    var width: CGFloat {
        return self.size.width
    }

    var height: CGFloat {
        return self.size.height
    }

    var rect: CGRect {
        return CGRect(x: 0, y: 0, width: self.width, height: self.height)
    }

    var invertTransform: CGAffineTransform {
        return CGAffineTransform(scaleX: 1, y: -1)
            .translatedBy(x: 0, y: -self.height)
    }

}
```

這個擴展擁有一些變數來儲存寬度和高度等。

6. 在 UIImage 擴展中，我們需要加入一些程式碼來正確地處理圖像的方向：

```
var cgImageOrientation: CGImagePropertyOrientation {
    switch self.imageOrientation {
        case .up: return .up
        case .down: return .down
        case .left: return .left
        case .right: return .right
        case .upMirrored: return .upMirrored
        case .downMirrored: return .downMirrored
        case .leftMirrored: return .leftMirrored
        case .rightMirrored: return .rightMirrored
    }
}
```

7. 根據 CGSize 剪裁圖像：

```
func cropped(to size: CGSize, centering: Bool = true) -> UIImage? {
    let newRect = self.rect.cropped(to: size, centering: centering)
    return self.cropped(to: newRect, centering: centering)
}
```

8. 以及根據 CGRect 剪裁圖像：

```
func cropped(to rect: CGRect, centering: Bool = true) -> UIImage? {
    let newRect = rect.applying(self.invertTransform)
    UIGraphicsBeginImageContextWithOptions(newRect.size, false, 0)

    guard let cgImage = self.cgImage,
        let context = UIGraphicsGetCurrentContext() else { return nil }

    context.translateBy(x: 0.0, y: self.size.height)
    context.scaleBy(x: 1.0, y: -1.0)

    context.draw(
        cgImage,
        in: CGRect(
            x: -newRect.origin.x,
            y: newRect.origin.y,
            width: self.width,
            height: self.height),
        byTiling: false)

    context.clip(to: [newRect])
```

```
        let croppedImage = UIGraphicsGetImageFromCurrentImageContext()
        UIGraphicsEndImageContext()

        return croppedImage
    }
```

9. 使用一個 CGFloat 選取一張影像：

```
    func scaled(by scaleFactor: CGFloat) -> UIImage? {
        if scaleFactor.isZero { return self }

        let newRect = self.rect
            .scaled(by: scaleFactor)
            .applying(self.invertTransform)

        UIGraphicsBeginImageContextWithOptions(newRect.size, false, 0)

        guard let cgImage = self.cgImage,
            let context = UIGraphicsGetCurrentContext() else { return nil }

        context.translateBy(x: 0.0, y: newRect.height)
        context.scaleBy(x: 1.0, y: -1.0)
        context.draw(
            cgImage,
            in: CGRect(
                x: 0,
                y: 0,
                width: newRect.width,
                height: newRect.height),
            byTiling: false)

        let resizedImage = UIGraphicsGetImageFromCurrentImageContext()
        UIGraphicsEndImageContext()

        return resizedImage
    }
```

10. 回到 Playground 主體，import 如下：

```
    import UIKit
    import Vision
```

11. 為 VNImageRequestHandler 建立一個帶有便利初始化器的擴展：

```
    extension VNImageRequestHandler {
        convenience init?(uiImage: UIImage) {
            guard let cgImage = uiImage.cgImage else { return nil }
```

```
        let orientation = uiImage.cgImageOrientation

        self.init(cgImage: cgImage, orientation: orientation)
    }
}
```

VNImageRequestHandler 的功能是處理 Apple 的 Vision framework 中的圖像。它代表一張我們正在處理的圖像，如此我們就不需要複製一張真正的圖像。我們的便利初始化器建立了一個 UIImage，因為 VNImageRequestHandler 通常需要一個 CGImage，這是在 Apple framework 中儲存圖像的另一種方式。

 UIImage 是一種非常高級的儲存圖像的方法，並且很容易從檔案取得內容，例如。UIImages 在多執行緒環境中使用是安全的，並且是不可變的。CGImage 則不是不可變的，可以在需要修改圖像內容時使用。您可以到 Apple 文件中的 UIImages（*https://apple.co/35zmoYe*）和 CGImage（*https://apple.co/2VzRytQ*）瞭解更多內容，如果您對它們好奇的話。

12. 為 VNRequest 加入一個擴展，在它裡面加入一個 queueFor() 函式：

```
extension VNRequest {
    func queueFor(image: UIImage,  completion: @escaping ([Any]?) -> ()) {
        DispatchQueue.global().async {
            if let handler = VNImageRequestHandler(uiImage: image) {
                try? handler.perform([self])
                completion(self.results)
            } else {
                return completion(nil)
            }
        }
    }
}
```

這將把給 VNImageRequestHandler 的請求排隊：VNImageRequestHandler 的功能是讓我們將事物推入 Vision 中等待被處理。

13. 為 UIImage 加入一個擴展，和一個用於偵測矩形（只是為了萬一我們想要尋找矩形時使用）的函式和偵測條碼的函式：

```
extension UIImage {
    func detectRectangles(
        completion: @escaping ([VNRectangleObservation]) -> ()) {
```

```
        let request = VNDetectRectanglesRequest()
        request.minimumConfidence = 0.8
        request.minimumAspectRatio = 0.3
        request.maximumObservations = 3

        request.queueFor(image: self) { result in
            completion(result as? [VNRectangleObservation] ?? [])
        }
    }

    func detectBarcodes(
        types symbologies: [VNBarcodeSymbology] = [.QR],
        completion: @escaping ([VNBarcodeObservation]) ->()) {

        let request = VNDetectBarcodesRequest()
        request.symbologies = symbologies

        request.queueFor(image: self) { result in
            completion(result as? [VNBarcodeObservation] ?? [])
        }
    }

    // 還可以用 Vision 內建的功能去探測人形、動物、水平線等各種東西
}
```

這兩個函式的工作方式是相同的：它們都在 UIImage 中加入一個函式，加入的函式讓我們取得條碼或矩形。當被呼叫時，這些函式都會建立一個用 Vision 造出的請求，並找尋我們所請求的類型。

為了要進行測試，請將帶有條碼的圖像（或 QR 碼）拖曳到 Playground 的 *Resources* 資料夾中，如圖 4-7 所示，然後在 Playground 中加入一些程式碼，呼叫我們的條碼找尋程式碼：

```
let barcodeTestImage = UIImage(named: "test.jpg")!

barcodeTestImage.detectBarcodes { barcodes in
    for barcode in barcodes {
        print("Barcode data: \(barcode.payloadStringValue ?? "None")")
    }
}
```

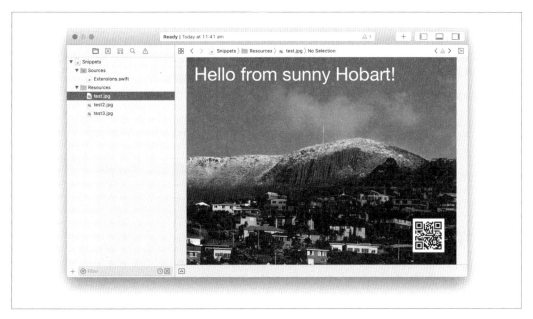

圖 4-7　條碼找尋器的 Resources 目錄

這段程式碼最先做的是指定一個圖像（我們知道拖進來的圖像中有一個條碼），然後呼叫我們為它建立的 detectBarcodes() 函式。如果動做成功，您應該看到類似圖 4-8 的內容。就這樣！

```
123   let barcodeTestImage = UIImage(named: "test.jpg")!
124
125   barcodeTestImage.detectBarcodes { barcodes in
126       for barcode in barcodes {
127           print("Barcode data: \(barcode.payloadStringValue ?? "None")")
              ┌─────────────────────────────────┐
              │  Barcode data: https://         │
              │    aiwithswift.com...           │
              └─────────────────────────────────┘
128       }
129   }
```

Barcode data: https://aiwithswift.com

圖 4-8　找到我們的條碼了

任務：重點偵測

與條碼偵測相似的是**重點偵測**（*saliency detection*）：找出圖像中最有趣或最顯著的位置。對於這個任務，我們要使用在第 98 頁的「任務：條碼偵測」中的 Playground，並加入對重點偵測的支援。

還是對我們所說的重點偵測感到困惑嗎？查看圖 4-9 中的範例。

圖 4-9　一個重點偵測的例子，這幅圖像的重點部分（Paris 與一個貓頭鷹雞尾酒杯！）被畫了一個方框

　不管是哪種重點偵測，它都會生成一個圖像的熱圖，可以用來找出感興趣的重點區域。

請打開我們在第 98 頁的「任務：條碼偵測」中建立的 Playground：

1. 請在 Playground 的主體中，為 UIImage 加入一個 UIImage 的擴展：

```
extension UIImage {

}
```

2. 在這個擴展中，讓我們首先為想要查看的重點類型加入一個枚舉：

```
enum SaliencyType {
    case objectnessBased, attentionBased

    var request: VNRequest {
        switch self {
        case .objectnessBased:
            return VNGenerateObjectnessBasedSaliencyImageRequest()
        case .attentionBased:
            return VNGenerateAttentionBasedSaliencyImageRequest()
        }
    }
}
```

這個枚舉為我們提供了一個存取 VNGenerateObjectnessBasedSaliencyImageRequest 或 VNGenerateAttentionBasedSaliencyImageRequest 的簡便方法。VNGenerateObjectnessBasedSaliencyImageRequest 能偵測圖像中最有可能是物件的部分，而 VNGenerateAttentionBasedSaliencyImageRequest 的功能是偵測圖像中最有可能引人注意的部分。

 若要在我們的參考資料中找到這段程式碼，請前往我們的網站（*https://aiwithswift.com*）下載資源，您可以在 *BarcodeAndSaliencyDetection* 資料夾中找到這個 Playground。

3. 我們還要在 UIImage 擴展中，加入一個名為 detectSalientRegions() 的函式：

```
func detectSalientRegions(
    prioritising saliencyType: SaliencyType = .attentionBased,
    completion: @escaping (VNSaliencyImageObservation?) -> ()) {

    let request = saliencyType.request

    request.queueFor(image: self) { results in
        completion(results?.first as? VNSaliencyImageObservation)
    }
}
```

這個函式讓我們要求 UIImage，根據我們想要的重點類型來給出它的重點區域（這聽起來比實際上要令人興奮得多）。

4. 加入一個 cropped() 函式，此函式會根據要求的重點對圖像進行裁剪，裁剪到符合重點的區域：

```
func cropped(
    with saliencyObservation: VNSaliencyImageObservation?,
    to size: CGSize? = nil) -> UIImage? {

    guard let saliencyMap = saliencyObservation,
        let salientObjects = saliencyMap.salientObjects else {
            return nil
    }

    // 將所有偵測到的重點物體合併成涵蓋 ' 重點區域 ' 的一個大矩形
    let salientRect = salientObjects.reduce(into: CGRect.zero) {
        rect, object in
        rect = rect.union(object.boundingBox)
    }
    let normalizedSalientRect =
        VNImageRectForNormalizedRect(
            salientRect, Int(self.width), Int(self.height)
        )

    var finalImage: UIImage?

    // 根據比想要的尺寸更大更小，轉換正規化過的重點矩形
    if let desiredSize = size {
        if self.width < desiredSize.width ||
            self.height < desiredSize.height { return nil }

        let scaleFactor = desiredSize
            .scaleFactor(to: normalizedSalientRect.size)

        // 裁切成重點的部分
        finalImage = self.cropped(to: normalizedSalientRect)

        // 按比例縮放圖像，盡可能保留 desiredSize 裝得下的重點部分
        finalImage = finalImage?.scaled(by: -scaleFactor)

        // 裁切到最後 desiredSize 的寬高比
        finalImage = finalImage?.cropped(to: desiredSize)
    } else {
        finalImage = self.cropped(to: normalizedSalientRect)
    }

    return finalImage
}
```

我們可以將一些圖片拖曳到 Playground 的 *Resources* 資料夾中以進行測試（就像我們在第 98 頁的「任務：條碼偵測」中所做的那樣），然後執行以下操作：

1. 指定一個圖像（指定我們拖到 *Resources* 資料夾中圖像的其中一個）並裁剪它：

```
let saliencyTestImage = UIImage(named: "test3.jpg")!
let thumbnailSize = CGSize(width: 80, height: 80)
```

2. 定義一些 UIImage 來儲存我們想要的兩種不同類型的重點（吸引人的部分和物件）：

```
var attentionCrop: UIImage?
var objectsCrop: UIImage?
```

3. 呼叫我們的 detectSalientRegions() 函式（呼叫兩次；各為每種重點呼叫一次）：

```
saliencyTestImage.detectSalientRegions(prioritising: .attentionBased) {
    result in

    if result == nil {
        print("The entire image was found equally interesting!")
    }

    attentionCrop = saliencyTestImage
        .cropped(with: result, to: thumbnailSize)

    print("Image was \(saliencyTestImage.width) * " +
        "\(saliencyTestImage.height), now " +
        "\(attentionCrop?.width ?? 0) * \(attentionCrop?.height ?? 0).")
}

saliencyTestImage
    .detectSalientRegions(prioritising: .objectnessBased) { result in
    if result == nil {
        print("The entire image was found equally interesting!")
    }

    objectsCrop = saliencyTestImage
        .cropped(with: result, to: thumbnailSize)

    print("Image was \(saliencyTestImage.width) * " +
    "\(saliencyTestImage.height), now " +
    "\(objectsCrop?.width ?? 0) * \(objectsCrop?.height ?? 0).")
}
```

您應該看到類似於圖 4-10 的結果。請嘗試使用不同的圖片，看看 App 會認為什麼是重點。

```
146   saliencyTestImage.detectSalientRegions(prioritising: .attentionBased) { result in
147       if result == nil { print("The entire image was found equally interesting!") }
148       attentionCrop = saliencyTestImage.cropped(with: result, to: thumbnailSize)
```

```
149       print("Image was \(saliencyTestImage.width) * \(saliencyTestImage.height), now
               \(attentionCrop?.width ?? 0) * \(attentionCrop?.height ?? 0).")
```

Image was 640.0 * 426.0, now 80.0
* 80.0....

```
150   }
151
152   saliencyTestImage.detectSalientRegions(prioritising: .objectnessBased) { result in
153       if result == nil { print("The entire image was found equally interesting!") }
154       objectsCrop = saliencyTestImage.cropped(with: result, to: thumbnailSize)
```

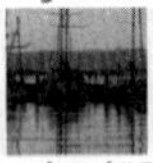

```
155       print("Image was \(saliencyTestImage.width) * \(saliencyTestImage.height), now
               \(objectsCrop?.width ?? 0) * \(objectsCrop?.height ?? 0).")
156   }
```

圖 4-10　執行重點偵測器

任務：圖像相似度

這個任務是要透過比較兩幅圖像來確定它們有多相似，其核心是一個簡單的人工智慧應用。無論您是想要在遊戲中使用，還是想查看使用者的大頭照有多相似，查看圖片的相似程度有很多不用的用途。

在這個任務中，我們將探索您如何在不涉及任何模型訓練的情況下，快速、輕鬆地比較 Swift App 中的兩個圖像。

這個任務與之前的任務相似，因為 Apple 提供了一個檢查圖像相似度的工具集。您當然可以自己建立一個機器學習 App，告訴您兩個圖像之間差了多遠，但 Apple 已經為您完成了這項工作，所以您為什麼要自己來呢？這本書是很**務實的**。

問題和方法

圖像相似性是那些微妙的常用人工智慧的應用，當您需要它時，它超級有用，但在事前很難預想到您會需要用到它。在這個任務中，我們透過以下步驟來查看圖像相似性實際在做什麼：

- 建立一個 App，允許使用者選擇或拍攝兩張照片，並確定它們有多相似（按百分比表示）

- 在不訓練模型的情況下使用 Apple 的工具來做到這件事

- 探索圖像相似性潛在下一步可能，以及解決這個問題或類似問題的其他方法

為了示範如何做到這一點，我們將建立如圖 4-11 所示的 App。現在就讓我們開始吧。

建立 App

我們將再次使用 Apple 最新的 UI framework SwiftUI 來建立 App，以取得圖像的相似度，這是一項十分實用的人工智慧任務。

我們將在本任務中建立的 App 的最終形式如圖 4-11 所示，它由以下 SwiftUI 元件組成：

- 一個 NavigationView，帶有一個 App 標題和一些 Button（.navigationBarItems）。讓使用者從他們的照片庫中選擇一張照片，或用他們的相機拍照

- 兩個 Image view，它實際上是 OptionalResizableImage 類別（我們稍後建立這個類別）用於顯示我們想要獲得相似性的兩個圖像

- 一個 Button 觸發兩個圖像的比較，另一個清除兩個圖像

- 一些 Text 來顯示相似度百分比

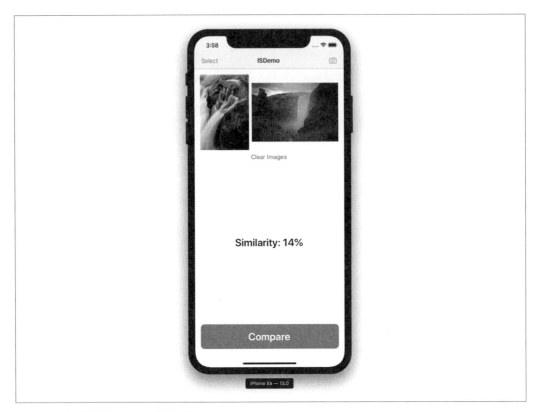

圖 4-11　圖像相似度 App 最終版本

　這本書的目的是教您如何在 Swift 和 Apple 平台上使用人工智慧和機器學習功能。因此,我們不解釋如何建立 App 的細節;我們假設您基本上已經知道這些了(即使您不知道,我們認為您只要花點心思,很快就能跟上)。如果您想學習 Swift,我們建議您選讀 O'Reilly 出版的 *Swift 學習手冊*(*https://oreil.ly/DLVGh*)(也是我們寫的書)。

如果您不想從頭建立這個 iOS App,您可以從 *https://aiwithswift.com* 下載程式碼,找到名為 ISDemo-Complete 的專案。下載好了之後,我們強烈建議您繼續閱讀本節,並將其與下載的程式碼進行對照。

若想要自行建立 App,您需要做以下工作:

1. 在 Xcode 中建立一個 iOS App 專案，選擇 Single View App 範本，並選擇 SwiftUI 核取方塊。

2. 加入一個名為 *Views.swift* 的新欄位。並匯入以下內容：

```
import SwiftUI
```

3. 為圖像建立一個新的可以調整大小的 View：

```
struct OptionalResizableImage: View {
    let image: UIImage?
    let placeholder: UIImage

    var body: some View {
        if let image = image {
            return Image(uiImage: image)
                .resizable()
                .aspectRatio(contentMode: .fit)
        } else {
            return Image(uiImage: placeholder)
                .resizable()
                .aspectRatio(contentMode: .fit)
        }
    }
}
```

4. 為 ButtonLabel 建立一個 View：

```
struct ButtonLabel: View {
    private let text: String
    private let background: Color

    var body: some View {
        HStack {
            Spacer()
            Text(text).font(.title).bold().foregroundColor(.white)
            Spacer()
            }.padding().background(background).cornerRadius(10)
    }

    init(_ text: String, background: Color) {
        self.text = text
        self.background = background
    }
}
```

我們的 ButtonLabel 是一些特定顏色的文字。

5. 建立一個 View，讓我們搭配 `UIImagePicker` 使用：

```swift
struct ImagePickerView: View {
    private let completion: (UIImage?) -> ()
    private let camera: Bool

    var body: some View {
        ImagePickerControllerWrapper(
            camera: camera,
            completion: completion
        )
    }

    init(camera: Bool = false, completion: @escaping (UIImage?) -> ()) {
        self.completion = completion
        self.camera = camera
    }
}
```

6. 為 `UIViewControllerRepresentable` 建立一個包裝器，這樣我們就可以實際使用 `UIImagePicker`：

```swift
struct ImagePickerControllerWrapper: UIViewControllerRepresentable {
    typealias UIViewControllerType = UIImagePickerController
    private(set) var selectedImage: UIImage?
    private(set) var cameraSource: Bool
    private let completion: (UIImage?) -> ()

    init(camera: Bool, completion: @escaping (UIImage?) -> ()) {
        self.cameraSource = camera
        self.completion = completion
    }

    func makeCoordinator() -> ImagePickerControllerWrapper.Coordinator {
        let coordinator = Coordinator(self)
        coordinator.completion = self.completion
        return coordinator
    }

    func makeUIViewController(context: Context) ->
        UIImagePickerController {

        let imagePickerController = UIImagePickerController()
        imagePickerController.delegate = context.coordinator
        imagePickerController.sourceType =
            cameraSource ? .camera : .photoLibrary
        return imagePickerController
    }
```

```
func updateUIViewController(
    _ uiViewController: UIImagePickerController, context: Context) {
    //uiViewController.setViewControllers(?, animated: true)
}

class Coordinator: NSObject,
    UIImagePickerControllerDelegate, UINavigationControllerDelegate {

    var parent: ImagePickerControllerWrapper
    var completion: ((UIImage?) -> ())?

    init(_ imagePickerControllerWrapper:
        ImagePickerControllerWrapper) {
        self.parent = imagePickerControllerWrapper
    }

    func imagePickerController(_ picker: UIImagePickerController,
        didFinishPickingMediaWithInfo info:
            [UIImagePickerController.InfoKey: Any]) {

        print("Image picker complete...")
        let selectedImage =
            info[UIImagePickerController.InfoKey.originalImage]
            as? UIImage
        picker.dismiss(animated: true)
        completion?(selectedImage)
    }

    func imagePickerControllerDidCancel(
        _ picker: UIImagePickerController) {

        print("Image picker cancelled...")
        picker.dismiss(animated: true)
        completion?(nil)
    }
}
}
```

7. 在 *Views.swift* 檔案中，為 **UIImage** 加入以下擴展，讓我們可以修正圖像的方向：

```
extension UIImage {
    func fixOrientation() -> UIImage? {
        UIGraphicsBeginImageContext(self.size)
        self.draw(at: .zero)
        let newImage = UIGraphicsGetImageFromCurrentImageContext()
        UIGraphicsEndImageContext()
```

```
        return newImage
    }
}
```

接下來，我們要新建一個名為 *Similarity.swift* 的檔案。在這個檔案中，我們進行實際的
圖像相似度測試：

1. 加入一些 import：

   ```
   import UIKit
   import Vision
   ```

2. 為 UIImage 加入一個擴展：

   ```
   extension UIImage {

   }
   ```

3. 在該擴展內，加入以下函式來比較相似性：

   ```
   func similarity(to image: UIImage) -> Float? {
       var similarity: Float = 0
       guard let firstImageFPO = self.featurePrintObservation(),
           let secondImageFPO = image.featurePrintObservation(),
           let _ = try? secondImageFPO.computeDistance(
               &similarity,
               to: firstImageFPO
           ) else {
               return nil
       }

       return similarity
   }
   ```

   相似度是透過計算兩幅圖像之間的距離（差異）來計算的。

4. 加入以下函式生成特徵點觀察（feature print observation），這將有助於獲得圖像相
   似性：

   ```
   private func featurePrintObservation() -> VNFeaturePrintObservation? {
       guard let cgImage = self.cgImage else { return nil }

       let requestHandler =
           VNImageRequestHandler(cgImage: cgImage,
           orientation: self.cgImageOrientation,
           options: [:]
       )
   ```

```
        let request = VNGenerateImageFeaturePrintRequest()
        if let _ = try? requestHandler.perform([request]),
            let result = request.results?.first
                as? VNFeaturePrintObservation {
            return result
        }

        return nil
    }
```

注意，我們在 similarity() 函式中呼叫了我們稍早寫的 featurePrintObservation()
函式。VNFeaturePrintObservation 是在 similarity() 中計算距離的東西。

5. 在 *Similarity.swift* 檔案的尾端，我們需要為 UIImage 再加另一個擴展，以獲得其方
   向：

```
extension UIImage {
    var cgImageOrientation: CGImagePropertyOrientation {
        switch self.imageOrientation {
            case .up: return .up
            case .down: return .down
            case .left: return .left
            case .right: return .right
            case .upMirrored: return .upMirrored
            case .downMirrored: return .downMirrored
            case .leftMirrored: return .leftMirrored
            case .rightMirrored: return .rightMirrored
        }
    }
}
```

最後，我們需要移動到 *ContentView.swift* 檔案進行修改：

1. 將我們的 State 加入到 ContentView struct 中：

```
@State private var imagePickerOpen: Bool = false
@State private var cameraOpen: Bool = false

@State private var firstImage: UIImage? = nil
@State private var secondImage: UIImage? = nil
@State private var similarity: Int = -1
```

2. 在它們下面，加入以下屬性：

```swift
private let placeholderImage = UIImage(named: "placeholder")!

private var cameraEnabled: Bool {
    UIImagePickerController.isSourceTypeAvailable(.camera)
}

private var selectEnabled: Bool {
    secondImage == nil
}

private var comparisonEnabled: Bool {
    secondImage != nil && similarity < 0
}
```

3. 在 ContentView struct 中，但 body View 的外面，加入一個函式來清除我們的圖像和相似性分數：

```swift
private func clearImages() {
    firstImage = nil
    secondImage = nil
    similarity = -1
}
```

4. 以及加入另一個為了得到相似性的函式：

```swift
private func getSimilarity() {
    print("Getting similarity...")
    if let firstImage = firstImage, let secondImage = secondImage,
        let similarityMeasure = firstImage.similarity(to: secondImage){
        similarity = Int(similarityMeasure)
    } else {
        similarity = 0
    }
    print("Similarity: \(similarity)%")
}
```

5. 再加入另一個函式，用於得到相似度函式回傳控制項時：

```swift
private func controlReturned(image: UIImage?) {
    print("Image return \(image == nil ? "failure" : "success")...")
    if firstImage == nil {
        firstImage = image?.fixOrientation()
    } else {
        secondImage = image?.fixOrientation()
    }
}
```

6. 還有一個是用來呼叫圖像選擇器的：

```
private func summonImagePicker() {
    print("Summoning ImagePicker...")
    imagePickerOpen = true
}
```

7. 還有一個叫出相機鏡頭的函式：

```
private func summonCamera() {
    print("Summoning camera...")
    cameraOpen = true
}
```

8. 將您的 body View 變更如下：

```
var body: some View {
    if imagePickerOpen {
        return  AnyView(ImagePickerView { result in
            self.controlReturned(image: result)
            self.imagePickerOpen = false
        })
    } else if cameraOpen {
        return  AnyView(ImagePickerView(camera: true) { result in
            self.controlReturned(image: result)
            self.cameraOpen = false
        })
    } else {
        return AnyView(NavigationView {
            VStack {
                HStack {
                    OptionalResizableImage(
                        image: firstImage,
                        placeholder: placeholderImage
                    )
                    OptionalResizableImage(
                        image: secondImage,
                        placeholder: placeholderImage
                    )
                }

                Button(action: clearImages) { Text("Clear Images") }
                Spacer()
                Text(
                    "Similarity: " +
                    "\(similarity > 0 ? String(similarity) : "...")%"
                ).font(.title).bold()
```

```
                    Spacer()

                    if comparisonEnabled {
                        Button(action: getSimilarity) {
                            ButtonLabel("Compare", background: .blue)
                        }.disabled(!comparisonEnabled)
                    } else {
                        Button(action: getSimilarity) {
                            ButtonLabel("Compare", background: .gray)
                        }.disabled(!comparisonEnabled)
                    }
                }
                .padding()
                .navigationBarTitle(Text("ISDemo"), displayMode: .inline)
                .navigationBarItems(
                    leading: Button(action: summonImagePicker) {
                        Text("Select")
                    }.disabled(!selectEnabled),
                    trailing: Button(action: summonCamera) {
                        Image(systemName: "camera")
                    }.disabled(!cameraEnabled))
            })
        }
    }
```

在本例中，我們不需要修改 ContentView_Previews struct。

現在您可以執行這個 App，選擇兩張圖片，拍兩張照片（或任選兩張照片），然後點擊按鈕來評估它們的相似程度，太棒了。

剛才發生了什麼？這是怎麼做到的？

您可能已經注意到，我們的流程並不是為訓練模型找資料，訓練一個模型，並將這個模型整合到一個 App 中。而我們只是建立一個 App，然後一切就都可以用了（你也許已從我們所做的事中看出端倪…）。

如果一切都像這樣不是很好嗎？

到目前為止，我們一直在使用 Apple 的 Vision framework（一套電腦視覺演算法）來比較兩幅圖像（我們在第 39 頁的「Apple 的其他 framework」中介紹過 Vision）。

在本章中，我們用來進行圖像相似度比較的功能被稱為 `VNFeaturePrintObservation`。計算特徵點讓我們可以計算出兩個圖像之間的距離：這讓我們可以得到圖像之間的相似性（距離）。您可以在第 11 章瞭解更多實際上發生了什麼事情。

您可以到 Apple 的文件（*https://apple.co/2IM0arQ*）中瞭解更多關於這個功能的資訊。

下一步

下一步做什麼取決於您下一步想做什麼。正如在第 2 章中提到過的，Apple 的 Vision framework 有多種用途可滿足您的專案中的人工智慧需求。

只要使用 framework 提供的適當功能，您無需做任何工作，就可以使用 Vision 來偵測人臉和人臉中的五官，例如鼻子、嘴巴、眼睛和之類的東西；文字、條碼和其他類型的二維碼；及追蹤錄影中的特徵。

Vision 也很容易搭配 CoreML 一起工作，做到圖像分類和目標偵測與您自己的機器學習模型。

您也可以做另一種不同的圖像相似性。例如，Apple 的 Turi Create 函式庫採用了完全不同的方法（*http://bit.ly/35xDbuo*）。

任務：圖像分類

這是第一個我們會建立自己的模型的實際任務，讓我們來看看一個經典的 AI 實踐應用：圖像分類。

請把圖像分類器想像成像分類帽一樣，它能分類圖像，就好像它來自某個熱門的魔法虛構世界。

分類器是一種機器學習模型，它接受輸入並根據它的認定將輸入分類到一個類別。圖像分類器能分類一張圖像，並根據它所知道的預定義標籤（分類），告訴您它認為圖像屬於哪個分類。

圖像分類是一個典型的深度學習問題。若要複習一下深度學習是什麼，請您回到第 1 章看看。

深度學習並不是製作圖像分類器的唯一方法，但它是目前最有效的方法之一。

問題和方法

雖然用一個經典的資料集合處理這樣一個經典的 AI 問題（區分圖片是貓還是狗）是合宜的，但我們的創造力更多一些！

我們將建立一個二元圖像分類器，它會告訴我們它認為看到的是香蕉還是蘋果（圖4-12）。令人驚訝，是吧？（看來，我們並沒有更有創造力。）

不論怎麼強調香蕉對機器學習研究人員的重要性，都不過分。
——Dr. Alasdair Allan, 2019（*http://bit.ly/2B6y6ey*）

在這個任務中，我們將透過以下步驟來探索圖像分類的實作：

- 建立一個 App，讓我們使用照片或拍攝照片，並確定照片是否包含香蕉或蘋果
- 選擇用於建立機器學習模型和為問題組準備資料集合的工具箱
- 建立和訓練一個圖像分類模型
- 將模型整合到我們的 App 中
- 改善我們的 App

在此之後，我們將快速地說明理論上它是如何工作的，並為您指出更多的資源，供您自己進行改進和修改。

我們希望這本書能牢牢地扎根於 Apple 平台所提供的實用的、基於任務的部分，因此我們將採用自上而下的方法進行說明。我們的意思是，讓我們先看看**想要**的實際輸出作為

開始：一個可以區分香蕉和蘋果的 App（圖 4-12），然後一路向下看看如何**使它工作**。我們不是從一個演算法或公式開始；我們從實際期望的結果開始。

圖 4-12　我們的 App 將能夠識別這些水果的圖像

圖 4-13 展示了一些我們希望看到結果的 App 的圖像。現在就讓我們開始吧。

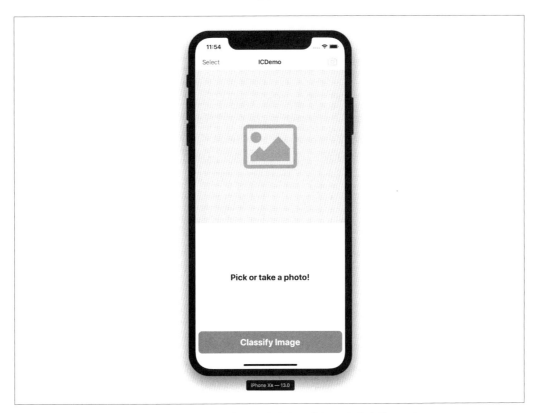

圖 4-13　我們最終完成的 App（分辨香蕉或蘋果的比賽，我們一定會贏的？！）

建立 App

大家都知道，世界上最熱門、市面上估值超過 10 億美元的新創公司都在使用機器學習。我們也需要參與這個機器學習行動，我們顯然需要一個 App。

我們一開始要先建立的 iOS App 包含以下功能：

- 兩個按鈕：一個用來從使用者照片庫中選擇照片，另一個用來用相機拍照（如果有相機可用的話）

- 一種可顯示所選圖像或拍攝圖像的 image view

- 用來顯示一些說明的標籤（最終也用來顯示它認為所選擇的圖像是什麼分類）

- 一個發動圖像分類的按鈕

圖 4-14 展示了該 App 的第一次執行的樣子。該 App 將使用 Apple 的 UIKit framework 建立，該 framework 是 Apple 在 iOS 上較老的 UI framework。您可以在 Apple 的文件暸解更多關於 UIKit（*https://apple.co/2VASmi4*）。

 這本書的目的是教您如何在 Swift 和 Apple 平台上使用人工智慧和機器學習功能。因此，我們不解釋如何建立 App 的細節；我們假設您基本上已經知道這些了（儘管如果您不知道，我們認為您只要花點心思，就能很好地跟上）。如果您想學習 Swift，我們建議您選讀 O'Reilly 出版的 *Swift* 學習手冊（*https://oreil.ly/DLVGh*）（也是我們寫的書）。

如果您不想從頭建立這個 iOS App，您可以從 *https://aiwithswift.com* 下載程式碼，找到名為 ICDemo-Starter 的專案。下載好了之後，再快速瀏覽本節的其餘部分，然後在第 131 頁的「人工智慧工具集和資料集合」與我們再見面。

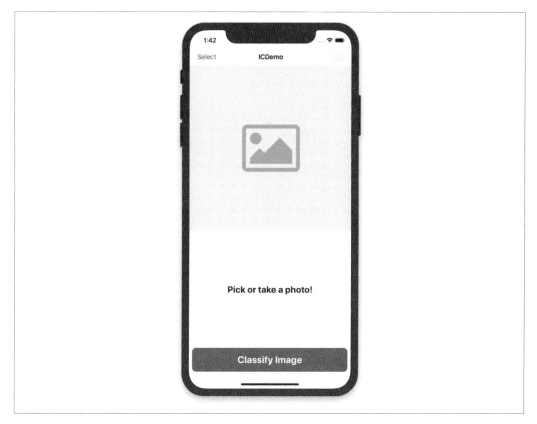

圖 4-14　影像分類 App（後面要做的東西）的第一階段

若要自己從頭開始做，您需要做以下工作：

1. 在 Xcode 中建立一個 iOS App 專案，選擇 Single View App 範本。我們不選取 Language 下拉清單（當然使用它的預設值「Swift」）下面的任何一個核取方塊。

2. 建立專案之後，請打開 *Main.storyboard* 檔案，並建立擁有以下元件的使用者介面：

   - 顯示所選圖像的 image view
   - 一個標籤，用來顯示說明和圖像的分類結果
   - 用來觸發圖像分類的一個按鈕
   - 允許使用者從他們的照片庫中選擇一張圖片並拍照的按鈕（我們使用了兩個 navigation bar 按鈕）。圖 4-15 顯示了我們的故事板。

圖 4-15　我們的故事板

在弄好必要的元素之後，請您確保加入了適當的 constraint。

3. 將 UI 物件的 outlet 連接如下：

```
@IBOutlet weak var cameraButton: UIBarButtonItem!
@IBOutlet weak var imageView: UIImageView!
@IBOutlet weak var classLabel: UILabel!
@IBOutlet weak var classifyImageButton: UIButton!
```

4. 用以下的函式連接動作與 UI 物件：

```
@IBAction func selectButtonPressed(_ sender: Any) {
    getPhoto()
}

@IBAction func cameraButtonPressed(_ sender: Any) {
    getPhoto(cameraSource: true)
}

@IBAction func classifyImageButtonPressed(_ sender: Any) {
    classifyImage()
}
```

5. 您還需要在 ViewController 類別中宣告兩個變數：

```
private var inputImage: UIImage?
private var classification: String?
```

6. 修改 viewDidLoad() 函式，使其如下所示：

```
override func viewDidLoad() {
    super.viewDidLoad()

    cameraButton.isEnabled =
        UIImagePickerController.isSourceTypeAvailable(.camera)

    imageView.contentMode = .scaleAspectFill

    imageView.image = UIImage.placeholder
}
```

7. 加入以下函式，依要分類的輸入是否存在以啟用或禁用控制項：

```
private func refresh() {
    if inputImage == nil {
        classLabel.text = "Pick or take a photo!"
        imageView.image = UIImage.placeholder
    } else {
        imageView.image = inputImage

        if classification == nil {
            classLabel.text = "None"
            classifyImageButton.enable()
        } else {
            classLabel.text = classification
            classifyImageButton.disable()
        }
    }
}
```

8. 加入另一個函式來執行分類，目前我們暫時將分類先設定為「FRUIT!」，因為還沒有加入人工智慧）：

```
private func classifyImage() {
    classification = "FRUIT!"

    refresh()
}
```

9. 在 *ViewController.swift* 檔案的尾端加入一個擴展，內容如下（這是一大塊程式碼，我們稍後會解釋）：

```swift
extension ViewController: UINavigationControllerDelegate,
    UIPickerViewDelegate, UIImagePickerControllerDelegate {

    private func getPhoto(cameraSource: Bool = false) {
        let photoSource: UIImagePickerController.SourceType
        photoSource = cameraSource ? .camera : .photoLibrary

        let imagePicker = UIImagePickerController()
        imagePicker.delegate = self
        imagePicker.sourceType = photoSource
        imagePicker.mediaTypes = [kUTTypeImage as String]
        present(imagePicker, animated: true)
    }

    @objc func imagePickerController(_ picker: UIImagePickerController,
        didFinishPickingMediaWithInfo info:
            [UIImagePickerController.InfoKey: Any]) {

        inputImage =
            info[UIImagePickerController.InfoKey.originalImage] as? UIImage

        classification = nil

        picker.dismiss(animated: true)
        refresh()

        if inputImage == nil {
            summonAlertView(message: "Image was malformed.")
        }
    }

    private func summonAlertView(message: String? = nil) {
        let alertController = UIAlertController(
            title: "Error",
            message: message ?? "Action could not be completed.",
            preferredStyle: .alert
        )

        alertController.addAction(
            UIAlertAction(
                title: "OK",
                style: .default
            )
```

```
        )
        present(alertController, animated: true)
    }
}
```

這段程式碼讓我們呼叫相機或使用者照片庫，在使用者拍照或選擇照片後，回傳圖像。如果基於某種理由，被選擇的圖像是 nil 的話，它還提供了使用 summonAlertView() 顯示 alert view，以通知使用者發生了什麼。

最後，在程式碼方面，請加入一個新的 Swift 檔案到專案中，並將此檔案命名為 *Utils. swift*（或類似名稱）：

1. 在這個新的 Swift 檔案中，加入以下內容：

```
import UIKit

extension UIImage{
    static let placeholder = UIImage(named: "placeholder.png")!
}

extension UIButton {
    func enable() {
        self.isEnabled = true
        self.backgroundColor = UIColor.systemBlue
    }

    func disable() {
        self.isEnabled = false
        self.backgroundColor = UIColor.lightGray
    }
}

extension UIBarButtonItem {
    func enable() { self.isEnabled = true }
    func disable() { self.isEnabled = false }
}
```

這個 UIImage 的擴展定義，讓我們可以指定一個占住位置的圖像。同時它也為 UIButton 定義了一個擴展，這個擴展讓我們可以 enable() 或 disable() 按鈕。我們也為 UIBarButtonItem 加入擴增，它是 UIButton 的導覽列。

2. 如果您喜歡，可加入一個啟動畫面和一個圖示（我們的起始程式專案中有一些），並在模擬器中啟動 App。您應該會看到類似圖 4-14 所示的圖像。

現在您可以選擇一張圖片（或者若您是在一個真實的設備上執行它，您可以拍一張照片），然後看到圖片出現在 image view 中。如圖 4-16 所示，當您點擊 Classify Image 按鈕時，應該會看到標籤被更新為「FRUIT!」。

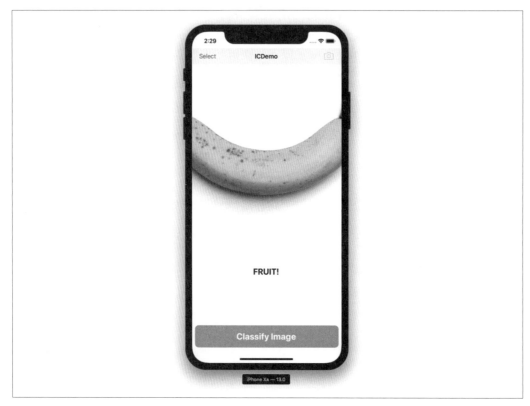

圖 4-16　我們為圖像分類器準備好的起始程式

您現在已經準備好進入人工智慧領域了。

人工智慧工具集和資料集合

您需要為這項任務準備工具。在本例中，我們將使用的主要工具是 CreateML 應用程式、CoreML 和 Vision framework。

首先，我們使用 CreateML 應用程式，這是 Apple 用於建立機器學習模型的基於任務的工具，功能是組裝、訓練和驗證一個能夠區分香蕉和蘋果的模型。

然後，我們使用 CoreML 處理該模型。

此時您可能會想，「CoreML？這整本書講的不就是關於 CoreML 的嗎？作者們偏離軌道了嗎？這是為什麼本書有四個作者的原因嗎？他們一直想要取代對方嗎？」

我們不能評論我們是否偏離了正軌，但是我們向您保證，即使 CoreML 是本書的核心部分，它也不是唯一的。

CoreML 負責 App 中機器學習模型的使用、讀取、對話和其他處理。我們將在這個場景中使用它：將一個模型放入我們的 App 並與之溝通。

要瞭解更多關於這些工具的細節，請參閱第 2 章，特別是第 31 頁的「CreateML」。

我們用來猜香蕉還是蘋果的工具是什麼？是 Vision。Vision 是一個 framework，同樣來自 Apple，它為解決電腦視覺問題提供了大量的智慧。事實證明，圖像識別和分類都是電腦視覺問題。在本章的前面，我們使用過很多 Vision 的功能，用於人臉偵測、條碼偵測、重點偵測和圖像相似性。對於那些，我們**直接**使用 Vision。這一次，我們使用 Vision 來處理我們自己的模型和 CoreML。我們之前討論過 Apple 的其他 framework，在第 39 頁的「Apple 的其他 framework」中，您可以在圖 4-17 中看到 Vision 與其他 framework 的接合之處。

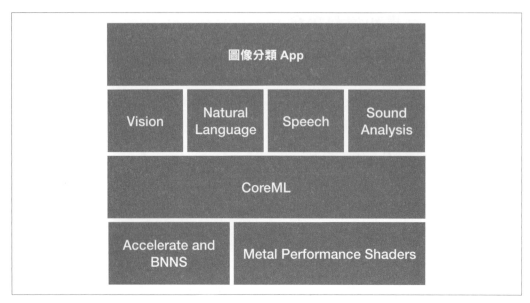

圖 4-17　CoreML 與我們的其他 AI 工具如何搭配

在我們可以出一個可以從圖片中分類不同種類水果的 App 之前，我們需要一些水果的圖片。值得慶幸的是，就像許多事情一樣，羅馬尼亞的科學家們提供我們 Fruit-360 資料集合（*http://bit.ly/2oF5qXt*）。

該資料集合包含 103 種不同類型的水果，被清晰地劃分為訓練資料、測試資料以及每幅圖像中有多個水果的圖像，可用來做大膽的多水果分類。圖 4-18 是該資料集合中圖像類型的一個範例。

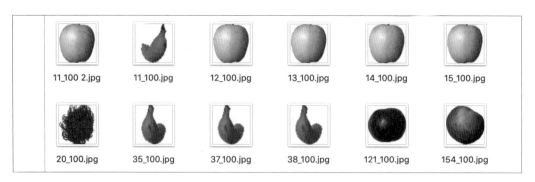

圖 4-18　水果圖片的例子

此時您可能會想到是不是能在分類模型中使用所有這些圖像，讓 App 不僅能夠告知我們是否正在看的是一個香蕉或蘋果，而是分辨 103 種不同的水果：蘋果（不同的品種：Crimson Snow, Golden、Golden-Red、Granny Smith、Pink Lady、Red、Red Delicious）、杏、鱷梨、鱷梨成熟、香蕉（黃、紅、Lady Finger）、仙人掌果實、哈密瓜（兩個品種）、楊桃、櫻桃（多種不同的品種）、蠟櫻桃（黃、紅、黑色）、栗子、柑橘、可可、椰棗、甜百香果、葡萄（藍色、粉色、白色（多個不同種類））、柚子（粉色、白色）、芭樂、榛子、越橘莓、奇異果、柿子、大頭菜、金桔、檸檬（正常、Meyer）、萊姆、荔枝、柑桔、芒果、山竹、百香果（Maracuja）、聖誕老人瓜、桑椹、油桃、橘子、木瓜、百香果（Passion fruit）、桃子（不同種類）、香瓜茄、梨（不同的品種，Abate、Kaiser、Monster、Red、Williams）、辣椒（紅、綠、黃色）、燈籠果（正常、帶皮的）、鳳梨（正常、迷你）、紅火龍果、梅（不同種類）、石榴、甜柚、檬桲、紅毛丹、樹莓、紅醋栗、蛇皮果、草莓（正常、Wedge）、樹番茄、橘柚、番茄（不同的品種，Maroon、Cherry Red、Yellow）、胡桃。真的，我們生活在一個充滿奇跡的時代（不過我們現在只打算用蘋果和香蕉）。

現在讓我們準備好資料集合來訓練模型。您所需要做的就是前往 Fruit-360 資料集合（*http://bit.ly/2oF5qXt*），點擊綠色的大按鈕下載。取得之後，您應該可以看到類似於圖 4-19 所示的圖像。

因為我們只想找尋蘋果或香蕉，所以您現在應該從 *Training* 資料夾中複製出 apple 和 banana 資料夾，並將它們好好地放到一個的新資料夾中，如圖 4-20 所示。

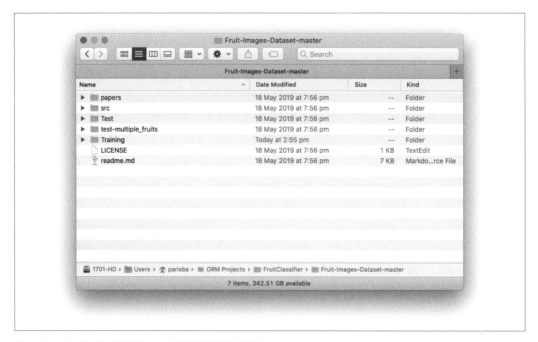

圖 4-19　Fruit-360 資料集合，已解壓縮等待使用

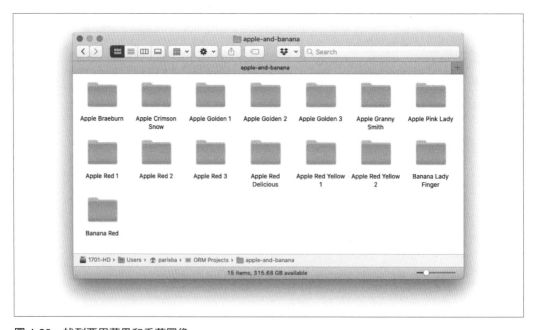

圖 4-20　找到要用蘋果和香蕉圖像

建立一個模型

資料集合準備就緒後，我們現在轉向要用 Apple 的 CreateML App 來建立模型。CreateML 在過去幾年中經歷了幾次不同的進版，但是在這裡，我們使用的是最新的：應用程式版本。

若想要瞭解更多有關 CreateML 的各種化身的資訊，請參閱第 2 章。

現在讓我們建立我們的水果分類器。打開 CreateML：您可以在 Xcode 啟動時看到 CreateML，然後選擇 Xcode 功能表 → Open Developer Tool → CreateML，然後執行以下操作：

如果您喜歡使用 Spotlight 啟動 macOS App，您可以叫出 Spotlight 並輸入 **CreateML**，這樣即可囉。

1. 打開 CreateML 之後，請選擇 Image Classifier 範本，如圖 4-21 所示，然後按一下 Next。

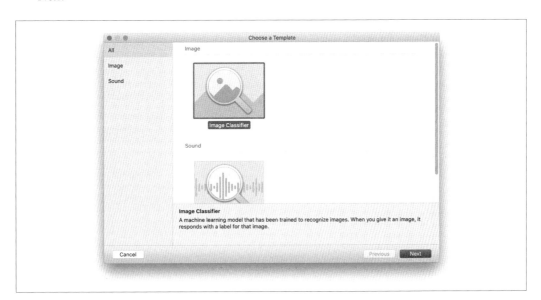

圖 4-21　在 CreateML 範本選擇器中選擇 Image Classifier 選項

2. 為您的專案填寫一些資訊，如圖 4-22 所示，然後再次按一下 Next。

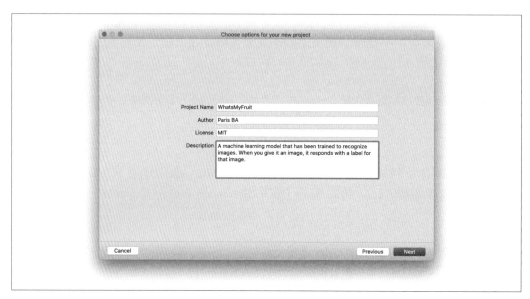

圖 4-22　為您的新 CreateML 模型設定專案資訊

現在您擁有了一個空的 CreateML 專案，馬上就可以開始訓練一個圖像分類器了。圖像分類器應該類似於圖 4-23。

圖 4-23　您的 CreateML 專案已經準備好可拍攝一些圖像了

3. 按一下標記為 Training Data 的下拉文字方塊,找到先前儲存蘋果和香蕉圖像的資料夾,然後選取此資料夾。

4. 在 CreateML App 的頂部欄位中,按一下 Play 按鈕,然後您就去看電視、玩遊戲或散步。CreateML 將開始為您訓練您的模型!它看起來應該類似於圖 4-24。

圖 4-24　CreateML 訓練我們的水果分類器

 別被嚇到了!訓練可能需要花上一段時間。在我們的 8 核 i9 MacBook Pro 上訓練大約花了 47 分鐘,但若您的電腦擁有更多的 CPU 處理器,它的執行速度會更快。然而,這總是需要一段時間。在 MacBook Air 或 MacBook 上,可能需要數小時。這是正常的。

當訓練接近完成時,您會注意到 App 會進行準確性和測試階段,並顯示一些關於模型準確性的圖表。我們稍後再討論這些,測試階段也需要一段時間。

當 CreateML 完成後,您將能夠從視窗右上角的 Output 框中拖出副檔名為 *.mlmodel* 的模型檔案。請把這個檔案拖到一個安全的地方。

您可能會注意到，您拖出的檔案的副檔名是 *.mlmodel*。這是 CoreML 的原生模型格式，如第 23 頁的「CoreML」中所述。

現在，我們已經訓練並測試了一個可以識別水果的模型（好吧，更準確地說，CreateML 已經為我們做了這件事），讓我們將它整合到我們的 App 中。

我們將在本章後面以及本書的其餘部分詳細討論這個過程中的訓練、驗證和測試階段，請繼續關注（畢竟這本書的名字是實用人工智慧）。也可以到我們的網站（*https://aiwithswift.com*）取得相關文章。

將模型整合到 App

現在我們有了起始 App 和一個已訓練好的模型，我們要把它們合併起來，做出一個可以實際執行圖像分類的 App。

您需要自己建立該起始 App，或按照第 124 頁的「建立 App」中的說明建立起始 App，或者從我們的網站（*https://aiwithswift.com*）下載程式碼和名為 ICDemo-Starter 的專案。在本節中，我們將以這個 App 作為起點。

如果您不想按照程式的程式碼手動加入 AI 功能，您也可以下載名為 ICDemo-Complete 的專案。

我們將需要修改一些東西，才能在 App 中使用我們的模型：

1. 在 inputImage 和 classification 旁邊加入一個新變數 classifier：

    ```
    private let classifier = VisionClassifier(mlmodel: BananaOrApple().model)
    ```

2. 在 viewDidLoad() 的最尾端，將新變數的委派指定為 self，然後呼叫

    ```
    classifier?.delegate = self
    refresh()
    ```

3. 在 refresh() 函式中的第一個 if 述句最尾端，加入一個用來禁用 classifyImageButton 按鈕的呼叫（所以若現在沒有圖片存在，您不能點擊按鈕來要求模型做分類，由於現在我們已有一個模型連接，所以這一點很重要）：

    ```
    classifyImageButton.disable()
    ```

4. 將 classifyImage() 的定義改為以下內容，讓我們可以真的做點什麼，而不是總是只會顯示「FRUIT!」：

```
private func classifyImage() {
    if let classifier = self.classifier, let image = inputImage {
        classifier.classify(image)
        classifyImageButton.disable()
    }
}
```

接下來，在專案中加入一個新的 Swift 檔案，取名為 *Vision.swift*：

5. 加入以下程式碼：

```
import UIKit
import CoreML
import Vision

extension VNImageRequestHandler {
    convenience init?(uiImage: UIImage) {
        guard let ciImage = CIImage(image: uiImage) else { return nil }
        let orientation = uiImage.cgImageOrientation

        self.init(ciImage: ciImage, orientation: orientation)
    }
}

class VisionClassifier {

    private let model: VNCoreMLModel
    private lazy var requests: [VNCoreMLRequest] = {
        let request = VNCoreMLRequest(
            model: model,
            completionHandler: {
                [weak self] request, error in
                self?.handleResults(for: request, error: error)
        })

        request.imageCropAndScaleOption = .centerCrop
        return [request]
    }()

    var delegate: ViewController?

    init?(mlmodel: MLModel) {
        if let model = try? VNCoreMLModel(for: mlmodel) {
            self.model = model
```

```swift
    } else {
        return nil
    }
}

func classify(_ image: UIImage) {
    DispatchQueue.global(qos: .userInitiated).async {
        guard let handler =
            VNImageRequestHandler(uiImage: image) else {
                return
        }

        do {
            try handler.perform(self.requests)
        } catch {
            self.delegate?.summonAlertView(
                message: error.localizedDescription
            )
        }
    }
}

func handleResults(for request: VNRequest, error: Error?) {
    DispatchQueue.main.async {
        guard let results =
            request.results as? [VNClassificationObservation] else {
                self.delegate?.summonAlertView(
                    message: error?.localizedDescription
                )
                return
        }

        if results.isEmpty {
            self.delegate?.classification = "Don't see a thing!"
        } else {
            let result = results[0]

            if result.confidence < 0.6  {
                self.delegate?.classification = "Not quite sure..."
            } else {
                self.delegate?.classification =
                    "\(result.identifier) " +
                    "(\(Int(result.confidence * 100))%)"
            }
        }
```

```
                self.delegate?.refresh()
        }
    }
}
```

6. 將以下擴展加入到 *Vision.swift* 檔案的尾端：

```
extension UIImage {
    var cgImageOrientation: CGImagePropertyOrientation {
        switch self.imageOrientation {
            case .up: return .up
            case .down: return .down
            case .left: return .left
            case .right: return .right
            case .upMirrored: return .upMirrored
            case .downMirrored: return .downMirrored
            case .leftMirrored: return .leftMirrored
            case .rightMirrored: return .rightMirrored
        }
    }
}
```

這段程式碼是直接從 Apple 說明 CGImage 和 UIImage 間轉換的文件（*https://apple.co/3189zQZ*）來的。我們之前在第 98 頁的「任務：條碼偵測」中討論過 CGImage 和 UIImage 的差異。

7. 把 *WhatsMyFruit.mlmodel* 檔案拖曳到專案的根目錄中，並允許 Xcode 將其複製進來。

您現在可以在模擬器中啟動 App，您應該可看到類似圖 4-25 所示的內容。

您可以選擇一個圖像（如果您在一個真實的設備上執行它，您可以拍一張照片），看到圖像出現在圖像視圖中，然後點擊 Classify Image 按鈕來要求我們建立的模型進行分類。您應該會看到標籤隨著分類結果（或沒有分類結果）而更新。

改進 App

當然，您可以使 App 能夠分類的不只有香蕉和蘋果。如果您回到我們之前在第 131 頁的「人工智慧工具集和資料集合」中準備的資料集合，並查看完整的 *Training* 資料夾內容，裡面包含所有 103 個不同的水果分類（標籤），您也許能夠猜到我們接下來建議嘗試什麼。

使用 Apple 的 CreateML App，並按照第 135 頁的「建立一個模型」的說明，訓練一個新的圖像分類模型，但這次是從 Fruit-360 資料集合中選擇整個 *Training* 資料夾（得到 103 個不同的分類）。

將這個模型放入您的 Xcode 專案中，並進行適當的命名，然後修改 *ViewController.swift* 中的這一行，使其指向新模型：

```
private let classifier = VisionClassifier(mlmodel: BananaOrApple().model)
```

例如，如果您的新模型被命名為 *Fruits360.mlmodel*，您應該將該行更新為類似於以下內容：

```
private let classifier = VisionClassifier(mlmodel: Fruits360().model)
```

然後您可以再次啟動您的 App，偵測所有 103 種不同的水果。太棒了，您現在可以玩 App 輔助的「What's My Fruit?」遊戲了。

圖 4-25　我們的圖像分類運作的樣子

任務：繪圖識別

隨著 iPad Pro 和 Apple Pencil 的出現，在 Apple 移動設備上畫畫比以往任何時候都更流行（您可查看 Procreate（*https://procreate.art*）），這是作者在家鄉澳洲塔斯馬尼亞州（Tasmania）開發的一個 App）。

對一幅繪畫進行分類可能會有各式各樣的用處，從製作一款以畫畫為基礎的遊戲，到弄清楚某人畫了什麼來把它變成一個表情符號，不一而足。

問題和方法

畫畫很有趣，能夠畫出一些東西是一種魔力，即使這些東西都很潦草怪異，然後再讓電腦告訴您您畫了什麼。這是一個有趣的功能，它可以是一個單獨的 App 或遊戲，也可以是一個使您的 App 擁有更神奇的功能的基礎。

在這個任務中，我們將透過以下方式來探索繪圖偵測的實作：

- 建立一個 App，讓使用者可為繪畫拍照，並且讓 App 對該照片分類
- 找到或組裝資料，然後訓練一個可以對點陣圖圖像進行繪圖分類的模型
- 探索更好的繪圖分類的下一步

在這個任務中，我們將會建立一個 App，它可以識別我們用黑白線條圖畫出的東西。圖 4-26 展示了 App 的最終版本。

圖 4-26　我們的點陣圖繪畫偵測器的最終版本

人工智慧工具集和資料集合

在我們為這個任務建立 App 之前，我們會先查看我們的人工智慧工具集，因為我們只使用它們一輪就可以建立 App。我們將在任務中使用的主要工具是 Turi Create、CoreML 和 Vision。要瞭解這些工具是什麼，請參閱第 2 章和第 39 頁的「Apple 的其他 framework」。

首先，讓我們使用 Turi Create（Apple 的任務導向 Python 工具集，用於建立機器學習模型）來訓練一個可以對繪圖進行分類的模型。

然後，我們將使用 CoreML 和 Vision 搭配模型一起工作，對使用者所拍下的繪圖照片進行分類。

為了製作一個可以對繪圖進行分類的 App，我們需要一個繪圖資料集合。我們可以自己畫幾百萬個希望 App 能夠識別的不同事物小草圖，但那可能需要花去一段時間。

您會發現，通常情況下，研究人員能幫助我們，而這次能幫助我們的研究人員來自 Google。Quick Draw Dataset（*http://bit.ly/2Ba4o8M*）是一個含有 5,000 萬多張塗鴉繪圖的集合，已分類（分為 345 類別），繪圖的來源是所有世界各地在線上玩 Google 的 Quick, Draw！遊戲（*https://quickdraw.withgoogle.com*）的人（Google 很擅長讓人們貢獻資料），如圖 4-27。

我們已經意識到，英國和澳大利亞以外的人可能不知道 *boffin*（研究人員）這個字代表什麼。請看這篇文章（*http://bit.ly/2IPqqls*）以瞭解更多關於 boffin 的詳情。正如一位智者（*http://www.vmbrasseur.com*）曾經說過：書是用來學習的。現在您知道了！

圖 4-27 Google 的 Quick, Draw! 遊戲

因為 Quick Draw 資料集合中有很多類別,所以用很多東西去訓練一個分類器也需要一段時間(您可以修改我們的腳本,然後試跑看看),所以我們要限制自己只能分類以下 23 個分類:蘋果、香蕉、麵包、花椰菜、蛋糕、胡蘿蔔、咖啡杯、餅乾、甜甜圈、葡萄、熱狗、霜淇淋、棒棒糖、蘑菇、花生、梨、鳳梨、比薩、馬鈴薯、三明治、牛排、草莓和西瓜。

您可以在圖 4-28 中看到 App 能夠分類的繪圖範例。

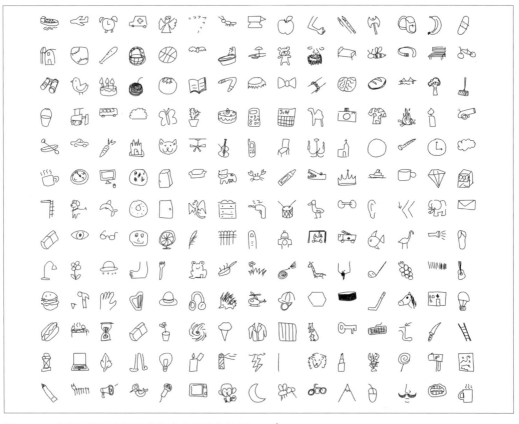

圖 4-28　我們的繪圖分類器能夠處理的圖像範例

您不需要手動下載 Quick Draw 資料集合;因為它非常非常大。我們在第 147 頁的「建立一個模型」中製作的腳本,會把它下載下來。

建立一個模型

我們將使用 Apple 的 Turi Create 來訓練這個模型，這代表著我們需要用到 Python 環境：

1. 請依照我們在第 45 頁的「Python」中概述的流程準備好一個 Python 環境，然後啟動該環境，並使用 pip 來安裝 Turi Create，如圖 4-29 所示：

```
conda create -n TuriCreateDrawingClassifierEnvironment python=3.6

conda activate TuriCreateDrawingClassifierEnvironment

pip install turicreate
```

圖 4-29　建立我們的環境

2. 建立一個名為 *train_drawing_classifier.py* 的新 Python 腳本，並加入以下內容：

```
#!/usr/bin/env python

import os
import json
import requests
import numpy as np
import turicreate as tc
```

3. 加入一些設定變數，包括一個分類 list，裡面含有我們想要訓練的東西：

```
# 我們希望能夠區分的類別
categories = [
    'apple', 'banana', 'bread', 'broccoli', 'cake', 'carrot', 'coffee cup',
    'cookie', 'donut', 'grapes', 'hot dog', 'ice cream', 'lollipop',
    'mushroom', 'peanut', 'pear', 'pineapple', 'pizza', 'potato',
    'sandwich', 'steak', 'strawberry', 'watermelon'
]

# 根據需要設定
this_directory = os.path.dirname(os.path.realpath(__file__))
quickdraw_directory = this_directory + '/quickdraw'
bitmap_directory = quickdraw_directory + '/bitmap'
bitmap_sframe_path = quickdraw_directory + '/bitmaps.sframe'
output_model_filename = this_directory + '/DrawingClassifierModel'
training_samples = 10000
```

4. 加入以下函式，用來建立訓練資料的存放目錄：

```
# 建立資料夾，用於存放訓練資料
def make_directory(path):
        try:
                    os.makedirs(path)
        except OSError:
                if not os.path.isdir(path):
                        raise

make_directory(quickdraw_directory)
make_directory(bitmap_directory)
```

5. 取得我們要用來訓練的點陣圖：

```
# 取得一些資料
bitmap_url = (
    'https://storage.googleapis.com/quickdraw_dataset/full/numpy_bitmap'
)

total_categories = len(categories)

for index, category in enumerate(categories):
  bitmap_filename = '/' + category + '.npy'

  with open(bitmap_directory + bitmap_filename, 'w+') as bitmap_file:
    bitmap_response = requests.get(bitmap_url + bitmap_filename)
    bitmap_file.write(bitmap_response.content)
```

```
        print('Downloaded %s drawings (category %d/%d)' %
            (category, index + 1, total_categories))

    random_state = np.random.RandomState(100)
```

6. 加入一個可從圖像建立 SFrame 的函式：

```
def get_bitmap_sframe():
    labels, drawings = [], []
    for category in categories:
        data = np.load(
            bitmap_directory + '/' + category + '.npy',
            allow_pickle=True
        )
        random_state.shuffle(data)
        sampled_data = data[:training_samples]
        transformed_data = sampled_data.reshape(
            sampled_data.shape[0], 28, 28, 1)

        for pixel_data in transformed_data:
            image = tc.Image(_image_data=np.invert(pixel_data).tobytes(),
                _width=pixel_data.shape[1],
                _height=pixel_data.shape[0],
                _channels=pixel_data.shape[2],
                _format_enum=2,
                _image_data_size=pixel_data.size)
            drawings.append(image)
            labels.append(category)
        print('...%s bitmaps complete' % category)
    print('%d bitmaps with %d labels' % (len(drawings), len(labels)))
    return tc.SFrame({'drawing': drawings, 'label': labels})
```

7. 加入一些東西來將那些 SFrame 儲存到檔案中：

```
# 將過渡的 bitmap SFrame 儲存到檔案
bitmap_sframe = get_bitmap_sframe()
bitmap_sframe.save(bitmap_sframe_path)
bitmap_sframe.explore()
```

8. 現在，我們要著手訓練的繪圖分類器：

```
bitmap_model = tc.drawing_classifier.create(
    bitmap_sframe, 'label', max_iterations=1000)
```

9. 將它匯出為 CoreML 格式：

```
bitmap_model.export_coreml(output_model_filename + '.mlmodel')
```

如果您想分類的繪圖和我們用的不一樣，請查看 *http://bit.ly/31evaaq*，並選擇一些不同的繪圖。

10. 執行腳本：

```
python train_drawing_classifier.py
```

您應該看到類似於圖 4-30 的畫面。如前所述，您不需要手動下載 Quick Draw 資料集合，因為腳本會幫你做好。

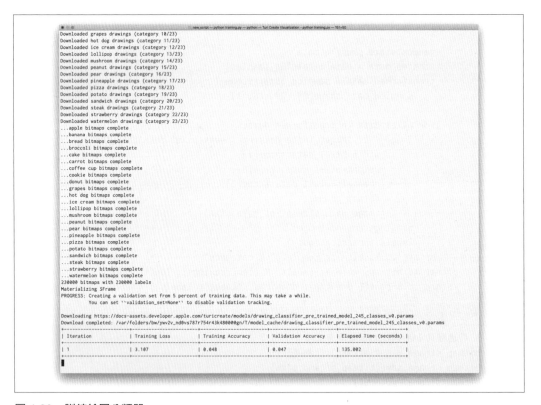

圖 4-30　訓練繪圖分類器

在腳本取得繪圖並將它們解析為 Turi Create 內部格式之後，您將看到類似圖 4-31 的內容彈出來，讓您瀏覽圖像。您可以在第 36 頁的「Turi Create」找到更多關於 Turi Create 的資訊。

當它進行訓練的時候,您可以隨意地查看這些視覺輸出。

	drawing	label
0		apple
1		apple
2		apple
3		apple
4		apple
5		apple
6		apple

圖 4-31　Turi Create 的視覺化圖像

這種訓練可能需要一段時間。我們最新版的 MacBook Pro 花了幾個小時才完成。所以請您泡杯茶,然後去看疑犯追蹤(*Person of Interest*)影集。

當訓練結束後,您可以查看您做存放工作的資料夾,您會發現一個全新的 *DrawingClassifierModel.mlmodel* 檔案,如圖 4-32 所示。您可以像使用其他 CoreML 一樣使用這個模型;正巧,這正是我們將要在第 152 頁的「建立 App」中要做的。

我們在前面第 38 頁的「瞭解 Turi Create 的組成」中提到過 Turi Create 的視覺化功能。我們還在第 65 頁的「瞭解資料集合」中討論了瞭解資料集合的重要性。

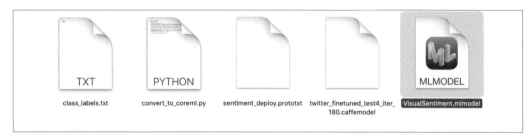

圖 4-32　最終轉換完成的 CoreML 模型

建立 App

同樣地，我們將使用 Apple 最新的 UI framework SwiftUI 來建立繪圖偵測 App 的介面。

我們將要建立 App 的最終版本，如前面圖 4-1 中的人臉偵測 App；它由下列 SwiftUI 元件組成：

- 一個 NavigationView，其中顯示 App 的標題，以及選擇照片的按鈕
- 一個顯示所選擇的圖像（包含一個圖）的 Image，App 將嘗試對其進行分類
- 一個觸發繪圖分類的 Button
- 一些 Text 來顯示幾張臉（譯按：我覺得作者上一段 copy 了前面的內容然後忘記改）

但是，我們要用多個子 view 來建構這個 view，就像我們在第 75 頁的「建立 App」中所做的那樣。如果您不想手動建立這個 iOS 上的繪圖偵測 App，您可以從我們的網站（*https://aiwithswift.com*）下載程式碼，並尋找名為 DDDemo 的專案。

如果你選擇了下載，請在下載完成之後，將本節的其餘部分也瀏覽一下（我們不建議跳過它），然後到第 163 頁的「下一步？」繼續後面的內容。

您可能會注意到，這個 App 與我們在書中建立的其他 SwiftUI App 於結構上非常相似。這是因為我們期望讓事情保持一致，盡可能簡單，我們真的希望這個期望能幫助您學習。請查看我們的網站（*https://aiwithswift.com*）以獲得更多的提示和指南。

若要自行製作繪圖偵測 iOS App，則您需要做以下工作：

1. 啟動 Xcode。

2. 建立一個新的 iOS App 專案，選擇「Single View App」範本。和以前一樣，我們要用 SwiftUI 來做這個 App。

3. 將 *.mlmodel* 檔案拖曳進來，這個檔案是我們之前在第 144 頁的「人工智慧工具集和資料集合」中建立的，讓 Xcode 幫您把它複製過來。

4. 加入一個新的 Swift 檔案到專案中，取名為 *Image.swift*。我們用它為 UIImage 加入一個擴展，這樣我們可以過濾圖像，留下對分類更有用的圖像。

5. 首先，我們還需要為 CIFilter 加入一個擴展：

```swift
extension CIFilter {
    static let mono = CIFilter(name: "CIPhotoEffectMono")!
    static let noir = CIFilter(name: "CIPhotoEffectNoir")!
    static let tonal = CIFilter(name: "CIPhotoEffectTonal")!
    static let invert = CIFilter(name: "CIColorInvert")!

    static func contrast(amount: Double = 2.0) -> CIFilter {
        let filter = CIFilter(name: "CIColorControls")!
        filter.setValue(amount, forKey: kCIInputContrastKey)
        return filter
    }

    static func brighten(amount: Double = 0.1) -> CIFilter {
        let filter = CIFilter(name: "CIColorControls")!
        filter.setValue(amount, forKey: kCIInputBrightnessKey)
        return filter
    }
}
```

這個擴展讓我們建立一個可以操作圖像的 Core Image 過濾器 CIFilter，它可以操作圖像，並讓圖像變成單色調、黑色或某種色調。您可以到 *https://apple.co/2otBgGV*（Apple 文件）中瞭解更多關於這些過濾器，以及如何建立自己的過濾器的資訊。

6. 也為 UIImage 加入擴展：

```swift
extension UIImage {
    func applying(filter: CIFilter) -> UIImage? {
        filter.setValue(CIImage(image: self), forKey: kCIInputImageKey)
```

```
        let context = CIContext(options: nil)
        guard let output = filter.outputImage,
            let cgImage = context.createCGImage(
                output, from: output.extent) else {
            return nil
        }

        return UIImage(
            cgImage: cgImage,
            scale: scale,
            orientation: imageOrientation)
    .   }

    func fixOrientation() -> UIImage? {
        UIGraphicsBeginImageContext(self.size)
        self.draw(at: .zero)
        let newImage = UIGraphicsGetImageFromCurrentImageContext()
        UIGraphicsEndImageContext()
        return newImage
    }

    var cgImageOrientation: CGImagePropertyOrientation {
        switch self.imageOrientation {
        case .up: return .up
        case .down: return .down
        case .left: return .left
        case .right: return .right
        case .upMirrored: return .upMirrored
        case .downMirrored: return .downMirrored
        case .leftMirrored: return .leftMirrored
        case .rightMirrored: return .rightMirrored
        }
    }
}
```

這個擴展新增了兩個函式：一個用來使用 CIFilter，另一個用於修正圖像的方向。我們還加入了常用的方向修正功能。

7. 建立另一個新的 Swift 檔案，取名為 *Drawing.swift*，然後加入以下 import：

```
import UIKit
import Vision
import Foundation
```

8. 加入以下 enum：

```
enum Drawing: String, CaseIterable {
    /// 這些只包括那些用來訓練模型的東西，若要將其他的東西加入訓練，
    /// 請到資料集合中查看完整的分類列表：
    /// https://raw.githubusercontent.com/googlecreativelab/
    ///     quickdraw-dataset/master/categories.txt
    case apple, banana, bread, broccoli, cake, carrot, coffee, cookie
    case donut, grapes, hotdog, icecream, lollipop, mushroom, peanut, pear
    case pineapple, pizza, potato, sandwich, steak, strawberry, watermelon

    init?(rawValue: String) {
        if let match = Drawing.allCases
            .first(where: { $0.rawValue == rawValue }) {
            self = match
        } else {
            switch rawValue {
                case "coffee cup":  self = .coffee
                case "hot dog":     self = .hotdog
                case "ice cream":   self = .icecream
                default: return nil
            }
        }
    }

    var icon: String {
        switch self {
            case .apple: return "🍎"
            case .banana: return "🍌"
            case .bread: return "🍞"
            case .broccoli: return "🥦"
            case .cake: return "🍰"
            case .carrot: return "🥕"
            case .coffee: return "☕"
            case .cookie: return "🍪"
            case .donut: return "🍩"
            case .grapes: return "🍇"
            case .hotdog: return "🌭"
            case .icecream: return "🍦"
            case .lollipop: return "🍭"
            case .mushroom: return "🍄"
            case .peanut: return "🥜"
            case .pear: return "🍐"
            case .pineapple: return "🍍"
            case .pizza: return "🍕"
            case .potato: return "🥔"
```

```
            case .sandwich: return "🥪"
            case .steak: return "🥩"
            case .strawberry: return "🍓"
            case .watermelon: return "🍉"
        }
    }
}

enum Drawing: String, CaseIterable {
    /// 這些只包括那些用來訓練模型的東西，若要將其他的東西加入訓練，
    /// 請到資料集合中查看完整的分類列表：
    /// https://raw.githubusercontent.com/googlecreativelab/
    ///     quickdraw-dataset/master/categories.txt
    case apple, banana, bread, broccoli, cake, carrot, coffee, cookie
    case donut, grapes, hotdog, icecream, lollipop, mushroom, peanut, pear
    case pineapple, pizza, potato, sandwich, steak, strawberry, watermelon

    init?(rawValue: String) {
        if let match = Drawing.allCases
            .first(where: { $0.rawValue == rawValue }) {
            self = match
        } else {
            switch rawValue {
                case "coffee cup":  self = .coffee
                case "hot dog":     self = .hotdog
                case "ice cream":   self = .icecream
                default: return nil
            }
        }
    }

    var icon: String {
        switch self {
            case .apple: return "🍎"
            case .banana: return "🍌"
            case .bread: return "🍞"
            case .broccoli: return "🥦"
            case .cake: return "🍰"
            case .carrot: return "🥕"
            case .coffee: return "☕️"
            case .cookie: return "🍪"
            case .donut: return "🍩"
            case .grapes: return "🍇"
            case .hotdog: return "🌭"
            case .icecream: return "🍦"
            case .lollipop: return "🍭"
```

```
        case .mushroom: return "🍄"
        case .peanut: return "🥜"
        case .pear: return "🍐"
        case .pineapple: return "🍍"
        case .pizza: return "🍕"
        case .potato: return "🥔"
        case .sandwich: return "🥪"
        case .steak: return "🥩"
        case .strawberry: return "🍓"
        case .watermelon: return "🍉"
      }
    }
  }
```

我們的 enum 讓我們從一個 String（透過我們建立的 init()）建立一個 Drawing（這就是 enum 的名稱）。每一種 Drawing enum 都有屬於它的一個圖示，圖示是一個表情符號。

9. 您還需要一個擴展 VNImageRequestHandler：

```
extension VNImageRequestHandler {
  convenience init?(uiImage: UIImage) {
    guard let ciImage = CIImage(image: uiImage) else { return nil }
    let orientation = uiImage.cgImageOrientation

    self.init(ciImage: ciImage, orientation: orientation)
  }
}
```

這個擴展擴展了 VNImageRequestHandler，為它加入了一個方便的初始化器，允許使用 UIImage 而不是 CIImage 來做初始化。若需回想 VNImageRequestHandler 是用來做什麼的，請查看 Apple 的文件（*https://apple.co/2OGsGiq*）。

10. 為 DrawingClassifierModelBitmap 加入另一個擴展，DrawingClassifierModelBitmap 是我們之前建立的模型的名稱（Xcode 會根據我們拖曳的模型自動建立一個類別）：

```
extension DrawingClassifierModel {
  func configure(image: UIImage?) -> UIImage? {
    if let rotatedImage = image?.fixOrientation(),
      let grayscaleImage = rotatedImage
        .applying(filter: CIFilter.noir),
      // 處理拍攝圖紙變暗：/
      let brightenedImage = grayscaleImage
        .applying(filter: CIFilter.brighten(amount: 0.4)),
      let contrastedImage = brightenedImage
        .applying(filter: CIFilter.contrast(amount: 10.0)) {
```

```
                return contrastedImage
        }

        return nil
    }

    func classify(_ image: UIImage?,
        completion: @escaping (Drawing?) -> ()) {
        guard let image = image,
            let model = try? VNCoreMLModel(for: self.model) else {
                return completion(nil)
        }

        let request = VNCoreMLRequest(model: model)

        DispatchQueue.global(qos: .userInitiated).async {
            if let handler = VNImageRequestHandler(uiImage: image) {
                try? handler.perform([request])

                let results = request.results
                    as? [VNClassificationObservation]

                let highestResult = results?.max {
                        $0.confidence < $1.confidence
                }

                print(results?.list ?? "")

                completion(
                    Drawing(rawValue: highestResult?.identifier ?? "")
                )
            } else {
                completion(nil)
            }
        }
    }
}
```

這一大段程式碼擴展了我們的模型 DrawingClassifierModel，加入了一個 configure()
函式，該函式接受一個 UIImage，並回傳一個經過過濾的灰階、亮度和對比度
增強的版本。它還加入一個 classify() 函式，這個函式在 DispatchQueue 中用
VNImageRequestHandler 和我們的模型（即程式中的 self，這是模型的一個擴展）執
行一個 VNCoreMLRequest 以嘗試分類圖像（繪圖）。

11. 為 Collection 加入一個擴展：

```
extension Collection where Element == VNClassificationObservation {
    var list: String {
        var string = ""
        for element in self {
            string += "\(element.identifier): " +
                "\(element.confidence * 100.0)%\n"
        }
        return string
    }
}
```

這 個 由 VNClassificationObservation（ 當 你 使 用 Apple Vision framework 的 執行圖像分析時，會得到的東西）組成的 Collection 的擴展（*https://apple. co/2IMkSI9*），會加入一個名為 list 的 var，型態為 String，它讓我們可以從 VNClassificationObservation 取得識別與信心度。

12. 為了要加入一些客製 view，請加入一個名為 *Views.swift* 的檔案，在該檔案中 import SwiftUI，然後加入下面的 ImagePicker struct：

```
struct ImagePicker: UIViewControllerRepresentable {
    typealias UIViewControllerType = UIImagePickerController
    private(set) var selectedImage: UIImage?
    private(set) var cameraSource: Bool
    private let completion: (UIImage?) -> ()

    init(camera: Bool = false, completion: @escaping (UIImage?) -> ()) {
        self.cameraSource = camera
        self.completion = completion
    }

    func makeCoordinator() -> ImagePicker.Coordinator {
        let coordinator = Coordinator(self)
        coordinator.completion = self.completion
        return coordinator
    }

    func makeUIViewController(context: Context) ->
        UIImagePickerController {

        let imagePickerController = UIImagePickerController()
        imagePickerController.delegate = context.coordinator
        imagePickerController.sourceType =
            cameraSource ? .camera : .photoLibrary
        imagePickerController.allowsEditing = true
```

```
        return imagePickerController
    }

    func updateUIViewController(
        _ uiViewController: UIImagePickerController, context: Context) {}

    class Coordinator: NSObject,
        UIImagePickerControllerDelegate, UINavigationControllerDelegate {

        var parent: ImagePicker
        var completion: ((UIImage?) -> ())?

        init(_ imagePickerControllerWrapper: ImagePicker) {
            self.parent = imagePickerControllerWrapper
        }

        func imagePickerController(
            _ picker: UIImagePickerController,
            didFinishPickingMediaWithInfo info:
                [UIImagePickerController.InfoKey: Any]) {

            print("Image picker complete...")

            let selectedImage =
                info[UIImagePickerController.InfoKey.originalImage]
                    as? UIImage

            picker.dismiss(animated: true)
            completion?(selectedImage)
        }

        func imagePickerControllerDidCancel(_ picker:
            UIImagePickerController) {

            print("Image picker cancelled...")
            picker.dismiss(animated: true)
            completion?(nil)
        }
    }
}
```

正如我們在第 75 頁的「建立 App」中使用 SwiftUI 建立一個人臉偵測 App 時所做
的，這段程式會在 SwiftUI 中偽造一個 ViewController，讓我們可使用 UIKit 功能來
獲取一個圖像選擇器。

13. 加入下面的 TwoStateButton view：

```swift
struct TwoStateButton: View {
    private let text: String
    private let disabled: Bool
    private let background: Color
    private let action: () -> Void

    var body: some View {
        Button(action: action) {
            HStack {
                Spacer()
                Text(text).font(.title).bold().foregroundColor(.white)
                Spacer()
                }.padding().background(background).cornerRadius(10)
            }.disabled(disabled)
    }

    init(text: String,
        disabled: Bool,
        background: Color = .blue,
        action: @escaping () -> Void) {

        self.text = text
        self.disabled = disabled
        self.background = disabled ? .gray : background
        self.action = action
    }
}
```

此時，這個 TwoStateButton 應該看起來很熟悉：它為一個 Button 定義了一個 SwiftUI view，這個 view 可以被禁用，並且可以被看到。

14. 加入以下的 MainView View：

```swift
struct MainView: View {
    private let image: UIImage
    private let text: String
    private let button: TwoStateButton

    var body: some View {
        VStack {
            Image(uiImage: image)
                .resizable()
                .aspectRatio(contentMode: .fit)

            Spacer()
```

```
            Text(text).font(.title).bold()
            Spacer()
            self.button
        }
    }

    init(image: UIImage, text: String, button: () -> TwoStateButton) {
        self.image = image
        self.text = text
        self.button = button()
    }
}
```

這個 MainView 用 Image、一個 Spacer、一些 Text、一個 TwoStateButton 定義了一個 VStack。

15. 接下來，請打開 *ContentView.swift*，然後加入以下 @State 變數：

```
@State private var imagePickerOpen: Bool = false
@State private var cameraOpen: Bool = false
@State private var image: UIImage? = nil
@State private var classification: String? = nil
```

16. 和以下變數：

```
private let placeholderImage = UIImage(named: "placeholder")!
private let classifier = DrawingClassifierModel()

private var cameraEnabled: Bool {
    UIImagePickerController.isSourceTypeAvailable(.camera)
}

private var classificationEnabled: Bool {
    image != nil && classification == nil
}
```

17. 加入一個負責執行分類的函式：

```
private func classify() {
    print("Analysing drawing...")
    classifier.classify(self.image) { result in
        self.classification = result?.icon
    }
}
```

18. 在分類完成後,加入一個函式來回傳控制項:

```
private func controlReturned(image: UIImage?) {
    print("Image return \(image == nil ? "failure" : "success")...")

    // 將圖像轉正,調整大小並轉換為黑白
    self.image = classifier.configure(image: image)
}
```

19. 加入一個用來喚起圖像選擇器的函式:

```
private func summonImagePicker() {
    print("Summoning ImagePicker...")
    imagePickerOpen = true
}
```

20. 加入喚起相機的函式:

```
private func summonCamera() {
    print("Summoning camera...")
    cameraOpen = true
}
```

21. 為 ContentView 加入一個擴展,它會根據需要回傳正確的 view:

```
extension ContentView {
    private func mainView() -> AnyView {
        return AnyView(NavigationView {
            MainView(
                image: image ?? placeholderImage,
                text: "\(classification ?? "Nothing detected")") {
                    TwoStateButton(
                        text: "Classify",
                        disabled: !classificationEnabled, action: classify
                    )
                }
            .padding()
            .navigationBarTitle(
                Text("DDDemo"),
                displayMode: .inline)
            .navigationBarItems(
                leading: Button(action: summonImagePicker) {
                    Text("Select")
                },
                trailing: Button(action: summonCamera) {
                    Image(systemName: "camera")
                }.disabled(!cameraEnabled)
            )
```

```
        })
    }

    private func imagePickerView() -> AnyView {
        return  AnyView(ImagePicker { result in
            self.classification = nil
            self.controlReturned(image: result)
            self.imagePickerOpen = false
        })
    }

    private func cameraView() -> AnyView {
        return  AnyView(ImagePicker(camera: true) { result in
            self.classification = nil
            self.controlReturned(image: result)
            self.cameraOpen = false
        })
    }
}
```

22. 將 body View 更新如下：

```
var body: some View {
    if imagePickerOpen { return imagePickerView() }
    if cameraOpen { return cameraView() }
    return mainView()
}
```

現在，您可以啟動您的繪圖分類器 App，在紙上畫一些東西，拍一張照片，並看著您的 App 識別出您的繪圖（嗯，只要繪圖符合您訓練模型的類別）。圖 4-33 展示了一些作者畫的例子。

下一步？

這只是您能做的其中一種繪圖分類功能。但繪圖常常是在 iOS 設備上完成的，這代表著我們可能要做一些不必要的拍照或選圖步驟。那為什麼不能讓使用者直接在我們的 App 中繪圖呢？

在後面的第 7 章，第 264 頁的「任務：繪圖的手勢分類」中，我們將介紹如何為在設備上繪製的圖形建立一個圖形分類器。

圖 4-33　作者的神作被我們的 App 識別了

任務：風格分類

到了我們最後一個視覺相關任務了，我們將會修改在第 121 頁的「任務：圖像分類」中
為圖像分類建立的 App，使它能夠識別提供的圖像的風格。我們將以所知道的最直接、
最實用的方式來快速完成這個任務：將一個現有的模型轉換成 Apple 的 CoreML 格式。

我們需要一個可以識別風格的模型。幸運的是有研究人員幫我們的忙（*http://bit.
ly/2B77UAP*）。「Finetuning CaffeNet on Flickr Style」是一個分類器模型，它已經針對不
同類別的許多圖像進行過訓練，可以識別各種圖像風格。

此模型所能識別的風格有：細緻、柔和、憂鬱、黑色、HDR、復古、長時間曝光、恐怖、陽光、紋理、明亮、朦朧、寧靜、空幻、宏觀、景深、幾何構圖、簡約、浪漫。我們在這裡使用的模型是基於這篇（*http://bit.ly/2OEUKTz*）文獻。

轉換模型

我們需要使用 Python 將模型轉換成我們可以使用的東西：

1. 按照第 45 頁的「Python」中的說明建立一個新的 Python 環境，然後啟動它：

   ```
   conda create -n StyleClassifier python=3.6

   conda activate StyleClassifier
   ```

2. 安裝 Apple 的 CoreML 工具（我們之前在第 41 頁的「CoreML Community Tools」中介紹過它）：

   ```
   pip install coremltools
   ```

3. 建立一個名為 *styles.txt* 的檔案，內容如下：

   ```
   Detailed
   Pastel
   Melancholy
   Noir
   HDR
   Vintage
   Long Exposure
   Horror
   Sunny
   Bright
   Hazy
   Bokeh
   Serene
   Texture
   Ethereal
   Macro
   Depth of Field
   Geometric Composition
   Minimal
   Romantic
   ```

4. 從 Berkeleyvision 網站（*http://bit.ly/2VC4mji*）下載已訓練完成的模型（Caffe 格式）。儲存這個模型檔案（它有好幾百 MB）到 *syles.txt* 身處的同一個目錄中。

5. 下載並儲存這個檔案（*http://bit.ly/2MbuHBx*）到同一個目錄中。*deploy.prototxt* 檔案指定了我們需要的模型參數，使我們能夠將其轉換為 CoreML 格式。

6. 在同一個資料夾中建立一個新的 Python 腳本檔案（我們的檔案取名為 *convert_styleclassifier.py*），然後在腳本檔中加入以下程式碼：

```python
import coremltools

coreml_model = coremltools.converters.caffe.convert(
    ('./finetune_flickr_style.caffemodel', './deploy.prototxt'),
    image_input_names = 'data',
    class_labels = './styles.txt'
)

coreml_model.author = 'Paris BA'

coreml_model.license = 'None'

coreml_model.short_description = 'Flickr Style'

coreml_model.input_description['data'] = 'An image.'

coreml_model.output_description['prob'] = (
    'Probabilities for style type, for a given input.'
)

coreml_model.output_description['classLabel'] = (
    'The most likely style type for the given input.'
)

coreml_model.save('Style.mlmodel')
```

這段程式碼會匯入 CoreML Tools，和載入 CoreML Tools 提供的 Caffe converter，並指向我們下載的 *finetune_flickr_style.caffemodel* 模型。在同一個目錄中還可以找到 *deploy.prototxt* 參數檔案，它提供了一些描述資料，並會儲存一個名為 *Style.mlmodel* 的 CoreML 格式模型。

所有的檔案應該看起來像圖 4-34。

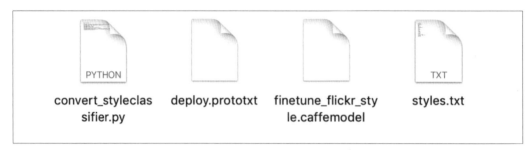

圖 4-34 轉換風格分類器所需的檔案

7. 執行 Python 腳本：

```
python convert_styleclassifier.py
```

您將看到類似於圖 4-35 的內容，最後會在該目錄中得到一個 *Style.mlmodel* 檔案（圖 4-36）。

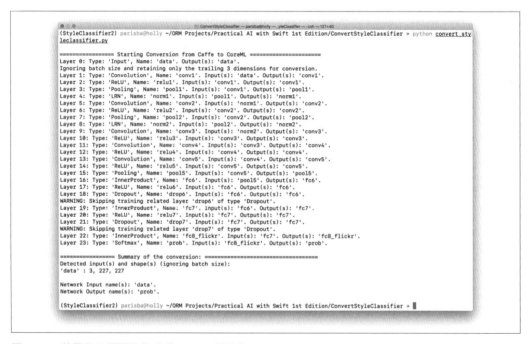

圖 4-35 將風格分類器的格式從 Caffee 轉換為 CoreML

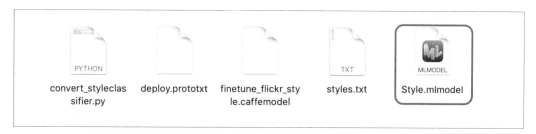

圖 4-36　我們的新 CoreML 風格的分類器模型

使用模型

首先，您需要複製第 121 頁的「任務：圖像分類」中為分類任務建立的專案的最終版本。如果您不想這麼做，您也可以從我們的網站（*https://aiwithswift.com*）中下載；找尋名為 StyleClassifier 的專案。

為了要使用我們剛才轉換好的 *Style.mlmodel* 檔案，請做如下操作：

1. 打開您剛複製的 Xcode 專案（或從我們的資源中下載）。

2. 把 *Style.mlmodel* 檔案拖曳到專案中，允許 Xcode 根據需要複製。

3. 在 *ViewController.swift* 中，把引用模型的那一行

   ```
   private let classifier = VisionClassifier(mlmodel: BananaOrApple().model)
   ```

   改為：

   ```
   private let classifier = VisionClassifier(mlmodel: Style().model)
   ```

請執行 App。現在您可以選擇一張圖像、按下按鈕，並得到分類的結果了，如圖 4-37。

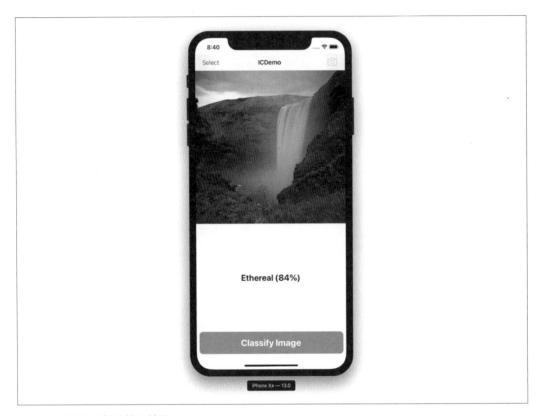

圖 4-37　風格分類器執行情況

我們查看了 CoreML Tools（在第 41 頁的「CoreML Community Tools」）的使用，以便在以後的練習任務中做更多轉換模型，例如第 327 頁的「任務：使用 GAN 生成圖像」和第 383 頁的「任務：使用 CoreML Community Tools」。

下一步

以上是視覺章節的全部內容。我們已經涵蓋了一些您可能想要用 Swift 來完成的，常見視覺相關的實用人工智慧任務，我們使用了各種工具來完成。

我們已開發了七個 App 和 Playground，探索了七個與視覺相關的實用人工智慧任務：

人臉偵測

我們使用了 Apple 新的 SwiftUI 來做介面，和 Apple 提供的 framework Vision，來偵測人臉並處理這些資訊，我們甚至不需要訓練模型。

條碼偵測

我們使用 Apple 的 framework 來尋找圖像中的條碼。同樣地，我們也不需要做模型訓練。

重點偵測

在這項任務中，我們使用 Apple framework 發現圖像中最明顯的區域。還是沒有模型訓練！

圖像相似度

我們再次使用了 Apple 新的 SwiftUI framework，並再次使用 Vision 建立了一個 App，讓我們可以看到兩個圖像有多麼不同（或相似）。這個任務也沒有做模型訓練。

圖像分類

這個任務中我們使用了 Apple 的 UIKit framework 來建立 UI，使用 Apple 的 CreateML App 和一個開源的水果照片資料集合來訓練我們自己的圖像分類模型，並建立了一個可以從照片中識別不同水果的 App。最後，我們訓練了一個模型！

繪圖識別

我們再次使用 SwiftUI 為我們的人臉偵測 App 開發了一個衍生 App，使用 Apple 的 Turi Create Python framework 建立了我們自己的繪畫分類模型，讓使用者能夠識別他們在紙上畫的東西。

風格分類

我們更新了我們的圖像分類 App，透過將另一套工具建立的模型轉換成 Apple 的 CoreML 格式，以支援識別所提供圖像的風格。

正如我們在第 70 頁的「Apple 的模型」中提到的，如果您想解決一個關
於視覺的實際人工智慧問題，您也可以查看 Apple 的 Core ML Models
（*https://apple.co/33oLF5p*）頁面，看看它提供了哪些已預先訓練完成的
CoreML 模型。如果您可以解決您的問題而不需要自己做很多工作，這可
能是值得的。我們還推薦 Awesome CoreML Models 中的模型（*http://bit.
ly/2OHpDXq*）。

在第 11 章中，我們將從演算法的角度來研究本章所討論的每個任務實際發生了什麼
事。僅僅因為這是「視覺」一章的結尾，並不代表著我們不會在書的其他章節中處理視
覺相關的東西。在第 5 章中，我們會將主題放在音訊，這也是一個令人興奮的主題。

更多視覺相關的實際人工智慧任務，請查看 *https://aiwithswift.com*。

音訊

本章將探討在您的 Swift App 中實作音訊相關人工智慧功能。採用自上向下的方法，我們將探索兩個音訊任務，以及如何使用 Swift 和各種人工智慧工具來實作它們。

音訊和實用人工智慧

我們將會在本章探討兩個音訊相關的實際人工智慧任務：

語音辨識

　　讓電腦理解人類的語言是非常有用的。您可以聽寫，也可以用語音給電腦下命令。

聲音分類

　　在這本書裡分類會一直出現。我們建立了一個聲音分類應用程式，它可以告訴我們聽到的是什麼動物的聲音。

圖像是個熱門話題，引發大量的深度學習、機器學習和人工智慧功能的產品。而活動分類（activity classification）可能是在現代的 iOS 設備上使用各種感測器的一種新奇方式，但是聲音是一個真正的明星級的機器學習實際應用。幾乎每個人都在他們的移動設備上使用過聲音（比如音樂識別服務，Shazam），這個使用經驗甚至在人工智慧（再一次）成為一個流行詞之前。

任務：語音辨識

語音辨識就是大多數人在某種程度上使用到的人工智慧的其中一個接觸點：不論是一個惱人的電話機器人試圖理解您的聲音，或積極地使用您的電腦輔助存取技術，語音辨識已經比消費應用程式中許多其他形式的實際人工智慧更普及。

對於我們的兩個實際人工智慧音訊任務中的第一個，我們將探索如何在不涉及任何模型訓練的情況下，快速、輕鬆地向 Swift 應用程式加入語音辨識功能。

正如我們在第 74 頁的「任務：人臉偵測」中提到的人臉偵測任務一樣，語音辨識也比本書中的其他任務要簡單一些，因為執行語音辨識的工具集主要是由 Apple 提供的（第 39 頁的「Apple 的其他 framework」）。

您當然可以自行訓練一個模型，讓該模型可以理解在您的專案中所支援的每種人類語言，但是 Apple 已經為您做完了很多工作，而且支援很多很多的語言。那您為什麼還要自己做呢？

因此，這個任務採用了類似第 110 頁的「任務：圖像相似度」的方法，我們在其中介紹了檢查圖像的相似度，以及第 74 頁的「任務：人臉偵測」中，我們研究了人臉偵測。

問題和方法

在這個任務中，我們將透過以下步驟來探索語音辨識的實作：

- 開發一款能夠識別人類語言並將其顯示在螢幕上的應用程式
- 建立一個可聽一些語音並顯示為文字的應用程式
- 在不訓練模型的情況下使用 Apple 的工具來做這件事
- 探索語音辨識潛在的下一步

語音辨識無處不在，所以不用多說什麼了。它無處不在，被廣泛理解，不需要向使用者做太多解釋。從讓使用者輸入文字（雖然有其他更合適的方法），到用語音控制應用程式（一樣，有其他更合適的方法），您都可以使用它，語音驅動的重點，圍繞著理解使用者說了什麼。

我們將建立如圖 5-1 所示的語音辨識器應用程式。

圖 5-1　語音辨識器 App 的最終外觀

建立 App

正如我們在第 4 章中所做的許多任務一樣，我們將使用 Apple 最新的使用者介面（UI）SwiftUI framework 來開發語音辨識應用程式。

我們將為這個任務建立的應用程式的最終版本在前面的圖 5-1 中顯示，它包含以下 SwiftUI 元件：

- 一個用於顯示的應用程式標題的 NavigationView
- 一些用來啟動和停止語音辨識監聽過程的 Button 元件
- 一個用於顯示語音辨識結果（以及在使用應用程式之前的指令）的 Text 元件

這本書的目的是教您如何在 Swift 和 Apple 平台上使用人工智慧和機器學習功能。因此，我們不解釋如何建立 App 的細節；我們假設您基本上已經知道這些了（儘管如果您不知道，我們認為您只要花點心思，就能很好地跟上）。如果您想學習 Swift，我們建議您選讀 O'Reilly 出版社的 *Swift 學習手冊*（*https://oreil.ly/DLVGh*）（也是我們寫的書）。

 如果您不想從頭建立這個 iOS App，您可以從 *https://aiwithswift.com* 下載程式碼，找到名為 SRDemo 的專案。下載好了之後，再快速瀏覽本節的其餘部分，並將其與下載的程式碼進行對照。

若想要自行建立 App，您需要做以下工作：

1. 在 Xcode 中建立一個 iOS 應用程式專案，選擇「Single View App」範本，並選取 SwiftUI 核取方塊。

2. 建立專案後，加入一個名為 *Speech.swift* 的新 Swift 檔案到專案中。在該檔案中，加入一個新的 class，名為 SpeechRecognizer：

```
class SpeechRecognizer {

}
```

3. 加入一些屬性，包括識別語音所需的所有必要元件：

```
private let audioEngine: AVAudioEngine
private let session: AVAudioSession
private let recognizer: SFSpeechRecognizer
private let inputBus: AVAudioNodeBus
private let inputNode: AVAudioInputNode

private var request: SFSpeechAudioBufferRecognitionRequest?
private var task: SFSpeechRecognitionTask?
private var permissions: Bool = false
```

我們正在建立的是用來執行音訊輸入或輸出的 AVAudioEngine（*https://apple.co/32nenna*）；以及用於幫助您告訴作業系統（OS）您將使用哪種音訊的 AVAudioSession（*https://apple.co/2MsiRDz*）；和用來建立與 iOS 設備上的輸入硬體的連接（例如麥克風）的 AVAudioNodeBus 和 AVAudioInputNode。

我們還建立了 SFSpeechRecognizer（*https://apple.co/2BktKkr*），它讓我們可以觸發語音辨識，是 Apple 提供的語音 framework 的一部分。我們也使用 SFSpeechAudioBuffer erRecognitionRequest（*https://apple.co/2oEQAAx*），它的功能是從一個即時的緩衝區（例如設備的麥克風）捕獲音訊以識別語音。

 一 個 能 替 代 SFSpeechAudioBufferRecognitionRequest 的 物 件 是 SFSpeechURLRecognitionRequest（*https://apple.co/35JvrWs*）。它讓您可對預先存在的錄製音訊檔案執行語音辨識。

我們還建立了一個 SFSpeechRecognitionTask，它表示一個正在進行的語音辨識任務。我們可以使用它來查看任務何時完成或取消任務。

4. 加入一個初始化程式：

```
init?(inputBus: AVAudioNodeBus = 0) {
    self.audioEngine = AVAudioEngine()
    self.session = AVAudioSession.sharedInstance()

    guard let recognizer = SFSpeechRecognizer() else { return nil }

    self.recognizer = recognizer
    self.inputBus = inputBus
    self.inputNode = audioEngine.inputNode
}
```

我們的初始化器會建立必要的音訊捕獲元件，並賦值一些我們剛才建立的屬性。

5. 加入一個函式來檢查我們是否有適當的許可權來監聽麥克風（以便進行語音辨識）：

```
func checkSessionPermissions(_ session: AVAudioSession,
    completion: @escaping (Bool) -> ()) {

    if session.responds(
        to: #selector(AVAudioSession.requestRecordPermission(_:))) {
        session.requestRecordPermission(completion)
    }
}
```

6. 加入用於開始錄音的函式，並在其開始的地方做一些設定：

```
func startRecording(completion: @escaping (String?) -> ()) {
    audioEngine.prepare()
    request = SFSpeechAudioBufferRecognitionRequest()
```

```
request?.shouldReportPartialResults = true

}
```

7. 在這個函式中的設定程式碼的下方，檢查音訊和麥克風存取權限：

```
// 音訊 / 麥克風存取權限
checkSessionPermissions(session) {
    success in self.permissions = success
}

guard let _ = try? session.setCategory(
        .record,
        mode: .measurement,
        options: .duckOthers),
    let _ = try? session.setActive(
        true,
        options: .notifyOthersOnDeactivation),
    let _ = try? audioEngine.start(),
    let request = self.request
    else {
        return completion(nil)
}
```

8. 設定錄製格式並建立必要的緩衝區：

```
let recordingFormat = inputNode.outputFormat(forBus: inputBus)
inputNode.installTap(
    onBus: inputBus,
    bufferSize: 1024,
    format: recordingFormat) {
        (buffer: AVAudioPCMBuffer, when: AVAudioTime) in
        self.request?.append(buffer)
}
```

9. 印出一條訊息（到控制台，而不是在應用程式中顯示），表明錄製（監聽）已經開始：

```
print("Started recording...")
```

您可以透過選取 View menu → Debug Area → Activate Console 來顯示 Xcode 中的控制台。

10. 開始識別：

```
task = recognizer.recognitionTask(with: request) { result, error in
    if let result = result {
        let transcript = result.bestTranscription.formattedString
        print("Heard: \"\(transcript)\"")
        completion(transcript)
    }

    if error != nil || result?.isFinal == true {
        self.stopRecording()
        completion(nil)
    }
}
```

11. 在 *Speech.swift* 檔案中，加入停止錄製的函式：

```
func stopRecording() {
    print("...stopped recording.")
    request?.endAudio()
    audioEngine.stop()
    inputNode.removeTap(onBus: 0)
    request = nil
    task = nil
}
```

因為我們要存取麥克風，所以您需要將 NSMicrophoneUsageDescription（*https://apple.co/ 2qjePV7*）的 key 加入到 *Info.plist* 檔案，並寫下我們為什麼使用麥克風的解釋訊息。

您還需要為語言辨識加入 NSSpeechRecognitionUsageDescription（*https://apple.co/ 33GmGe2*），以上這些訊息將顯示給使用者看。圖 5-2 顯示了我們的訊息。

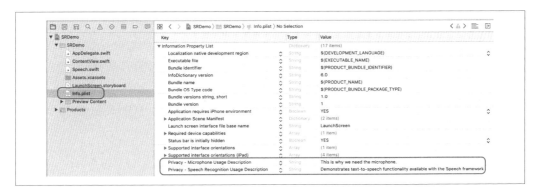

圖 5-2　Info.plist 中的 NSMicrophoneUsageDescription

接下來，我們需要開始處理 view 檔案，*ContentView.swift*：

1. 在檔案的最上面，更新 import：

```
import Speech
import SwiftUI
import AVFoundation
```

在此處，我們為語音辨識匯入了 Speech，為 SwiftUI 匯入 SwiftUI，以及為處理音訊能力匯入 AVFoundation。

2. 在一個 Button 中建立一個 SwiftUI View，使按鈕看起來更美觀。讓我們將它命名為 ButtonLabel：

```
struct ButtonLabel: View {
    private let title: String
    private let background: Color

    var body: some View {
        HStack {
            Spacer()
            Text(title)
                .font(.title)
                .bold()
                .foregroundColor(.white)
            Spacer()
        }.padding().background(background).cornerRadius(10)
    }

    init(_ title: String, background: Color) {
        self.title = title
        self.background = background
    }
}
```

這個 view 基本上讓我們可以用可重用的方式設計一些文字的樣式。它是一個被封裝在一個 HStack 中的 Text view，帶有一個初始化器，讓我們可以方便地指定標題 String 和 Color。

3. 現在我們來看看 View 中那一堆程式碼，即 ContentView。其中大部分內容都來自於專案範本，但我們將從加入如下內容開始（可能已經有了）：

```
struct ContentView: View {

}
```

4. 在這個 View 中，我們需要加入一些 @State 變數：

```
@State var recording: Bool = false
@State var speech: String = ""
```

recording 是一個 Bool，用來反映當前錄製狀態，speech 是一個儲存識別文字的 String。

5. 移動到下面的 body View（仍然在 ContentView struct 中），並加入一個名為 recognizer 的變數來儲存 SpeechRecognizer：

```
private let recognizer: SpeechRecognizer
```

6. 在 view 中加入一個 init()：

```
init() {
    guard let recognizer = SpeechRecognizer() else {
        fatalError("Something went wrong...")
    }
    self.recognizer = recognizer
}
```

在這段程式碼中，我們初始化一個新的 SpeechRecognizer（這個類別被定義在 *Speech.swift* 中），並將它儲存在 recognizer 中，也就是我們剛剛定義的識別器。

7. 加入一個名為 startRecording() 的函式，該函式將啟動監聽：

```
private func startRecording() {
    self.recording = true
    self.speech = ""

    recognizer.startRecording { result in
        if let text = result {
            self.speech = text
        } else {
            self.stopRecording()
        }
    }
}
```

該函式將 recording 狀態變數設定為 true，將 speech 狀態變數設定為空的 String，然後使用我們的 SpeechRecognizer （recognizer）開始錄製，如果成功錄製，將結果儲存在 speech 中。

8. 加入一個藉由呼叫 stopRecording() 的函式來停止錄製，：

```
private func stopRecording() {
    self.recording = false
    recognizer.stopRecording()
}
```

該函式將 recording 狀態變數設定為 false，並命令 recognizer 中的 SpeechRecognizer 停止錄製。

在本例中，我們不需要修改 ContentView_Previews struct。

您現在可以執行應用程式，點擊按鈕並說話，您應該會看到您說的話出現在 Text 元件上。

剛才發生了什麼？這是怎麼做到的？

正如我們在第 4 章中所做過的一樣，我們使用了 Apple 提供的 framework 來完成這個實際例子中所有的人工智慧工作。SFSpeechRecognizer 是 Apple 在 macOS Catalina（10.15）提供的語音辨識 framework，它適用於 iOS App 和 macOS App。

您也可以在 watchOS 和 tvOS 上做語音辨識，但做法有點不同，這超出了這本書的範圍。要瞭解更多關於 Apple 平台上的語音辨識，請到 *https://apple.co/33Hry2t*。

雖然 SFSpeechRecognizer 支援離線語音辨識的許多語言，但也可能在需要時用到 Apple 的伺服器支援（這不是您可設定的東西）。Apple 的文件（*https://apple.co/2BktKkr*）對支援語言離線識別，以及在什麼情況下與伺服器連接的說明不是很清楚。但它強烈強調，透過 SFSpeechRecognizer 做的語音辨識都應該假設需要連接伺服器。

遵循 Apple 的許可申請準則是非常重要的。當使用 SFSpeechRecognizer 時，由於語音辨識可能是在雲端做的，所以 Apple 要求您必須請求使用者的許可來執行語音辨識。感知可能造成隱私的影響是非常重要的。請注意…

您可以執行多少語音辨識可能會有一些限制（例如，每個設備、每天等等）。Apple 對這一點目前還沒有清楚說明，只是暗示它將隨著時間的推移而漸漸明確。

下一步？

對於「下一步？」這個問題的答案，在這個話題來說是一個複雜的問題。如果您想在您的 iOS 或 macOS 應用中加入語音辨識，這是您需要的一切，您已準備好了。

 因為這本書講的是人工智慧的實作面，我們想要從上到下處理事情，我們認為這是您現在真正需要的一切。

然而，如果您很好奇，您可以進一步探索如何自行訓練一個模型來識別語音。我們不打算一步步地完成它，因為它肯定超出了本書的範圍，但是想從零開始探索所需要的工具集和資料將類似於以下：

- Speech Commands Dataset（*http://bit.ly/32rrOSP*），可從 Google Brain 取得（這是一個非常大的檔案！）

- Common Voice Dataset，可從 *https://voice.mozilla.org/en* 取得

- Python 版本的 TensorFlow

或者，如果您想從 TensorFlow 原始碼樹的副本，建立任何執行 TensorFlow 所需的東西，並且想要建立自己的非常小的語音辨識模型，您可以做以下事情：

1. 執行 Python 腳本 *train.py*，這個腳本位於 TensorFlow 原始碼樹的 *examples/speech_commands* 目錄下。它將會下載前面提到的語音命令資料集合（這可能需要一段時間）並開始訓練。

2. 您將看到訓練一步步進行的樣子，偶爾會顯示一個混淆矩陣，顯示模型在當時犯了哪些錯誤。

3. 您還將看到一些驗證度量值輸出，顯示了驗證資料集合（由 *train.py* 腳本自動分割出 10%）上模型的驗證準確性。

4. 最終，在幾個小時之後，您將得到一個模型。您將需要使用位於相同目錄中的 *freeze.py* 腳本來凍結模型，這個腳本對該模型進行壓縮，以便在移動設備上使用。

5. 您可以使用也在同一個目錄下的 *label_wav.py* 腳本，將音訊檔案傳到模型中進行測試。

在 TensorFlow 文件（*http://bit.ly/2IZpNWe*）中，有一個和我們剛才列出的流程相似的完整流程指引。

我們在這裡概述的 TensorFlow 流程可以訓練的簡單模型是基於文獻
「Convolutional Neural Networks for Small-footprint Keyword Spotting」
（*http://bit.ly/2MNUKy4*），如果您有興趣瞭解更多超越實作人工智慧範圍
的東西，它肯定是一篇可讀性更好的「正式的」人工智慧論文。

您還可以把 TensorFlow 模型用於 CoreML Converter（*http://bit.ly/2VLRLdD*），CoreML
Converter 是一個來自 Apple 和 Google 的專案，目的是將模型從 TensorFlow 的格式轉換
為 *.mlmodel* 檔案。這個轉換可讓您在 CoreML 中和 iOS App 使用該模型。

關於如何使用 Apple 的 CoreML Tools（*http://bit.ly/328qggE*）和將
TensorFlow 用於 CoreML Converter（*http://bit.ly/2VLRLdD*），請參閱第 2
章。在本書後面的第 8 章和第 9 章中，我們使用 CoreML Tools 來轉換出
CoreML 可用的模型。

完整地探索這個問題超出了本書的範圍，但如果您好奇的話，這是您可以走的下一步。
請到我們的網站（*https://aiwithswift.com*）上看更多文章和連結，以探索這個主題。

任務：聲音分類

在我們的下一個音訊任務中，我們想讓您想像您正在為一個動物園開發一個應用程式。
您被要求建立的一個功能是，當使用者聽到遠處的動物發出聲音時，可以打開應用程
式，應用程式可以識別並告知使用者他們聽到的是哪種動物，這是一個聲音分類問題。

問題和方法

聲音分類器是指若給定它一個聲音，它將把聲音依一個預先確定的標籤集合作分類。它
們是一種分類器，所以做的工作和其他分類器一樣（我們將在第 456 頁的「聲音分類」
中討論它們是如何工作的）。

Apple 的機器學習工具所提供的聲音分類器功能，沒有一個是為人類語音
設計的。您可以把它們用在您想做出的任何奇怪聲音上，但它們不是為語
音辨識而設計的。

在本任務中，我們將會建立一個應用程式，其最終版本如圖 5-3 所示，它可以將聽到的聲音分類到九個不同的分類中的一類。

圖 5-3　我們的聲音分類器 App 的最終版本

在這個任務中，我們透過以下步驟來探索聲音分類的實作：

- 建立一個應用程式，它可以錄下一些聲音，執行錄音的聲音分類，並告訴我們是什麼動物發出的聲音

- 選擇用於建立聲音分類模型的工具集，並為問題準備資料集合

- 建立和訓練我們聲音的分類模型

- 將聲音分類模型整合到我們的 App 中

- 改良我們的應用程式

在那些步驟之後，我們將很快地接觸到聲音分類是如何工作的理論部分，並指出一些您可以自己進行的改良和進一步改進的資源。現在就讓我們開始吧。

建立 App

我們的聲音分類 App 將會使用 UIKit，UIKit 是 Apple 在 iOS 上的舊 UI framework。這個 App 會用比原生 iOS view 更進階一些的東西，包括一個 `UICollectionView` 和一個 `UIProgressView`，所以如果您不熟悉這些，這個應用程式可能會看起來有點嚇人。

不要害怕。我們會比之前使用的 iOS view 時更詳細地解釋它們。

 這本書的目的是教您如何在 Swift 和 Apple 平台上使用人工智慧和機器學習功能。因此，我們不解釋如何建立 App 的細節；我們假設您基本上已經知道這些了（儘管如果您不知道，我們認為您只要花點心思，就能很好地跟上）。如果您想學習 Swift，我們建議您選讀 O'Reilly 出版的 *Swift 學習手冊*（*https://oreil.ly/DLVGh*）（也是我們寫的書）。

我們將在這裡建立的 App 整體外觀（只是它的起始版本）如圖 5-3 所示。起始版本將由以下元件組成：

- 一個用來觸發錄製（以及後面的自動分類）聲音的 `UIButton`

- 一個 `UICollectionView`，它以表情符號的形式展示了一組不同的動物（每一個都放在一個 `UICollectionViewCell` 中），根據聽到的動物聲音類型，點亮該動物的圖示

- 一個用來表明 App 錄製（聽）進度的 `UIProgressView`

- 一個用來記錄音訊的 `AVAudioRecorder`（及與其相關的 `AVAudioRecorderDelegate`）

 如果您不想從頭建立這個 iOS App，您可以從 *https://aiwithswift.com* 下載程式碼，找到名為 SCDemo-Starter 的專案。下載好了之後，再快速瀏覽本節的其餘部分（不要跳過它！），然後在第 197 頁的「人工智慧工具集和資料集合」與我們再見面。

若想要自行建立聲音的分類起始 App，請遵循以下步驟：

1. 在 Xcode 中建立一個 iOS 應用程式專案，選擇「Single View App」範本。請不要選擇 Language 下拉清單（它們通常被設定為「Swift」）下方的任何一個核取方塊。

我們將從程式碼開始動手，而不是從故事板開始。因為我們要建立一些繼承自標準 UI 物件的自訂類別。

2. 加入一個新的 Swift 檔案到專案中，將它命名為 *Animals.swift*。在該檔案中，加入以下 enum：

```
enum Animal: String, CaseIterable {

}
```

我們將使用這個 enum 型態來表示 App 能檢測出的動物聲音。注意，我們所建立的 enum 名稱為 Animal，它符合了 String 和 CaseIterable 協定。符合 String 協定的意義應該很明顯：這是一個字串的枚舉，符合 CaseIterable 協定則是讓我們可使用 .allCases 屬性來存取 Animal 中的 case。

您可以在 Apple 的文件中（*https://apple.co/2Mnwl36*）閱讀更多關於 CaseIteratble 協議的說明。

3. 我們的 Animal 類型準備好了之後，我們需要加入一些 case。請將下方程式加到 Animal 類型中：

```
case dog, pig, cow, frog, cat, insects, sheep, crow, chicken
```

這是我們將能分類的九個不同動物。

4. 加入一個初始化器，以便在需要用到 Animal 時能取得正確的 case：

```
init?(rawValue: String) {
    if let match = Self.allCases
        .first(where: { $0.rawValue == rawValue }) {
        self = match
    } else if rawValue == "rooster" || rawValue == "hen" {
        self = .chicken
    } else {
        return nil
    }
}
```

這段程式會將傳入的原始值匹配到其中一個 case，除非在傳入的原始值字串中裝載的是「rooster」或字串「hen」，因為它們都是雞，這兩者都匹配到 chicken case（這是針對本 App 的目標來說的，以防有任何雞專家不同意…）。

5. 我們想要為每個情況回傳一個漂亮的圖示（將只是一個表情符號）：

```swift
var icon: String {
    switch self {
        case .dog: "<img src="images/twemoji/dog.svg" />"
        case .pig: return "<img src="images/twemoji/pig.svg" />"
        case .cow: return "<img src="images/twemoji/cow.svg" />"
        case .frog: return "<img src="images/twemoji/frog.svg" />"
        case .cat: return "<img src="images/twemoji/cat.svg" />"
        case .insects: return "<img src="images/twemoji/insects.svg" />"
        case .sheep: return "<img src="images/twemoji/sheep.svg" />"
        case .crow: return "<img src="images/twemoji/crow.svg" />"
        case .chicken: return "<img src="images/twemoji/chicken.svg" />"
    }
}
```

6. 給每個動物分配一個顏色，這樣我們最終顯示它們的 view 時會看起來很漂亮：

```swift
var color: UIColor {
    switch self {
        case .dog: return .systemRed
        case .pig: return .systemBlue
        case .cow: return .systemOrange
        case .frog: return .systemYellow
        case .cat: return .systemTeal
        case .insects: return .systemPink
        case .sheep: return .systemPurple
        case .crow: return .systemGreen
        case .chicken: return .systemIndigo
    }
}
```

我們只是隨意選了一些顏色，所以如果您有比我們更好的主意，那就任意改吧。不過，我們確實覺得昆蟲應該用粉紅色。

這就是我們在 *Animals.swift* 中需要做的所有事情，所以請確保您儲存了檔案，然後讓我們轉移到 *ViewController.swift* 文件中，那裡有相當多的工作要做。

我們在 *ViewController.swift* 中需要做的第一件事，是建立一個可以在三種不同狀態之間變化的按鈕。這個按鈕讓使用者可錄製聲音，這些聲音最終將被分類。

這個按鈕需要能夠從一個友好的、邀請使用者觸發錄製的按鈕，切換到顯示錄製正在進行的按鈕。我們還希望設定一個狀態，在這個狀態下它是禁用的，以防某些東西阻止錄製或應用程式忙於分類錄製的聲音時（這可能需要一些時間）。

 我們可以在一個標準的 UIButton 上手動地執行所有的狀態改變，但是我們想要確保稍後連接到人工智慧功能的程式碼盡可能的乾淨和簡單，所以我們正在抽象化一些程式碼，以使程式碼更明確。而且，這樣做是很好的習慣！

1. 在 *ViewController.swift* 文件中加入一個新的 class：

```swift
class ThreeStateButton: UIButton {

}
```

這是一個名為 ThreeStateButton 的新類別，它繼承自 UIButton。此時，我們可以實作一些 ThreeStateButton 的程式碼，ThreeStateButton 就是 UIButton。

2. 加入一個 enum 來表示按鈕的不同狀態：

```swift
enum ButtonState {
    case enabled(title: String, color: UIColor)
    case inProgress(title: String, color: UIColor)
    case disabled(title: String, color: UIColor)
}
```

3. 加入一個改變按鈕狀態的函式：

```swift
func changeState(to state: ThreeStateButton.ButtonState) {
    switch state {
        case .enabled(let title, let color):
            self.setTitle(title, for: .normal)
            self.backgroundColor = color
            self.isEnabled = true
        case .inProgress(let title, let color):
            self.setTitle(title, for: .disabled)
            self.backgroundColor = color
            self.isEnabled = false
        case .disabled(let title, let color):
            self.setTitle(title, for: .disabled)
            self.backgroundColor = color
            self.isEnabled = false
    }
}
```

該函式接受一個狀態（即我們剛才建立的 ButtonState enum），並將 ThreeStateButton 修改為該狀態。每個狀態都會變更標題（標題在呼叫時提供；標題不是預定義的）、設定一個新的背景顏色（顏色也在呼叫時提供），和一個實際啟用或禁用按鈕。

到了建立我們的 UI 故事板的時候了，但我們還需要做一件事。因為我們將要使用一個 UICollectionView，它由一個集合組成（我打賭您絕對猜不到！），我們將子類別化 UICollectionViewCell，並使用它來顯示應用程式可以檢測出聲音的每種動物類型。

4. 將以下程式碼加入到 *ViewController.swift* 檔案中，在任何現有類別或定義之外（我們建議加入到最底部）：

```swift
class AnimalCell: UICollectionViewCell {
    static let identifier = "AnimalCollectionViewCell"
}
```

這會建立了一個繼承自 UICollectionViewCell 的子類別，其名稱為 AnimalCell，並提供了一個識別字，透過它我們可以在我們的 storyboard（我們保證！接下來要建立它）中引用它。

現在，您可以打開 *Main.storyboard* 檔案，並建立一個使用者介面：

5. 請加入以下元件到您的故事板：

- 一個用於觸發錄音的 UIButton（並顯示錄音正在進行中）
- 一個用於顯示錄音長度的 UIProgressView
- 一個 UICollectionView，其中儲存的單位代表顯示應用程式可以檢測到的每種動物類型的聲音
- 在 UICollectionView 中，一個 UICollectionViewCell 原型用於顯示每個動物。您可以在圖 5-4 中看到我們的故事板的圖像。請確保您加入了必要的 constraint！

6. 我們需要將其中一些元件的分類修改為我們在前面的程式碼中建立的自訂類型。請在 UICollectionView 裡面選取 UICollectionViewCell，然後打開 Identity Inspector，將其類別修改為 Animal Cell（應該會幫您自動完成），如圖 5-5 所示。

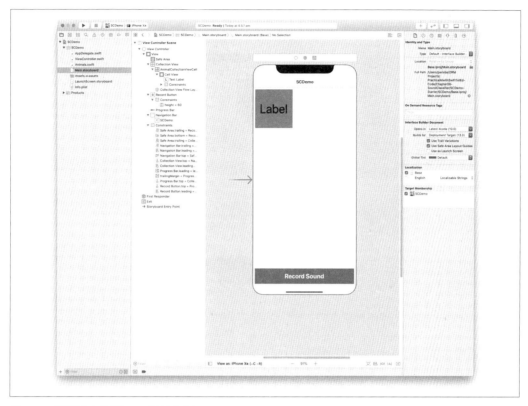

圖 5-4　我們聲音分類 App 的故事板

7. 請在故事板 cell 的 view 中，加入一個大的 UILabel，並使用 constraint 將其居中。

8. 我們需要為 AnimalCell 加入一些 outlet。請在 *ViewController.swift* 中的 AnimalCell 類別定義中加入以下 outlet，並將它們連接到「Cell View」（是一個 UIView，在 cell 中預先製作好的）和您建立的 UILabel，這兩個 outlet 分別是：

```
@IBOutlet weak var cellView: UIView!
@IBOutlet weak var textLabel: UILabel!
```

圖 5-5　改變 `UICollectionViewCell` 的類別

9. 請選取當我們第一次開始使用這個 Storyboard 時建立的 UIButton，並在它的 identity inspector 中將它的類別修改為 ThreeStateButton（就像我們對 UICollectionViewCell/ AnimalCell 做的一樣）。

10. 連接一些 outlet 到 ViewController 類別本身：

```
@IBOutlet weak var collectionView: UICollectionView!
@IBOutlet weak var progressBar: UIProgressView!
@IBOutlet weak var recordButton: ThreeStateButton!
```

這些 outlet 是為了 UICollectionView 本身、UIProgressView 和 UIButton（我們剛才將它的類別改為 ThreeStateButton）準備的。

11. 加入一個 action，連接到 ThreeStateButton：

```
@IBAction func recordButtonPressed(_ sender: Any) {
    // 啟動音訊錄製
    recordAudio()
}
```

12. 將以下屬性加入到 ViewController 類別中：

```
private var recordingLength: Double = 5.0
private var classification: Animal?

private lazy var audioRecorder: AVAudioRecorder? = {
    return initialiseAudioRecorder()
}()

private lazy var recordedAudioFilename: URL = {
    let directory = FileManager.default.urls(
        for: .documentDirectory,
        in: .userDomainMask)[0]

    return directory.appendingPathComponent("recording.m4a")
}()
```

這些屬性定義了錄音長度、一個用於儲存聲音最終被分類的變數、一個
AVAudioRecorder 以及我們將用來儲存錄音的檔案名稱。

13. 更新 viewDidLoad() 函式，讓它長得像下面這樣：

```
override func viewDidLoad() {
    super.viewDidLoad()

    collectionView.dataSource = self
}
```

14. 加入一個函式來啟動聲音錄製，其中會使用我們之前建立的屬性來存取
AVAudioRecorder：

```
private func recordAudio() {
    guard let audioRecorder = audioRecorder else { return }

    classification = nil
    collectionView.reloadData()

    recordButton.changeState(
        to: .inProgress(
            title: "Recording...",
            color: .systemRed
        )
    )
    progressBar.isHidden = false

    audioRecorder.record(forDuration: TimeInterval(recordingLength))
    UIView.animate(withDuration: recordingLength) {
        self.progressBar.setProgress(
```

```
                Float(self.recordingLength),
                animated: true
            )
        }
    }
```

15. 您還需要一個函式來完成錄製，以一個 Bool 作為參數來代表錄製是否成功，以防萬一它失敗（它的預設值是 true）：

```
private func finishRecording(success: Bool = true) {
    progressBar.isHidden = true
    progressBar.progress = 0

    if success, let audioFile = try? AVAudioFile(
        forReading: recordedAudioFilename) {
        recordButton.changeState(
            to: .disabled(
                title: "Record Sound",
                color: .systemGray
            )
        )
        classifySound(file: audioFile)
    } else {
        summonAlertView()
        classify(nil)
    }
}
```

16. 加入一個方法去更新 UICollectionView，以顯示我們認為的聲音是哪種動物。該函式以一個 Animal 作為輸入：

```
private func classify(_ animal: Animal?) {
    classification = animal
    recordButton.changeState(
        to: .enabled(
            title: "Record Sound",
            color: .systemBlue
        )
    )
    collectionView.reloadData()
}
```

17. 在 ViewController 類別中（不是 *ViewController.swift* 檔案中），加入一個函式到 AVAudioFile（我們錄音的成果），並拿它做一些事情（在我們加入人工智慧功能後會做很多事情）：

```
private func classifySound(file: AVAudioFile) {
    classify(Animal.allCases.randomElement()!)
}
```

我們現在已經做好了 ViewController 類別。現在，我們需要為該類別加入三個擴展：

1. 在 ViewController 類別結尾，仍然在 *ViewController.swift* 檔案中的地方，加入下面的擴展，這個擴展會在出現問題時，彈出 alert view：

```
extension ViewController {
    private func summonAlertView(message: String? = nil) {
        let alertController = UIAlertController(
            title: "Error",
            message: message ?? "Action could not be completed.",
            preferredStyle: .alert
        )

        alertController.addAction(
            UIAlertAction(
                title: "OK",
                style: .default
            )
        )

        present(alertController, animated: true)
    }
}
```

2. 在上一段程式碼的下面，加入另一個擴展，這個擴展讓我們可以符合 AVAudioRecorderDelegate 協定，以便與 AVAudioRecorder 配合工作：

```
extension ViewController: AVAudioRecorderDelegate {
    func audioRecorderDidFinishRecording(_ recorder: AVAudioRecorder,
        successfully flag: Bool) {

        finishRecording(success: flag)
    }

    private func initialiseAudioRecorder() -> AVAudioRecorder? {
        let settings = [
            AVFormatIDKey: Int(kAudioFormatMPEG4AAC),
            AVSampleRateKey: 12000,
            AVNumberOfChannelsKey: 1,
            AVEncoderAudioQualityKey: AVAudioQuality.high.rawValue
        ]
```

```
        let recorder = try? AVAudioRecorder(
            url: recordedAudioFilename, settings: settings)

        recorder?.delegate = self
        return recorder
    }
}
```

3. 再一次，上一段程式碼的下面，加入最後一個擴展，使我們符合 UICollectionViewDataSource 協定，這個協定提供了填充 UICollectionView（我們將用數個 AnimalCell 填充它）的能力：

```
extension ViewController: UICollectionViewDataSource {
    func collectionView(_ collectionView: UICollectionView,
        numberOfItemsInSection section: Int) -> Int {

        return Animal.allCases.count
    }

    func collectionView(_ collectionView: UICollectionView,
        cellForItemAt indexPath: IndexPath) -> UICollectionViewCell {

        guard let cell = collectionView
            .dequeueReusableCell(
                withReuseIdentifier: AnimalCell.identifier,
                for: indexPath) as? AnimalCell else {

                    return UICollectionViewCell()
        }

        let animal = Animal.allCases[indexPath.item]

        cell.textLabel.text = animal.icon
        cell.backgroundColor =
            (animal == self.classification) ? animal.color : .systemGray

        return cell
    }
}
```

4. 如果您願意，可以加入啟動畫面和圖示（與前面的實作任務一樣，我們的下載資源中有提供了一些），並在模擬器中啟動應用程式。您應該會看到類似於圖 5-3 所顯示的內容。

這個 App 真的可以錄音，但它不會將錄音拿去做任何事情。沒有辦法播放，它顯然還沒有連接到任何形式的機器學習模型。請回到我們撰寫的 classifySound() 函式中看看，我們只是每次隨機選擇一個動物。

我們繼續加入一些人工智慧到 App 中。

人工智慧工具集和資料集合

與我們前面實作的人工智慧任務一樣，我們需要組裝一個工具集來解決這個問題。在本例中，我們使用的主要工具是 Python，用它來準備用於訓練的資料，用 CreateML 應用程式進行訓練，以及用 CoreML 來讀取 App 中的模型。

為了要建立一個讓我們的 App 可對動物聲音進行分類的模型，我們需要一個充滿動物聲音的資料集合。就像機器學習和人工智慧資料集合經常出現的情況（您可能已經注意到這裡有一個模式存在）一樣，科學家們已經為我們搞定了這件事。

Environmental Sound Classification（ESC）資料集合，是一個涵蓋 5 個主要類別的各種聲音的簡短環境錄音，如圖 5-6 所示。

Animals	Natural soundscapes & water sounds	Human, non-speech sounds	Interior/domestic sounds	Exterior/urban noises
Dog	Rain	Crying baby	Door knock	Helicopter
Rooster	Sea waves	Sneezing	Mouse click	Chainsaw
Pig	Crackling fire	Clapping	Keyboard typing	Siren
Cow	Crickets	Breathing	Door, wood creaks	Car horn
Frog	Chirping birds	Coughing	Can opening	Engine
Cat	Water drops	Footsteps	Washing machine	Train
Hen	Wind	Laughing	Vacuum cleaner	Church bells
Insects (flying)	Pouring water	Brushing teeth	Clock alarm	Airplane
Sheep	Toilet flush	Snoring	Clock tick	Fireworks
Crow	Thunderstorm	Drinking, sipping	Glass breaking	Hand saw

圖 5-6 ESC 的主要類別

請前往 ESC-50 GitHub 儲存庫（*http://bit.ly/2MOC3dw*）下載資料集合的副本，並把它存放在安全的地方。

您可以自己手動完成 Python 腳本所做的所有工作，但這可能比使用腳本花費更長的時間。當您處理機器學習問題時，讓事情可重複總是好的做事方法。

按照第 45 頁的「Python」中的說明啟動一個新的 Python 環境，然後執行以下操作：

1. 使用您喜歡的文字編輯器（我們喜歡 Visual Studio 程式碼和 BBEdit，但是任何文字編輯器都可以），建立以下 Python 腳本（我們的腳本命名為 *preparation.py*）：

```python
import os
import shutil
import pandas as pd

# 建立輸出目錄
try:
    os.makedirs(output_directory)
except OSError:
    if not os.path.isdir(output_directory):
        raise

# 在目錄中建立分類的目錄
for class_name in classes_to_include:
    class_directory = output_directory + class_name + '/'
    try:
        os.makedirs(class_directory)
    except OSError:
        if not os.path.isdir(class_directory):
            raise

# 透過 CSV 將音訊分類到分類目錄
classes_file = pd.read_csv(
    input_classes_filename,
    encoding='utf-8',
    header = 'infer'
)

# 格式：filename, fold, target, category, esc10, src_file, take
for line in classes_file.itertuples(index = False):
    if include_unlicensed or line[4] == True:
        file_class = line[3]

        if file_class in classes_to_include:
            file_name = line[0]
            file_src = sounds_directory + file_name
```

```
        file_dst = output_directory + file_class + '/' + file_name
        try:
            shutil.copy2(file_src, file_dst)
        except IOError:
            raise
```

這個腳本 import 了 Pandas（如圖 2-18 所示），建立一個輸出資料夾，其中包含每個分類的子資料夾，然後解析逗號分隔（CSV）檔案，並以新的格式寫入檔案。

 我們在這裡使用 Pandas framework，使用它的 CSV 讀取功能，這是非常實用的東西。

2. 將腳本的最上面，在 import 述句之後，但在實際的腳本開始之前，藉由加入以下的設定變數，設定正確的分類和輸入檔案：

```
# 根據需求設定
input_classes_filename = '/Users/mars/Desktop/ESC-50-master/meta/esc50.csv'
sounds_directory = '/Users/mars/Desktop/ESC-50-master/audio/'
output_directory = '/Users/mars/Desktop/ESC-50-master/classes/'
classes_to_include = [
    'dog', 'rooster', 'pig', 'cow', 'frog', 'cat', 'hen',
    'insects', 'sheep', 'crow'
]

# 指定使用完整的 ESC-50 資料集合還是授權限制較少的 ESC-10 子集
include_unlicensed = False
```

請修改每個路徑以指向您系統中的適當位置：input_classes_filename 應該指向資料集合副本中的 *esc50.csv* 檔案。將 sounds_directory 指到 */audio/* 資料夾；然後 output_directory 指到您希望腳本將其用於訓練的檔案子集的位置（我們下載的資料集合目錄中，建立了一個名為 */classes/* 的資料夾）。

classes_to_include list 包含了我們將允許 App 對聲音進行分類的所有動物的聲音（這並不是資料集合中所有的動物聲音）。

在命令列中執行準備好的 Python 腳本（pythonpreparation.py）。您的資料現在應該都準備好了，您應該將其放在一個類似圖 5-7 所示的資料夾結構中。

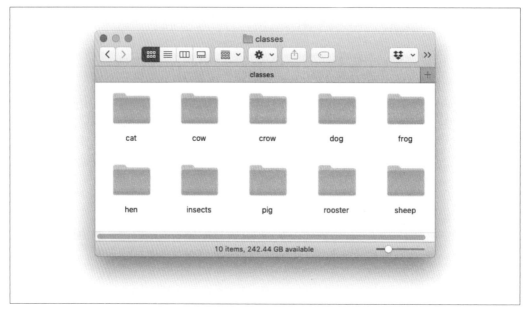

圖 5-7　為訓練我們的聲音分類器所準備的資料

建立模型

我們的動物聲音資料集合已準備好了，讓我們把焦點轉到 Apple 的 CreateML 應用程式上來建立一個聲音分類模型，就像我們在第 4 章中做的那樣。

> 要瞭解更多關於 CreateML 的各種化身，請回到第 31 頁的「CreateML」。

讓我們開始建立我們的動物聲音分類器模型：

1. 啟動 CreateML，並選擇適當的範本以建立一個新的 Sound Classifier 專案，如圖 5-8 所示。

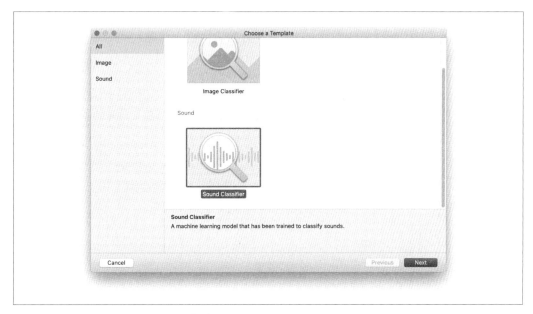

圖 5-8　CreateML 範本選擇器中的聲音分類器

2. 填寫完專案的一些細節資訊之後，您將看到一個新的空白聲音分類器專案，如圖 5-9 所示。

圖 5-9　您的 CreateML 專案已經準備好可接受一些聲音

3. 請在 Training Data 小節，點擊下拉清單，瀏覽到您之前準備資料的資料夾（裡面應該有 10 個不同的動物主題資料夾）。選擇這個資料夾，然後在 CreateML 應用程式的頂部欄中，按一下 Play 按鈕（向右的三角形）。

訓練聲音分類器不會像第 121 頁的「任務：圖像分類」中的圖像分類器那樣花費很長時間。但這可能也需要花掉幾分鐘（請去看 5 分鐘的「疑犯追蹤」電視劇）。

訓練完成後，您將看到類似圖 5-10 所示的內容。您將能夠從窗口右上角的 Output 框中拖曳出模型檔案。請把這個檔案拖到安全的地方。

圖 5-10　成功訓練完聲音分類器後的 CreateML 應用程式

有了 CreateML 訓練完成的 CoreML 模型後，我們就可以在應用程式中使用它了。

您還可以使用 CreateML framework 和 `MLSoundClassifier` 結構訓練聲音分類模型。您可以透過 Apple 的文件（*https://apple.co/2OY02tA*）瞭解更多。

將模型整合到 App

此時，如果您一直在跟著進度，您已經擁有一個用 Swift 寫的起始 iOS App，以及一個使用 CreateML 應用程式訓練好的聲音分類器。讓我們把它們整合起來，使 iOS App 能夠進行聲音分類。

 如果您沒有（按照第 186 頁的「建立 App」中的說明）建立起始 App，您可以從 *https://aiwithswift.com* 下載程式碼，並其中找到名為 SCDemo-Starter）的專案。在本節中，我們將以該起始程式作為開始。

您還可以在示範專案檔案資料夾中找到一個訓練完成的聲音分類器模型，如圖 5-11 所示。

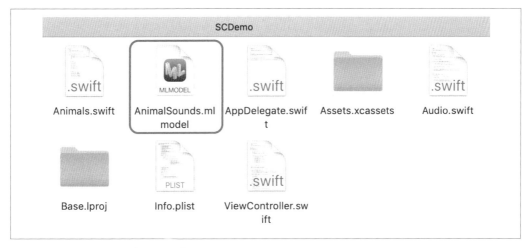

圖 5-11　訓練完成的聲音分類器模型

 如果您不想手動用我們訓練完成的聲音分類模型，為該 iOS App 加入人工智慧功能，您也可以下載一個叫做 SCDemo-Complete 的專案。如果您選擇下載 SCDemo-Complete 專案，而不是照著本節內容一步步做的話，我們仍然建議您閱讀本節並對照 SCDemo-Complete 中對應的部分。

和往常一樣,我們將需要改變一些東西來讓 App 能與我們的聲音分類模型一起工作:

1. 把您先前建立的 *.mlmodel* 檔案,拖曳到專案的根目錄,讓 Xcode 根據需要進行複製。

2. 在 *ViewController.swift* 中匯入 SoundAnalysis framework:

   ```
   import SoundAnalysis
   ```

   SoundAnalysis(*https://apple.co/2M7WNxD*)是 Apple 提供的一個 framework,讓您可分析音訊和分類音訊。SoundAnalysis 藉由使用 CreateML 的 MLSoundClassifier(不管您最終使用 CreateML App 或像我們一樣 CreateML framework,最後都會用到這個)和訓練完成的模型一起工作。

3. 為 classifier 加入一個屬性,指向我們的模型檔案:

   ```
   private let classifier = AudioClassifier(model: AnimalSounds().model)
   ```

   如果您的模型名稱不同,請確保將名稱從 AnimalSounds().model 改為您的模型的名稱(例如,如果您的模型被命名為 *MyAnimalClassifier.mlmodel*,就請將該屬性設定為 MyAnimalClassifier().model)。

4. 加入一個新函式 refresh() 到 viewDidLoad() 函式之後:

   ```
   private func refresh(clear: Bool = false) {
       if clear { classification = nil }
       collectionView.reloadData()
   }
   ```

   這個函式的目錄是讓我們可以要求 UICollectionView 根據需要進行刷新。

5. 將 recordAudio() 函式改為:

   ```
   private func recordAudio() {
       guard let audioRecorder = audioRecorder else { return }

       refresh(clear: true)

       recordButton.changeState(
           to: .inProgress(
               title: "Recording...",
               color: .systemRed
           )
       )

       progressBar.isHidden = false
   ```

```
audioRecorder.record(forDuration: TimeInterval(recordingLength))
UIView.animate(withDuration: recordingLength) {
    self.progressBar.setProgress(
        Float(self.recordingLength),
        animated: true)
    }
}
```

這段程式呼叫我們的新 refresh() 函式（這是我們剛才建立的），而不是自己執行刷新。

6. 將 finishRecording() 函式更新如下：

```
private func finishRecording(success: Bool = true) {
    progressBar.isHidden = true
    progressBar.progress = 0

    if success {
        recordButton.changeState(
            to: .disabled(title: "Record Sound", color: .systemGray)
        )
        classifySound(file: recordedAudioFilename)
    } else {
        classify(nil)
    }
}
```

此函式會在錄音完成時被呼叫。如果 success Bool 為 true，則禁用錄音按鈕並呼叫 classifySound()，將 recordedAudioFilename 傳遞給它。

7. 將 classify() 函式中的 collectionView.reloadData() 替換為：

```
refresh()

    if classification == nil {
        summonAlertView()
    }
```

8. 更新 classifySound() 函式，如下：

```
private func classifySound(file: URL) {
    classifier?.classify(audioFile: file) { result in
        self.classify(Animal(rawValue: result ?? ""))
    }
}
```

刪除了我們在起始 App 中拿來占住位置的隨機動物，並實際使用我們的模型來執行分類。現在您可以啟動應用程式了。您應該會看到與以前完全一樣的結果，如圖 5-12 所示。

圖 5-12　聲音分類器

您現在可以點擊錄製聲音，錄製一些噪音，App 應該會點亮它認為自己聽到的聲音相關的動物。真神奇！

 您需要將 NSMicrophoneUsageDescription key（*https://apple.co/2qjePV7*）加入到您的 *Info.plist* 檔案中，就像我們在第 174 頁的「任務：語音辨識」做的一樣，如圖 5-13 所示。

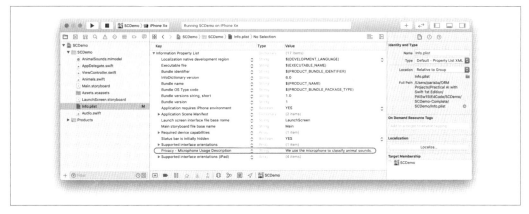

圖 5-13　Info.plist

改進 App

此刻，我們擁有一個 Swfit 寫的 iOS App，它使用了 UIKit，整合了一個使用 CreateML 生成的 CoreML 模型，有著合理的可靠程度，使用 Sound Analysis framework 錄製一些音訊，然後進行分類，並且告訴我們可能屬於 9 個可能的動物聲音的某一種。那麼下一步是什麼呢？

在本節中，我們將要改進聲音分類 App，使其能夠做即時的聲音分類，而不需要錄製音訊檔案然後才進行分類。

您需要完成本節之前介紹的所有步驟才能繼續學習。

如果您不想這樣做，或者您需要一個乾淨的起始 App，您可以從 *https://aiwithswift.com* 下載本書的資源，找到名為 SCDemo-Complete 的專案。我們將從以它為基準開始建立應用程式。如果您不想照著本節中的說明做，還可以找到 SCDemo-Improved 專案，這是本節的最終結果。如果您選擇這樣做，我們強烈建議您繼續閱讀我們在本節中討論的程式碼，並將其與 SCDemo-Improved 中的程式碼進行對照。

這裡需要做大量的程式碼修改，所以請慢慢來。首先，請在專案中建立一個新的 Swift 檔案，取名為 *Audio.swift*：

1. 請加入以下 `import`：

```
import CoreML
import AVFoundation
import SoundAnalysis
```

2. 請加入以下類別：

```
class ResultsObserver: NSObject, SNResultsObserving {

    private var completion: (String?) -> ()

    init(completion: @escaping (String?) -> ()) {
        self.completion = completion
    }

    func request(_ request: SNRequest, didProduce result: SNResult) {
        guard let results = result as? SNClassificationResult,
            let result = results.classifications.first else { return }
        let label = result.confidence > 0.7 ? result.identifier : nil

        DispatchQueue.main.async {
            self.completion(label)
        }
    }

    func request(_ request: SNRequest, didFailWithError error: Error) {
        completion(nil)
    }
}
```

這個類別符合 **SNResultsObserving** 協定，**SNResultsObserving** 協定是我們匯入的 **SoundAnalysis framework** 的一部分。它讓我們可以建立一個介面來接收聲音分析請求的結果。

3. 建立一個類別來表示音訊分類的處理。讓我們稱它為 **AudioClassifier**（我們非常有創造力吧）。將以下類別加入到 *Audio.swift* 檔案中：

```
class AudioClassifier {

}
```

4. 請加入以下屬性：

```
private let model: MLModel
private let request: SNClassifySoundRequest
private let audioEngine = AVAudioEngine()
private let analysisQueue =
    DispatchQueue(label: "com.apple.AnalysisQueue")
private let inputFormat: AVAudioFormat
private let analyzer: SNAudioStreamAnalyzer
private let inputBus: AVAudioNodeBus

private var observer: ResultsObserver?
```

這些屬性中的每一個都應該是相當不言自明的。如果您想知道更多，您可以查看 Apple 的文件（*https://apple.co/32ptxZ9*）。

5. 加入一個初始化器：

```
init?(model: MLModel, inputBus: AVAudioNodeBus = 0) {
    guard let request =
        try? SNClassifySoundRequest(mlModel: model) else { return nil }

    self.model = model
    self.request = request
    self.inputBus = inputBus
    self.inputFormat = audioEngine.inputNode.inputFormat(
        forBus: inputBus)
    self.analyzer = SNAudioStreamAnalyzer(format: inputFormat)
}
```

初始化器也應該是相當一目瞭然：它把各種屬性適當地設定好。

6. 加入一個用於開始分析執行分類的函式：

```
func beginAnalysis(completion: @escaping (String?) -> ()) {
    guard let _ = try? audioEngine.start() else { return }

    print("Begin recording...")
    let observer = ResultsObserver(completion: completion)
    guard let _ = try? analyzer.add(
        request, withObserver: observer) else { return }

    self.observer = observer

    audioEngine.inputNode.installTap(
        onBus: inputBus,
        bufferSize: 8192,
        format: inputFormat) { buffer, time in
```

```
            self.analysisQueue.async {
                self.analyzer.analyze(
                    buffer,
                    atAudioFramePosition: time.sampleTime)
            }
        }
    }
```

這段程式碼會開始分析的工作。它首先嘗試啟動音訊系統，然後有效率地等待結果。

7. 加入一個用於來停止分析的函式：

```
func stopAnalysis() {
    print("End recording...")
    analyzer.completeAnalysis()
    analyzer.remove(request)
    audioEngine.inputNode.removeTap(onBus: inputBus)
    audioEngine.stop()
}
```

這是 *Audio.swift* 檔案中的全部修改。請確保您儲存好了，然後打開 *ViewController.swift*：

1. 將 ViewController 類別中的全部屬性替換如下：

```
@IBOutlet weak var collectionView: UICollectionView!
@IBOutlet weak var progressBar: UIProgressView!
@IBOutlet weak var recordButton: ThreeStateButton!

@IBAction func recordButtonPressed(_ sender: Any) { toggleRecording() }

private var recording: Bool = false
private var classification: Animal?
private let classifier = AudioClassifier(model: AnimalSounds().model)
```

因為在我們的新 AudioClassifier 類別（我們剛剛在 *Audio.swift* 中建立的）中做了一些工作，所以我們在這裡不再需要那麼多程式碼。請確保 IBOutlet 和 IBAction 屬性仍然連接著或重新連接到故事板中的正確位置（應該要保持原樣）。

2. 注解掉 recordAudio() 函式並加入一個新函式 toggleRecording()，如下：

```
private func toggleRecording() {
    recording = !recording

    if recording {
        refresh(clear: true)
        recordButton.changeState(to:
```

```
            .inProgress(
                title: "Stop",
                color: .systemRed
            )
        )
        classifier?.beginAnalysis { result in
            self.classify(Animal(rawValue: result ?? ""))
        }
    } else {
        refresh()
        recordButton.changeState(
            to: .enabled(
                title: "Record Sound",
                color: .systemBlue
            )
        )
        classifier?.stopAnalysis()
    }
}
```

3. 注解掉整個 classifySound() 函式，然後更新 classify() 函式如下：

```
private func classify(_ animal: Animal?) {
    classification = animal
    refresh()
}
```

4. 您也可以注解掉整個 ViewController 的擴展，該擴展是為了要符合 AVAudioRecorderDelegate 協定（但我們移除了音訊功能並改變了工作方式）。

5. 為了要有更乾淨的 UI，請更新 ThreeStateButton 類別中 changeState() 函式裡面 switch 述句的 .inProgress case，如下：

```
case .inProgress(let title, let color):
    self.setTitle(title, for: .normal)
    self.backgroundColor = color
    self.isEnabled = true
```

6. 請在模擬器中啟動改進後的 App。您應該能夠在點擊按鈕後，應用程式就會開始對它聽到的聲音進行即時分類，並點亮相關的動物表情符號。

圖 5-14 顯示了我們完成的聲音分類器。

圖 5-14　我們完成的聲音分類器

下一步

以上是音訊章節的全部內容。我們已經涵蓋了一些您可能想要用 Swift 來完成的常見音訊相關的實用人工智慧任務,我們使用了各種工具來完成。我們開發了兩個應用程式,探索了兩個與音訊相關的實用人工智慧任務:

語音辨識

透過使用 Apple 的新型 SwiftUI 介面和 Apple 提供的語音辨識 framework,我們開發了一款可以將人類語音轉化為文字的 App,而且我們不需要訓練自己的模型。

聲音分類

我們使用 Apple 的 UIKit framework 來做介面，用一些 Python 腳本來準備資料（一大堆動物的聲音），以及 Apple 的 CreateML 應用程式來訓練模型。我們還在 App 中使用了 CoreML，以使用我們訓練完成的模型。

在第 11 章中，我們將從演算法的角度（第 456 頁的「音訊」）來研究本章的討論的每個任務實際發生了什麼事。下一章我們將討論文字和語言。

更多音訊相關的實際人工智慧任務，請查看 *https://aiwithswift.com*。

## 第六章

文字和語言

本章將探討在您的 Swift App 中實作文字和語言相關人工智慧功能。採用自上向下的方法，我們將探索五個文字和語言任務，以及如何使用 Swift 和各種人工智慧工具來實作它們。

實用人工智慧、文字和語言

我們將會在本章探討五個文字和語言相關的實際人工智慧任務：

語言識別

確定某些文字可能屬於什麼語言。

命名實體識別

識別文字所組成的元素，這些元素可以是人、地點或組織。

詞元還原、標記、切分

識別字串中每個單詞的詞元，找到詞性（動詞、名詞等），並按單詞將字串標記化。

情感分析

確定一些文字是否有積極或消極的情感。

自訂文字分類器

另一種根據情感對文字進行分類的方法，由擴展 Apple 的工具而來。

在第 8 章中,我們也會討論生成文字。我們把這個任務放在第 8 章,是因為我們認為它與生成東西的關係比與文字的關係更密切。但實際上,您可能會讀完整本書,所以它放在哪裡並不重要。

能處理圖像、人類動作和聲音的 App 可能看起來很花俏,但您建立出的 App 也許大多數需要處理文字,或免不了要處理文字。人類會生成大量的文字,能夠使用智慧型機器瞭解文字通常是很有用的,這樣您就可以做出決策或向使用者顯示與文字相關的內容。在本章中,我們將會處理到文字分類的問題。具體來說,我們將著眼於實作一個 App,它可以對一些文字執行情感分析,並確定其情感是積極的還是消極的。

 您可能會在其他地方看到混合著「文字分類」、「情感分析」、「自然語言處理」、「意見挖掘」等術語,這本書的作者認為它們是完全不同的東西。本章將會探討情感分析的實際任務,它是文字分類領域的一部分。為此,我們使用自然語言處理(NLP)技術。

任務:語言識別

語言識別指的是(完全不令人意外)找出一串文字可能屬於哪種語言。這真的是一個非常簡單實用的人工智慧任務。

直接切入正題,我們要在 Playground 中做這個任務:

1. 在 Xcode 中建立一個新的 iOS 風格的 Playground,如圖 6-1 所示。

 我們使用 iOS 只是因為我們選擇使用 iOS。我們在這個任務中使用的所有東西也都可以在 macOS 上使用。

圖 6-1　在 Xcode 中建立一個新的 iOS 風格的 Playground

2. 加入以下 import：

```
import NaturalLanguage
import Foundation
import CoreML
```

3. 為 String 加入以下擴展：

```
extension String {
    func predictLanguage() -> String {
        let locale = Locale(identifier: "es")
        let recognizer = NLLanguageRecognizer()
        recognizer.processString(self)
        let language = recognizer.dominantLanguage
        return locale.localizedString(
            forLanguageCode: language!.rawValue) ?? "unknown"
    }
}
```

這代表著我們可以要求一個 String 做 predictLanguage()，然後我們將得到它所回傳的語言是什麼。為此，我們將語言環境設定為「en_US」（美式英文）。然後建立一個 NLLanguageRecognizer，處理正在使用的 String，並獲得該 String 的語言種類。

4. 加入一個 String（在本例中用的是多個字串組成的陣列），用來識別以下句子是那種語言：

```
let text = ["My hovercraft is full of eels",
            "Mijn hovercraft zit vol palingen",
            " 我的氣墊船充滿了鰻魚 ",
            "Mit luftpudefartøj er fyldt med ål",
            "To χόβερκραφτ μου είναι γεμάτο χέλια",
            " 제 호버크래프트가 장어로 가득해요 ",
            "Mi aerodeslizador está lleno de anguilas",
            "Mein Luftkissenfahrzeug ist voller Aale"]
```

5. 為了要測試它的功能，請透過迭代陣列中的 String 並為每個 String 呼叫 predictLanguage()：

```
for string in text {
    print("\(string) is in \(string.predictLanguage())")
}
```

您將看到結果類似圖 6-2 中的螢幕截圖。

```
My hovercraft is full of eels is in English
Mijn hovercraft zit vol palingen is in Dutch
我的氣墊船裝滿了鱔魚 [我的气垫船装满了鳝鱼] is in Chinese
Mit luftpudefartøj er fyldt med ål is in Danish
To χόβερκραφτ μου είναι γεμάτο χέλια is in Greek
제 호버크래프트가 장어로 가득해요 is in Korean
Mi aerodeslizador está lleno de anguilas is in Spanish
Mein Luftkissenfahrzeug ist voller Aale is in German
```

圖 6-2　我們字串的語言標識成果

6. 我們可以將語言環境修改為其他地方，例如西班牙語「es」，然後我們將回傳各種語言的西班牙語名稱，如圖 6-3 所示。

```
My hovercraft is full of eels is in inglés
Mijn hovercraft zit vol palingen is in neerlandés
我的氣墊船裝滿了鱔魚 ［我的气垫船装满了鳝鱼］ is in chino
Mit luftpudefartøj er fyldt med ål is in danés
Το χόβερκραφτ μου είναι γεμάτο χέλια is in griego
제 호버크래프트가 장어로 가득해요 is in coreano
Mi aerodeslizador está lleno de anguilas is in español
Mein Luftkissenfahrzeug ist voller Aale is in alemán
```

圖 6-3　我們的語言設定為以西班牙語輸出

任務：命名實體識別

識別字串中的實體幾乎和語言識別一樣簡單。和語言識別一樣，這個任務依賴 Apple 的 Natural Language framework（*https://apple.co/2pc5LB9*）來完成我們的工作。Natural Language framework 會為文字指定標籤。

和之前一樣，讓我們直接開始，在 Playground 上做我們的工作：

1. 在 Xcode 中建立另一個新的 iOS 風格的 Playground。

2. 加入以下 import：

```
import NaturalLanguage
import Foundation
import CoreML
```

3. 為 String 加入以下 extension：

```
extension String {
    func printNamedEntities() {
        let tagger = NSLinguisticTagger(
            tagSchemes: [.nameType],
            options: 0)

        tagger.string = self

        let range = NSRange(location: 0, length: self.utf16.count)

        let options: NSLinguisticTagger.Options = [
            .omitPunctuation, .omitWhitespace, .joinNames
        ]
```

```
let tags: [NSLinguisticTag] = [
    .personalName, .placeName, .organizationName
]

tagger.enumerateTags(in: range,
    unit: .word,
    scheme: .nameType,
    options: options) {
        tag, tokenRange, stop in

        if let tag = tag, tags.contains(tag) {
            let name = (self as NSString)
                .substring(with: tokenRange)

            print("\(name) is a \(tag.rawValue)")
        }
    }
}
```

這代表著我們可以要求一個 String 去做 printNamedEntities()，我們將看到這個函式印出它的命名實體。

4. 加入一個 String，我們要對它執行命名實體識別：

```
let sentence = "Marina, Jon, and Tim write books for O'Reilly Media " +
    "and live in Tasmania, Australia."
```

5. 為了要測試它，請呼叫 printNamedEntities()：

```
sentence.printNamedEntities()
```

您將看到的結果類似圖 6-4 中的螢幕截圖。

```
Jon is a PersonalName
Tim is a PersonalName
O'Reilly Media is a OrganizationName
Tasmania is a PlaceName
Australia is a PlaceName
```

圖 6-4　我們的字串的命名實體識別執行結果

任務：詞元還原、標記、切分

您可能聽說過詞元還原但不太確定它是什麼東西。但是它對所有的事情都很實用。

「詞元還原」是一個語言學術用詞，指的是將一個詞的所有形式識別為同一類，然後將它們識別為一個單一事物的過程。這裡講的單一事物，指的就是詞元。

例如，以「to walk」這個詞（動詞）為例。「To walk」可以有「walk」、「walked」、「walks」、「walking」這些形式。如果您想要在字典裡查這些詞，您可以查「walk」。不是每個詞都有明顯的詞元；例如，「better」的詞元是「good」。

詞元還原對於諸如在您 App 中的搜尋工具來說是很實用的：如果一個使用者搜尋「good」，您可能會想把標誌著「better」的東西也找出來，或如果您的 App，例如，一個用來處理照片的 App，您在其中執行完機器學習分類，也已找出了每一個照片裡有什麼東西，您想要在使用者搜尋「mouse」這個詞時，也顯示「mice」的結果，反之亦然。

和前面一樣，讓我們直接進入主題：

1. 在 Xcode 中建立一個新的 iOS 風格的 Playground。

2. 加入以下 import：

   ```
   import NaturalLanguage
   import Foundation
   import CoreML
   ```

3. 加入一個用來做詞元還原的句子：

   ```
   let speech = """
   Space, the final frontier. These are the voyages of the
   Starship Enterprise. Its continuing mission to explore strange new worlds,
   to seek out new life and new civilization, to boldly go where no one has
   gone before!
   """
   ```

在這個句子中，我們用了星艦迷航記的片頭獨白，Jean-Luc Picard 的版本。

4. 為 String 加入一個擴展：

```
extension String {
    func printLemmas() {
        let tagger = NSLinguisticTagger(tagSchemes:[.lemma], options: 0)
        let options: NSLinguisticTagger.Options = [
            .omitPunctuation, .omitWhitespace, .joinNames
        ]

        tagger.string = self
        let range = NSRange(location: 0, length: self.utf16.count)

        tagger.enumerateTags(
            in: range,
            unit: .word,
            scheme: .lemma,
            options: options) {
                tag, tokenRange, stop in

                if let lemma = tag?.rawValue {
                    print(lemma)
                }
            }
    }
}
```

有了這個 extension 後，我們可以請求一個 String 執行 printLemmas()，在控制台中得到輸出，得到中會顯示 String 的詞元。在 printLemmas() 函式中，我們建立了一個 NSLinguisticTagger，將其方案（scheme）設定為 .lemma，然後執行該 String 物件（在這個情況下等同於 self，因為這段程式碼是 String 的擴展）的 printLemmas()。

5. 為了測試我們的 extension 和 printLemmas() 函式，我們可以在 String speech 上進行呼叫。結果如圖 6-5 所示：

```
speech.printLemmas()
```

```
### Lemmatization Demo ###
space
the
final
frontier
this
be
the
voyage
of
the
starship
enterprise
it
continue
mission
to
explore
strange
new
world
to
seek
out
new
life
and
new
to
boldly
go
where
no
one
have
go
before
```

圖 6-5　對 speech 執行詞元還原

如果您開始研究詞元還原（您也應該去研究一下，因為它很有趣），您可能會看到它被稱為「詞幹提取（stemming）」。它們基本上是一樣的，但在現實中，詞幹提取實際上只是從單詞中去掉複數和「ing」，而詞元還原需要去理解該語言以及該語言的詞彙。

詞性

但是，如果我們想在一個句子中找出詞性呢？因此，現在我們要找的不是詞元，而是確定一個字串的每個組成部分，到底是一個動詞還是一個名詞等等。

這也是可以做到的：

1. 加入另一個 func 到我們的 String 擴展：

   ```
   func printPartsOfSpeech() {

   }
   ```

   這個函式的作用與我們前面所做的很相似，即印出它所屬的字串的詞性。

2. 首先，我們需要用到典型的 NSLinguisticTagger、它的選項和一個範圍，所以將以下程式加入到 printPartsOfSpeech() 函式中：

   ```
   let tagger = NSLinguisticTagger(
       tagSchemes:[.lexicalClass],
       options: 0)
   let options: NSLinguisticTagger.Options = [
       .omitPunctuation, .omitWhitespace, .joinNames
       ]

   tagger.string = self
   let range = NSRange(location: 0, length: self.utf16.count)
   ```

3. 執行 tagger 並印出 speech 的每個部分：

   ```
   tagger.enumerateTags(
       in: range,
       unit: .word,
       scheme: .lexicalClass,
       options: options) {
           tag, tokenRange, _ in

           if let tag = tag {
               let word = (self as NSString)
                   .substring(with: tokenRange)
               print("\(word) is a \(tag.rawValue)")
           }
       }
   ```

4. 對我們建立的 speech String 呼叫我們的新 func：

   ```
   speech.printPartsOfSpeech()
   ```

   您將看到一些輸出，如圖 6-6 中的螢幕截圖所示，顯示了句子中每個單詞的詞性。

```
### Parts of Speech Demo ###
Space is a Noun
the is a Determiner
final is a Adjective
frontier is a Noun
These is a Determiner
are is a Verb
the is a Determiner
voyages is a Noun
of is a Preposition
the is a Determiner
Starship is a Noun
Enterprise is a Noun
Its is a Determiner
continuing is a Verb
mission is a Noun
to is a Particle
explore is a Verb
strange is a Adjective
new is a Adjective
worlds is a Noun
to is a Particle
seek is a Verb
out is a Particle
new is a Adjective
life is a Noun
and is a Conjunction
new is a Adjective
civilization is a Noun
to is a Preposition
boldly is a Adverb
go is a Verb
where is a Pronoun
no is a Determiner
one is a Noun
has is a Verb
gone is a Verb
before is a Adverb
```

圖 6-6　星艦迷航記開場獨白的詞性

句子切分

但是，如果我們只是想把句子拆成單詞，並不關心每個單詞的詞元是什麼，或者它是什麼詞性呢？我們也可以這樣做：

1. 加入另一個函式 printWords() 到 String 擴展中：

```
func printWords() {

    let tagger = NSLinguisticTagger(
        tagSchemes:[.tokenType], options: 0)

    let options: NSLinguisticTagger.Options = [
        .omitPunctuation, .omitWhitespace, .joinNames
    ]

    tagger.string = self
    let range = NSRange(location: 0, length: self.utf16.count)

    tagger.enumerateTags(
        in: range,
        unit: .word,
        scheme: .tokenType,
        options: options) {
            tag, tokenRange, stop in

            let word = (self as NSString).substring(with: tokenRange)
            print(word)
        }
}
```

2. 對我們前面所用的獨白句子執行：

```
speech.printWords()
```

您將看到類似圖 6-7 中的螢幕截圖。

```
### Tokenization Demo ###
Space
the
final
frontier
These
are
the
voyages
of
the
Starship
Enterprise
Its
continuing
mission
to
explore
strange
new
worlds
to
seek
out
new
life
and
new
civilization
to
boldly
go
where
no
one
has
gone
before
```

圖 6-7　印出星艦迷航記開場獨白中的詞

 識別和印出單詞的過程稱為標記化（*tokenization*）。

您可能想知道為什麼我們不能使用正規表達式來依標點和空格切分句子。簡單的答案是，這樣做並不能保證您最終會得到每個單詞，許多語言在這方面的表現與英語不同。最好是盡可能地依賴 Apple framework 對語言的語意理解。

在第 8 章中，作為句子生成任務的一部分（第 319 頁中的「任務：句子生成」），我們使用正規表達式手動地執行標記化。我們這樣做是為了展示兩者的差異。

任務：情感分析

有時，如果能夠知道使用者所說的內容是積極的還是消極的將會十分有用，或者能夠從非結構化、無組織的資訊中獲得某種有組織的資料是非常有用的。IBM 估計這個世界上的資料有 80% 是無結構的（*https://ibm.co/32pjl2N*）。

人類會生成大量的非結構化、無組織的文字，我們的 App 和產品常常需要瞭解文字的內容、文字的含意或文字的一般風格，以便對文字做一些有用的事情，或為使用者提供有用的選項。

簡單地說，透過對文字進行分類來獲得其中的情感，**情感分析**是一種將混亂的人為生成文字重新整理的方法。

在本任務中，我們將研究如何建立一個模型來得知某些文字的情感。這不是 Apple 提供的那種馬上可用的 framework，所以我們實際上需要訓練我們自己的模型，然後為它建立一個 App。

問題和方法

在這個任務中，我們將探索文字分類的實作，以及透過做以下事情來進行情感分析：

- 製作一個 App，這個 App 可以告訴我們使用者的輸入帶有積極的還是消極的情感
- 我們的 App 上會放一個文字欄位，一個情感顯示的地方，以及一個要求做情感分析的東西
- 選擇用於建立情感分析模型和為問題準備資料集合的工具箱
- 建立和訓練我們的情感分析模型

- 將模型整合到我們的 App 中

- 改善我們的 App

之後，我們將快速看一下情感分析如何工作的理論，並指出一些資源，讓您可以自己做進一步改進和改變。

建立 App

我們從簡單的說明開始。我們需要一個 App，可以檢測使用者輸入的是積極的還是消極的。我們都過著高壓的生活，常常一時衝動行事。若有一個 App，讓我們檢查我們要發送的推特訊息是否足夠積極可能是一個好主意（「電腦！送出推特訊息！」）。

我們將要建立的 App 完成後，會類似圖 6-8 所示。

圖 6-8 我們的情感分類 App 最終版本

這本書的目的是教您如何在 Swift 和 Apple 平台上使用人工智慧和機器學習功能。因此,我們不解釋如何建立 App 的細節;我們假設您基本上已經知道這些了(儘管如果您不知道,我們認為您只要花點心思,就能很好地跟上)。如果您想學習 Swift,我們建議您選讀 O'Reilly 出版的 *Swift 學習手冊*(*https://oreil.ly/DLVGh*)(也是我們寫的書)。

我們將要建立的起始 iOS App(它最終將包含我們的情感分析系統)包含以下元件(參見圖 6-9):

圖 6-9　情感分類 App 起始版本

- 一個 UITextView，讓使用者輸入要進行分析情感的文字

- 一個 UIButton，當使用者在前面提到的欄位中輸入文字時，可以按下這個按鈕來分析使用者文字的情感

- 一個 UIView，它將被設定為一個顏色，代表我們在文字中檢測到的情感（例如，紅色或綠色，分別代表消極和積極），兩個 UILabel，分別用來顯示對應的表情符號，以及描述情感的字串

 如果您不想從頭建立這個 iOS App，您可以從 *https://aiwithswift.com* 下載程式碼，找到名為 NLPDemo-Starter 的專案。下載好了之後，再快速瀏覽本節的其餘部分，然後在第 235 頁的「人工智慧工具集和資料集合」與我們再見面。

若想要自行建立起始 App，您需要做以下工作：

1. 在 Xcode 中建立一個 iOS App 專案，選擇「Single View App」範本。不要選擇語言下拉清單（它通常會被設定為「Swift」）下面的任何一個核取方塊。

2. 建立專案之後，打開 *Main.storyboard* 檔案，並建立一個擁有以下元件的使用者介面：

   - 一個 UIButton，其標題文字設定為「Analyse Sentiment」。

   - 一個又大又可編輯的可捲動的 UITextView。

   - 一個一般的 UIView（這將被用來顯示一個顏色），UIView 中有兩個 UILabel view：其中一標題設定為「None」或類似意思的文字，另一個設定為表情符號，例如😀。您可以看到我們為此 App 準備的故事板如圖 6-10 所示。

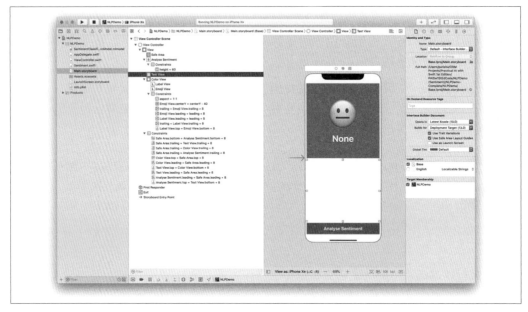

圖 6-10　我們的情感分類器故事板

在您放好必要的元件之後，請確保加入了適當的 constraint。

3. 請連接使用者介面（UI）物件的 outlet，如下所示：

```
@IBOutlet weak var emojiView: UILabel!
@IBOutlet weak var labelView: UILabel!
@IBOutlet weak var colorView: UIView!
@IBOutlet weak var textView: UITextView!
```

4. 為 UIButton 連接一個 action，如下：

```
@IBAction func analyseSentimentButtonPressed(_ sender: Any) {
    performSentimentAnalysis()
}
```

5. 在 UITextView 中宣告一個屬性，用來儲存占住版本的文字：

```
private let placeholderText = "Type something here..."
```

6. 修改 viewDidLoad() 函式，讓它長得像下面那樣：

```
override func viewDidLoad() {
    textView.text = placeholderText
    textView.textColor = UIColor.lightGray
```

```
        textView.delegate = self

        super.viewDidLoad()
    }
```

7. 請加入下面的函式，這個函式在我們加入模型之後，會拿來要求執行情感分析：

```
private func performSentimentAnalysis() {

    emojiView.text = sentimentClass.icon
    labelView.text = sentimentClass.description
    colorView.backgroundColor = sentimentClass.color
}
```

8. 在 *ViewController.swiftview* 檔案的最後面加入一個擴展，如下（憑良心講這是一個相當大的程式碼區塊，和我們前面的例子用的一樣，但我們也會像之前一樣解釋它）：

```
extension ViewController: UITextViewDelegate {
    func textViewDidBeginEditing(_ textView: UITextView) {
        if textView.textColor == UIColor.lightGray {
            textView.text = nil
            textView.textColor = UIColor.black
        }
    }

    func textViewDidEndEditing(_ textView: UITextView) {
        if textView.text.isEmpty {
            textView.text = placeholderText
            textView.textColor = UIColor.lightGray
        }
    }
}
```

這個擴展讓 ViewController 得以符合 UITextViewDelegate 協定，這協定讓我們可以在一個 UITextView 的編輯開始和結束時，做一些管理動作。我們實作了兩個映射到它的函式，並在每個函式執行時改變文字的顏色。

9. 加入一個名為 *Sentiment.swift* 新 Swift 檔案到專案中，然後放入以下程式碼：

```
import UIKit

extension String {
    func predictSentiment() -> Sentiment {
        return [Sentiment.positive, Sentiment.negative].randomElement()!
    }
}
```

這段程式碼為 String 類（Swift 內建）加入了一個擴展，擴展加入一個名為 predictSentiment() 的函式，因此我們可以透過呼叫該函式來詢問任何 String 型態物件的情感。

目前，我們只是在消極情感或積極情感隨機選擇其中一種。

10. 在相同的 *Sentiment.swift* 中加入下面的 enum：

```swift
enum Sentiment: String, CustomStringConvertible {
    case positive = "Positive"
    case negative = "Negative"

    var description: String { return self.rawValue }

    var icon: String {
        switch self {
            case .positive: return "🙂"          case .negative: return "🙁"          }
    }

    var color: UIColor {
        switch self {
            case .positive: return UIColor.systemGreen
            case .negative: return UIColor.systemRed
        }
    }
}
```

這個 enum 會建立了一種新的 Sentiment 類型，Sentiment 有兩種情況：積極和消極。對應每種情況，我們會定義一個圖示（回傳一個表情符號）和一個顏色（回傳一個顏色）。

11. 如果您想要的話，可加入一個啟動畫面和一個圖示（和之前一樣，我們的啟動專案裡有一些供您使用），然後在模擬器中啟動 App。您應該會看到類似圖 6-9 中所示的樣子。

您可以在文字欄位中輸入一些文字，然後點擊按鈕。接著 view 的顏色、表情符號和文字標籤將根據積極或消極情感進行更新。請記住，目前這是隨機的（因為我們寫在 *Sentiment.swift* 裡的 String 類別的擴展程式碼現在是這麼寫的）。

讓我們接下去，加入一些人工智慧吧。

人工智慧工具集和資料集合

與我們其他的人工智慧任務一樣，我們需要組裝一個工具集來解決這個問題。我們在本例中使用的主要工具是 CreateML、CoreML 和 Xcode 的 Playground 功能。

正如我們之前所做的，我們使用 Apple 任務導向工具 CreateML 來為我們的情感分析建立一個模型。我們將不使用 CreateML 應用程式，而是使用 Xcode Playground 中的 CreateML，將其當作為一個 Swift framework 使用。這是一種不太直觀但更靈活的建模方法。

與之前的人工智慧任務一樣，我們也使用 CoreML 在我們的 Swift App 中實作模型。

要製作一個可以判斷文字是積極的還是消極的 App，我們需要一個同時具有兩種情感的資料集合。為此，我們要用到網路上的產品評論。網路上的產品評論是一個發現人們對所有事情都非常、非常消極和非常、非常積極的地方。為了取得資料集合，我們求助於卡內基梅隆大學的研究員，他們做了辛勤的工作，獲得了 691 個關於某種汽車品牌的正面評論，以及 691 個關於某種汽車品牌的負面評論。您可以在圖 6-11 中看到這些資料的部分範例。

class	text
Neg	drive these cars I don t care how many damn children you have or how many
Pos	A few years ago we bought a Ford Explorer used at the dealership where it ha
Pos	After my daughter was born I just knew that I would have to give up my need
Pos	Are you contemplating the Mustang I know I know it is a Ford But if you car
Pos	As a busy mother with two children and always on the go I live in my car it is
Neg	Could things get any worse I loved how it looked after that it was all down hill
Neg	Driving the Mustang with its hard seats lack of lumbar support and a hard as
Neg	Expedition into vanity selfishness and irresponsibility I realize that this may n
Neg	First of all I have to say that the Ford Contour is a very comfortable vehicle an
Pos	Ford Winstars are the coolest minivans on the market well i guess as cool as
Neg	Four recalls mayor recalls Squeaky wheels from the get go A strange tremor
Pos	I am a recent buyer of the Ford Explorer and out of all the car s and suv s I ve

圖 6-11　一瞥我們在這個任務中使用的情感資料

請到卡內基梅隆大學的網站（*http://bit.ly/2VWt0eD*）下載 *epinions3.zip* 文件。解壓縮該檔案，然後將輸出（一個檔案，相當有創意地命名為 *epinions3.csv* 的）放在一個安全的地方。

如果您打開這個檔案，您將看到它只是一堆用逗號分隔的類別（Neg 或 Pos）和文字（汽車檢查的文字），如圖 6-12 中所示。

圖 6-12　情感資料範例

您並不限於只能有兩個分類；只要您願意，您可以把文字分類為任意數量的類別。我們只是用兩種分類作為起頭，因為這樣 App 會比較簡單。

建立模型

現在我們擁有了一個可用來建立模型的實用資料集合，讓我們轉向使用 Apple 的 CreateML 來執行訓練。在第 7 章中，我們使用了 Apple 的 Python 函式庫 TuriCreate 來訓練我們的模型，在第 4 章和第 5 章中，我們使用了 Apple 的 CreateML 應用程式。但是對於這個任務，我們將直接在 Xcode 的一個 Playground 中使用 Apple 的 CreateML framework。

我們建議將訓練模型和 Playground 一起儲存在要使用模型的專案中。這使您在將來可更容易地重新建立和修改您的專案，或者使用不同的模型。

為此，我們需要建立一個新的 Xcode Playground：

1. 啟動 Xcode 並建立一個新的 Playground，如圖 6-13 所示。Playground 應該是 macOS 的 Playground，而不是 iOS 的 Playground，因為我們使用的是只適用於 macOS 的 framework CreateML。

圖 6-13　在 Xcode 中建立一個新的 macOS Playground

2. 加入以下程式碼到 Playground 中：

```
import CreateML
import Foundation

// 根據需要設定
let inputFilepath = "/Users/mars/Desktop/"
let inputFilename = "epinions3"
let outputFilename = "SentimentClassificationModel"
```

```
let dataURL = URL(fileURLWithPath: inputFilepath + inputFilename + ".csv")
let data = try MLDataTable(contentsOf: dataURL)
let (trainingData, testingData) = data.randomSplit(by: 0.8, seed: 5)
```

這段程式碼匯入了 CreateML 和 Foundation framework，並設定了一些工作變數：

- inputFilepath 用於儲存我們將要使用的資料檔案的路徑。請將這個變數修改成指向儲存我們在第 235 頁的「人工智慧工具集和資料集合」中的資料集合的位置。

- inputFilename 用於儲存資料檔案的名稱。如果您沒有修改下載的檔案名稱，這應該不用修改。

- outputFilename 設定我們希望 CreateML 輸出的模型的名稱。

- data 用於儲存一個 MLDataTable 的資料，這份資料是基於 inputFilepath 和 inputFilename 所載入。MLDataTable 是 CreateML 提供的一種類型，它基本上類似於用於訓練模型的資料的試算表。MLDataTable 中的每一列都是一個單位，每一欄都是您的訓練關注的單位的一個特徵。您可以到 Apple 的文件（*https://apple.co/33J4GzJ* 中學習到更多關於 MLDataTable）的相關資訊，但因為我們整本書在做的是實際的人工智慧任務，所以會多揭露它一點。

- trainingData 和 testingData 用於儲存了我們讀取的資料的一個片段，其中 80% 用於訓練，20% 用於測試。

3. 在這一步，我們要實際做訓練，請在變數下方加入以下程式碼：

```
print("Begin training...")

do {

    // 最終訓練的準確性百分比

} catch {
    print("Error: \(error)")
}
```

由於我們在此處進行訓練，所以用 do-catch 把訓練程式碼包起來。

4. 在 do-catch 中加入以下程式碼：

```
let sentimentClassifier = try MLTextClassifier(
    trainingData: trainingData,
    textColumn: "text",
    labelColumn: "class")
```

這將建立一個 MLTextClassifier，它是 CreateML framework 提供的一個類型。

MLTextClassifier 讓我們可根據輸入文字中的相關標籤建立文字分類器。您可以到 Apple 的文件（*https://apple.co/32njdkk*）中瞭解更多關於 MLTextClassifier 的資訊，但是我們也會在本章後面為它做更多的解釋。

在本例中，我們會建立一個 MLTextClassifier，取名為 sentimentClassifier。然後將 trainingData（占我們下載資料的 80%）以 MLDataTable 的形式傳遞該物件。我們要求 MLTextClassifier 去用一個名為「text」的欄當作文字來源，以及使用一個名為「class」的欄當作標籤。如果您回顧圖 6-12 中顯示的資料快照，您將注意到欄名與我們在這裡匯入的資料是一樣的。

這行程式碼實際上建立並訓練了模型。您可以做到這裡就停下，但我們要繼續做下去。

5. 接續在下面，加入以下程式碼：

```
let trainingAccuracy =
    (1.0 - sentimentClassifier.trainingMetrics.classificationError)
        * 100

let validationAccuracy =
    (1.0 - sentimentClassifier.validationMetrics.classificationError)
        * 100

print("Training evaluation: \(trainingAccuracy), " +
    "\(validationAccuracy)")
```

這為我們定義了一些精度變數，用於儲存關於我們剛剛訓練的模型的一些資訊。具體地說，我們以百分比形式儲存了訓練精度和驗證精度，然後將它們印出來。

6. 接續在下面加入以下程式碼：

```
// 測試準確度百分比

// let evaluationMetrics =
//     sentimentClassifier.evaluation(on: testingData) // Mojave

let evaluationMetrics = sentimentClassifier.evaluation(
    on: testingData,
    textColumn: "text",
    labelColumn: "class") // Catalina

let evaluationAccuracy =
    (1.0 - evaluationMetrics.classificationError) * 100
```

```
print("Testing evaluation: \(evaluationAccuracy)")

let metadata = MLModelMetadata(
    author: "Mars Geldard",
    shortDescription: "Sentiment analysis model",
    version: "1.0")

try sentimentClassifier.write(
    to: URL(
        fileURLWithPath: inputFilepath + outputFilename + ".mlmodel"),
    metadata: metadata)
```

這將使用前面拆開的 20% 的資料片段來評估模型,儲存並印出一些評估指標。它還設定模型描述資料,如作者、簡短描述和版本編號等,然後寫入到 .mlmodel 檔案供 CoreML 使用。

這個模型的訓練時間不會像前幾章中的模型那麼長,因為它比圖像分類、聲音分類等簡單得多。這可能花掉幾分鐘,但不會超過太多。這裡沒有時間讓您去看疑犯追蹤了,抱歉。

如果您執行該 Playground,最後您應該會在控制台中看到一些關於模型的文字輸出,以及得到一個新的 SentimentClassificationModel.mlmodel 檔案(如果您沒有修改我們的檔案名稱的話)。

將模型整合到 App

像之前一樣,又到了我們擁有一個起始 App,也擁有一個訓練完成模型的時刻了。現在是時候把它們整合起來,製作一個可以對使用者輸入的文字進行情感分析的 App 了。

您需要自己建立該起始 App,或按照第 229 頁的「建立 App」中的說明建立起始 App,或者從 https://aiwithswift.com 下載程式碼,找到名為 NLPDemo-Starter 的專案。在本節中,我們將以這個 App 作為起點。如果您不想按本章流程手動加入情感分析功能的程式碼,您也可以直接使用名為 NLPDemo-Complete 的專案。

像之前一樣,我們需要改變一些東西,使 App 能使用我們的模型。

即使您下載了我們的程式碼，我們也建議您閱讀下一節。請繼續閱讀下去，並將我們在程式碼中所做的工作與書中所做的進行比較，以便您瞭解它是如何工作的。

首先，讓我們修改 *Sentiment.swifts* 中名為 Sentiment 的 enum：

1. 在 Sentiment enum 的開頭加入一個額外的 case，用來加入無情感的情況：

```
case positive = "Positive"
case negative = "Negative"
case neutral = "None"
```

2. 類似地，在 icon 變數中的 switch 述句裡加入一個 default case，處理無情感的情況：

```
var icon: String {
    switch self {
        case .positive: return "😄"
        case .negative: return "😞"
        default: return "😐"
    }
}
```

3. 對於 color，如果沒有情感，則回傳灰色：

```
var color: UIColor {
    switch self {
        case .positive: return UIColor.systemGreen
        case .negative: return UIColor.systemRed
        default: return UIColor.systemGray
    }
}
```

4. 在 Sentiment enum 中加入一個初始化器，其中初始值必須正確匹配訓練資料中的分類標籤（在本例中為「Pos」和「Neg」）：

```
init(rawValue: String) {
    // 初始化 RawValues 必須匹配訓練檔案中的分類標籤
    switch rawValue {
        case "Pos": self = .positive
        case "Neg": self = .negative
        default: self = .neutral
    }
}
```

接下來，為了要實際使用模型，我們需要更新 predictSentiment() 函式，該函式位於 *Sentiment.swift* 檔案的開頭。

5. 在 import 述句下面，加入以下內容來匯入 Apple 的自然語言 framework：

```
import NaturalLanguage
```

6. 將 predictSentiment() 函式修改為如下所示：

```
func predictSentiment(with nlModel: NLModel) -> Sentiment {
    if self.isEmpty { return .neutral }
    let classString = nlModel.predictedLabel(for: self) ?? ""
    return Sentiment(rawValue: classString)
}
```

這個新函式以一個 NLModel 作為參數（我們很有創意地稱它為 nlModel），並會回傳一個 Sentiment（這是我們的 enum 類態），並會檢查 nlModel）是否為空（若為空則回傳 Sentiment.neutral）。否則，它會要求 nlModel 根據其內容進行預測（請記住 predictSentiment() 函式存在 String 的擴展中），並使用我們剛剛建立的初始化器初始化一個新的 Sentiment），將預測結果以 Sentiment 回傳。

此時，您可以拖曳 *SentimentClassificationModel.mlmodel* 檔案到專案的根目錄，讓 Xcode 根據需要複製它。

我們還需要在 *ViewController.swift* 中做一些修改，程式才能正常工作：

1. 在現有的匯入下面加入一個新的匯入，引入 Apple 的語言 framework（和之前在 *Sentiment.swift* 中做的一樣）：

```
import NaturalLanguage
```

2. 在 placeholderText 下方加入以下新屬性：

```
private lazy var model: NLModel? = {
    return try? NLModel(mlModel: SentimentClassificationModel().model)
}()
```

這個 model 屬性，儲存了對我們實際模型的參照。如果您的模型名稱不是 *SentimentClassificationModel.mlmodel*，您就需要在這裡進行適當的修改。

3. 修改 performSentimentAnalysis() 函式，請刪除以下程式碼

```
let text = textView.text ?? ""
let sentimentClass = text.predictSentiment()
```

並將其替換為：

```
var sentimentClass = Sentiment.neutral

if let text = textView.text, let nlModel = self.model {
```

```
        sentimentClass = text.predictSentiment(with: nlModel)
    }
```

這段程式碼會建立一個新的 Sentiment（我們的自訂類型，來自 *Sentiment.swift*），將它設定為無情感（neutral），然後使用我們剛才建立的 model 屬性（這是對我們的模型的參照），從我們的 textView 取得文字。然後它要求取得一個情感（使用 predictSentiment() 函式，它在 *Sentiment.swift* 的 String 的擴展中），和把結果儲存在我們剛剛建立的新 Sentiment 中。

程式碼的其餘部分沒有改變，讀取我們剛剛建立的 Sentiment sentimentClass 的屬性（並期待裡面已儲存了一個預測完成的情感），並且更新相關的 UI 元件以匹配預測到的情感。

現在一切都準備好了，請在模擬器中啟動 App 並進行測試。圖 6-14 顯示了我們的 App 的成果。

圖 6-14　完成的情感分類器

任務：自訂文字分類器

在前一節中，我們訓練了自己的自訂情感分類器，並在一個 iOS App 中從無到有實作它。

還有一種方法可以做類似的事情。在這個任務中，我們要建立一個自訂文字分類器，讓它與我們在前面任務中使用的文字系統一起工作。我們會再次使用 CreateML 的 `MLTextClassifier` 來訓練一個模型，就像我們在第 228 頁的「任務：情感分析」中所做的那樣，但是，在這裡，我們向您展示了一種不同的模型使用方法。

不使用 CoreML 的一般用法去使用已訓練完成的 `MLTextClassifier` 模型，而是改為使用 `NLTagger` 和 `NLTagScheme`，它們讓我們可呼叫我們的自訂模型，就好像呼叫一個 Apple 提供的模型一樣（如之前我們在第 216 頁的「任務：語言識別」、第 219 頁的「任務：命名實體識別」，和第 221 頁的「任務：詞元還原、標記、切分」中做的一樣）。

人工智慧工具集和資料集合

與我們之前的人工智慧任務一樣，我們需要準備一個工具集來解決這個問題。我們在本例中使用的主要工具是 CreateML、CoreML 和 Xcode 的 Playground。就像第 228 頁的「任務：情感分析」一樣，我們使用 Apple 任務導向工具 CreateML（透過一個 Xcode Playground）來訓練一個模型。

我們將要使用 Kaggle 的餐廳評價資料集合（*http://bit.ly/2Bjdi3B*），它與我們之前在第 228 頁的「任務：情感分析」中使用的資料集合類似。

為了便於解析，我們將其轉換為 JSON，如圖 6-15 所示。您可以在我們網站下載資源（*https://aiwithswift.com*）的 *NaturalLanguage-Demos* 資料夾中找到 *Reviews.json* 檔案。

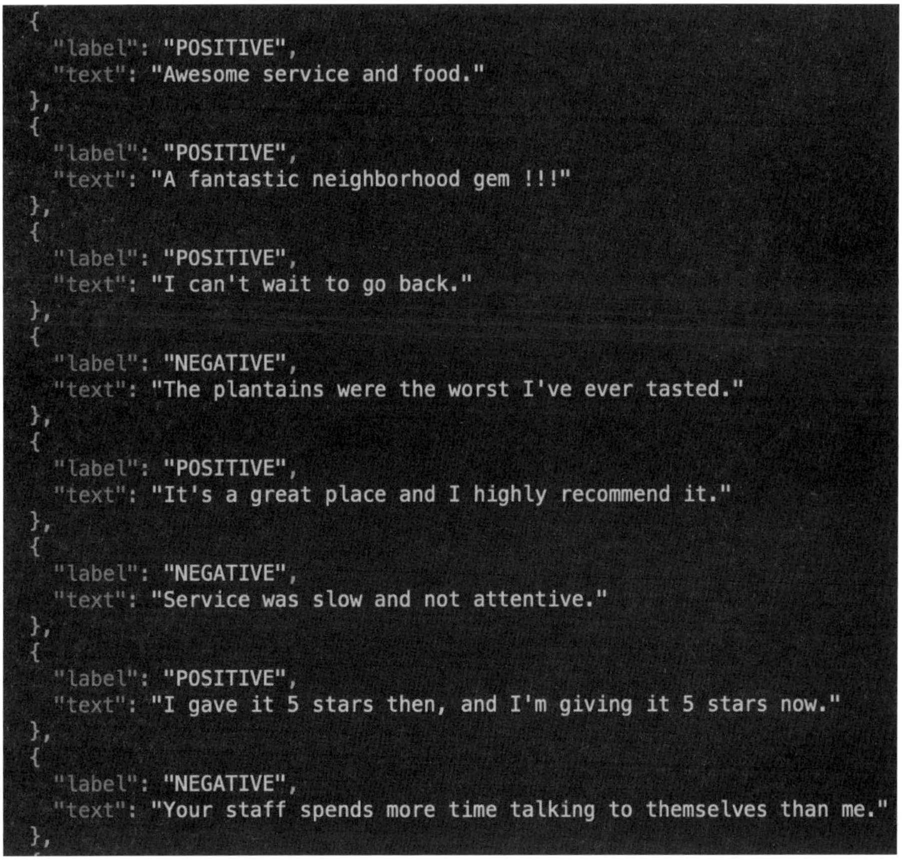

```
{
  "label": "POSITIVE",
  "text": "Awesome service and food."
},
{
  "label": "POSITIVE",
  "text": "A fantastic neighborhood gem !!!"
},
{
  "label": "POSITIVE",
  "text": "I can't wait to go back."
},
{
  "label": "NEGATIVE",
  "text": "The plantains were the worst I've ever tasted."
},
{
  "label": "POSITIVE",
  "text": "It's a great place and I highly recommend it."
},
{
  "label": "NEGATIVE",
  "text": "Service was slow and not attentive."
},
{
  "label": "POSITIVE",
  "text": "I gave it 5 stars then, and I'm giving it 5 stars now."
},
{
  "label": "NEGATIVE",
  "text": "Your staff spends more time talking to themselves than me."
},
```

圖 6-15　查看 JSON 格式的資料範例

建立模型

選擇好要用的資料集合後，讓我們在 Playground 上啟動 CreateML 以進行一些訓練。這個流程與我們之前在第 236 頁的「建立模型」中使用的流程非常相似：

1. 在 Xcode 中建立一個名為 TrainCustomTagger 的 macOS Playground。我們的看起來如圖 6-16。

圖 6-16　我們用來訓練標籤器的 Playground

2. 加入以下 import：

```
import Foundation
import CreateML
```

3. 加入一些程式碼來載入原始資料，建立一個 MLDataTable，並將資料拆分為訓練集合和測試集合：

```
let dataPath = "/Users/parisba/ORM Projects/Practical AI with Swift " +
    "1st Edition/PracticalAIwithSwift1stEd-Code/ChapterXX-" +
    "NaturalLanguage/Reviews.json"

let rawData = URL(fileURLWithPath: dataPath)

let dataset = try MLDataTable(contentsOf: rawData)

let (trainingData, testData) = dataset.randomSplit(by: 0.8, seed: 7)
```

4. 建立一個 MLTextClassifier 模型，並準備好它裡面的評價：

```
let model  = try MLTextClassifier(
    trainingData: trainingData,
    textColumn: "text",
    labelColumn: "label")

let metrics = model.evaluation(
    on: testData,
```

```
        textColumn: "text",
        labelColumn: "label")

    let accuracy = (1 - metrics.classificationError) * 100
    let confusion = metrics.confusion
```

5. 寫入 CoreML 模型到檔案中:

```
    let modelPath = "/Users/parisba/ORM Projects/Practical AI with Swift" +
        "1st Edition/PracticalAIwithSwift1stEd-Code/ChapterXX-" +
        "NaturalLanguage/ReviewMLTextClassifier.mlmodel"

    let coreMLModel = URL(fileURLWithPath: modelPath)
    try model.write(to: coreMLModel)
```

請執行 Playground。輸出應該顯示訓練進度、測試的準確性,以及檔案被成功寫入的確認訊息,如圖 6-17 所示。

圖 6-17　訓練自訂標籤器

我們建議您將訓練用的 Playground 和您建立來使用這個模型的專案一起儲存。這樣一來未來若要重新建立或修改您的專案，或是改用另一個模型時會比較容易。

使用模型

我們不會為這個任務一步步地建立一個完整的 App，因為它是我們在第 228 頁的「任務：情感分析」中的情感分析器的變體。

如果你真的想看一下這個 App，我們確實已為此開發好了一個 App。要查看我們這個任務的 App，請在我們網站上可用的資源中找尋 CTDemo（*https://aiwithswift.com*）。

為了要使用自訂的 NLTagger 模型，我們已經使用 MLTextClassifier 訓練好 NLTagger 模型了，在您想要使用此模型的專案中建立一個新的 Swift 檔案（我們的取名為 *ReviewTagger.swift*），然後做以下工作：

1. import 所需 framework：

```
import Foundation
import NaturalLanguage
import CoreML
```

我們特別重視 NaturalLanguage 和 CoreML，因為我們可以使用 CoreML 來處理模型，用 NaturalLanguage 來處理特定於語言的特性。

2. 將經過訓練的模型拖放到專案中，並允許 Xcode 根據需要進行複製。

3. 建立一個 class 來代表您的標記器：

```
final class ReviewTagger {

}
```

4. 加入一些實用的變數：

```
private static let shared = ReviewTagger()

private let scheme = NLTagScheme("Review")
private let options: NLTagger.Options = [.omitPunctuation]
```

請您確保 modelFile 指向您的分類器模型的名稱，您的名稱可能與我們的
（ReviewMLTextClassifier）不同。

5. 建立一個 NLTagger：

```
private lazy var tagger: NLTagger? = {
    do {
        let modelFile = Bundle.main.url(
            forResource: "ReviewMLTextClassifier",
            withExtension: "mlmodelc")!

        // 把 ML 模型做成 NL 模型
        let model = try NLModel(contentsOf: modelFile)

        // 將模型連接到（自訂）scheme 名
        let tagger = NLTagger(tagSchemes: [scheme])
        tagger.setModels([model], forTagScheme: scheme)

        print("Success loading model")
        return tagger
    } catch {
        return nil
    }
}()
```

6. 先為必須用的 init() 函式保留位置：

```
private init() {}
```

7. 建立一個函式，呼叫後可進行預測：

```
static func prediction(for text: String) -> String? {
    guard let tagger = ReviewTagger.shared.tagger else { return nil }
    print("Prediction requested for: \(text)")
    tagger.string = text
    let range = text.startIndex ..< text.endIndex
    tagger.setLanguage(.english, range: range)
    return tagger.tags(in: range,
        unit: .document,
        scheme: ReviewTagger.shared.scheme,
        options: ReviewTagger.shared.options)
    .compactMap { tag, _ -> String? in
        print(tag?.rawValue)
```

```
        return tag?.rawValue
    }
    .first
}
```

8. 為 String 建立一個 extension，允許您使用我們剛才做好的 ReviewTagger class 來要求發起預測。

```
extension String {
    func predictSentiment() -> Sentiment {
        if self.isEmpty { return .neutral }
        let classString = ReviewTagger.prediction(for: self) ?? ""
        return Sentiment(rawValue: classString)
    }
}
```

此處，我們使用了在第 228 頁的「任務：情感分析」建立的 Sentiment enum 來回傳情感的表情符號。

9. 您也可以直接使用我們的 ReviewTagger：

```
let tagger = ReviewTagger()
let testReviews = [
    "I loved this place and it served amazing food",
    "I did not like this food, and my steak was off",
    "The staff were attentive and the view was lovely.",
    "Everything was great and the service was excellent"
]
testReviews.forEach { review in
    guard let prediction = tagger.prediction(for: review) else { return }
    print("\(review) - \(prediction)")
}
```

若不想使用 MLTextClassifier 來訓練模型，您還可以使用 MLWordTagger 透過使用 CreateML 來訓練模型。MLWordTagger 模型的使用方法和我們這裡一樣（用自訂標籤 scheme），但是 MLWordTagger 模型被設計用來識別與您的 App 相關的單詞，比如產品名稱或特點。

 您可以到 Apple 的文件（*https://apple.co/2oSTp0J*）中瞭解更多關於 MLWordTagger 的資訊。

舉例來說，使用 MLWordTagger，您可以建立一個由人工智慧驅動的系統，該系統可以理解一個 String 的分類，例如，若您的 App（或遊戲）正在處理的是科幻宇宙中的外星種族：

1. 如果您有一個資料集合，它列出了一些例句，標記了哪個字串是外星人，比如這樣：

```
{
    "tokens": ["The", "Vorlons", "existed",
               "long", "before", "humanity!"],
    "labels": ["other", "alien", "other",
               "other", "other", "other"]
},
{
    "tokens": ["The", "Vorlons", "are", "much",
               "older", "than", "the", "Minbari."],
    "labels": ["other", "alien", "other", "other",
               "other", "other", "other", "alien"]
}
```

> 從我們對它的使用中可以看出，JSON 是在機器學習中處理文字的一種很好的方式。

2. 然後可以像我們以前做過的那樣，將其載入到一個 MLDataTable 中，並在其上訓練一個 MLWordTagger。得到產出的模型後，您可以定義一個標記 scheme：

```
var alienScheme = NLTagScheme("Alien")
```

3. 和定義一個您想找到的 NLTag：

```
var alienTag = NLTag("alien")
```

然後，您可以對句子執行 MLWordTagger，如果您有足夠的訓練資料，它將能夠根據訓練的成果，標記出句子的哪些部分是外星種族。

下一步

以上是文字和語言章節的全部內容。我們已經涵蓋了一些您可能想要用 Swift 來完成的常見文字和語言相關的實用人工智慧任務，我們使用了各種工具來完成。

我們探索了五個與文字和語言相關的實用人工智慧任務：

語言識別

使用 Apple 的自然語言 framework，判斷一些文字可能是什麼語言。

命名實體識別

再次使用 Apple 的 Natural Language framework，識別文字中的人物、地點或結構。

詞元還原、標記、切分

識別字串中每個單詞的詞元，找到詞性（動詞、名詞等），並按單詞將字串拆分，這個任務仍然使用 Apple 的 Natural Language framework。

情感分析

弄清楚一些文字帶的是正面情緒還是負面情緒。

自訂文字分類器

在 Apple 的 Natural Language framework 上建立我們自己的文字分類器。

在第 11 章中，我們將從演算法的角度來研究本章所討論的每個任務（見第 461 頁的「文字和語言」）實際發生了什麼事。

如果您想用實用的人工智慧進一步學習語言和文字，我們建議您看看 BERT。BERT 是 Bidirectional Encoder Representations from Transformers 的縮寫，它是預訓練 NLP 人工智慧任務中翹楚。BERT 是 Google Research 的一個專案，您可以透過 BERT 的專案頁面（*http://bit.ly/2oHaMSn*）瞭解更多相關資訊。用實際的人工智慧術語來描述：BERT 以一種可以在移動設備（例如，您可用 Swift 來撰寫的那種設備）上執行的高效方式，做到各種有用的、實際的 NLP 任務。

向世界介紹 BERT 的那篇學術論文（*http://bit.ly/32qHtlB*）是一個開始瞭解 BERT 的好地方。

我們建議您以回答問題作為起點開始探索 BERT，這是最易得到、最實用也最實際的 NLP 任務。有一個很棒的資料集合可以與 BERT 搭配使用，以供您研究 BERT：Stanford Question（*http://bit.ly/2oQeKbf*）。該資料集合裡面充滿著這樣的東西：

- **文字（TEXT）**：地震學家可以利用地震波的到達時間來反演地球內部的圖像。這一領域的早期進展表明，有一個液態的外核存在（在那裡，剪力波無法傳播）和一個緻密的固態內核。這些進展助長了分層的地球模型的發展，上面是地殼和岩石圈，下面是地幔（在 410 公里和 660 公里處被地震帶分開），下面是外核和內核。最近，地震學家已經能夠創造出地球內部地震波速度的詳細圖像，就像醫生在 CT 掃描中對身體成像一樣。這些圖像使我們對地球內部有了更詳細的瞭解，並將簡單的層狀模型升級為更動態的模型。

- **問題（QUESTION）**：地震學家用什麼波來成像地球內部？

- **答案（ANSWER）**：地震波。

實際上，Apple 將 BERT 做成一個可下載 CoreML 模型（*https://apple.co/35LcnqC*）。請去看看，看看您能拿它做些什麼！

此外，Apple 發佈了一個示範用的 App，這個 App 使用了 BERT CoreML 模型（*https://apple.co/2IYkHcQ*），您可以下載原始程式碼並試用看看。

一個來自「social artificial intelligence」新創公司（*https://huggingface.co*）的團隊（與我們沒有任何關係），這個團隊也做了很多用 BERT 與 iOS 和 CoreML 一起搭配的工作（似乎是 Apple 提供的 CoreML 版本的 BERT 的來源）。您可以在 GitHub（*http://bit.ly/2VQX8YM*）上找到他們的工做成果。您可以在圖 6-18 和圖 6-19 中看到利用 CoreML 將 BERT 運作在 Swift iOS App 中的範例。

您可能還對如何生成文字感到有興趣，我們將會在第 319 頁的「任務：句子生成」中介紹。下一章我們將研究運動。

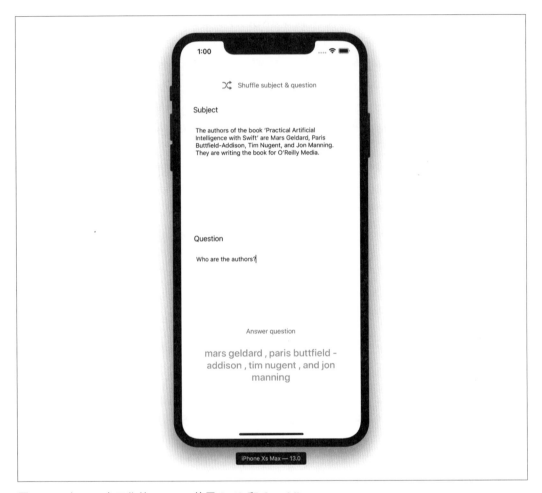

圖 6-18　在 iOS 上工作的 BERT，使用 Swift 和 CoreML

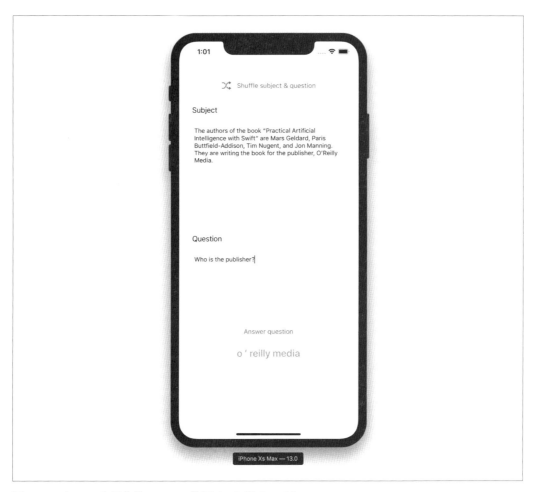

圖 6-19　在 iOS 上工作的 BERT，使用 Swift 和 CoreML

## 第七章

運動和手勢

本章將探討在您的 Swift App 中實作運動和手勢相關人工智慧功能。採用自上向下的方法，我們將探索四個運動和手勢任務，以及如何使用 Swift 和各種人工智慧工具來實作它們。

實用人工智慧、運動和手勢

以下是我們在本章中探討的四個運動任務：

活動識別（*Activity recognition*）

　　它使用 Apple 的內建 framework 來得知使用者當前正在進行的運動。

繪圖的手勢分類（*Gesture classification for drawings*）

　　這個任務會以我們在第 143 頁的「任務：繪圖識別」中看到的點陣圖繪製檢測作為基礎。我們將建立一個繪圖分類器，它可以對在 iOS 設備上繪製的圖形進行分類，而不是對照片進行分類。

活動分類（*Activity classification*）

　　在這個任務中，我們使用 Turi Create 並訓練我們自己的活動分類模型，用來判斷使用者正在執行哪種運動。

使用人工智慧擴增實境（*Using augmented reality with AI*）

　　我們考慮使用 Apple 的另一個流行詞友好的 framework，ARKit，來結合擴增實境（AR）和人工智慧。

任務：活動識別

如今，活動分類真的非常非常流行，尤其是隨著 Apple Watch 和 Fitbit 等活動追蹤設備的普及更是如此。活動分類涵蓋了判斷使用者使用設備進行的物理操作。

對許多 App 來說，活動分類是一個實用的元件，包括像精靈寶可夢 Go（Pokemon Go）這樣的遊戲和各種健身 App。

 活動分類只是機器學習領域的一個特定子領域，通常被稱為 *序列分類*（*sequence classification*）。活動分類是一種實際的、任務導向的序列分類應用。

問題和方法

Apple Watch 可以檢測到您可能在什麼時候健身，並主動提出開始追蹤一項特定的健身活動，此外還可以被動地追蹤您正在做的每件事。在這個任務中，我們探索了檢測使用者在擁有 iOS 設備時可能正在進行的活動的實作，方法如下：

- 開發一款能夠識別使用者可能正在進行的活動的 App
- 建立一個 App，它能說出並顯示（以文字形式）它認為使用者當前正在進行的活動
- 在不訓練模型的情況下使用 Apple 的工具來做這件事
- 進一步探索活動識別潛在的下一步

圖 7-1 顯示了我們將在此任務中建立 App 的最終版本。

建立 App

要建立我們的活動識別，讓我們使用 Apple 最新的使用者介面 SwiftUI framework。

最終的 App 由以下 SwiftUI 元件組成：

- 一個 View
- 幾個 Text

就只有這樣！當我們識別到不同的活動發生時，這個 App 大部分是靠語音發出通知，同時也會顯示在使用者介面的 Text 中。

圖 7-1　我們的活動識別 App 最終版本

　這本書的目的是教您如何在 Swift 和 Apple 平台上使用人工智慧和機器學習功能。因此，我們不解釋如何建立 App 的細節；我們假設您基本上已經知道這些了（即便您不知道，我們認為您只要花點時間，就能很快跟上）。如果您想學習 Swift，我們建議您選讀 O'Reilly 出版的 *Swift 學習手冊*（*https://oreil.ly/DLVGh*）（也是我們寫的書）。

如果您不想從頭建立這個 iOS App，您可以從 *https://aiwithswift.com* 下載程式碼，找到名為 ARDemo 的專案。下載好了之後，我們強烈建議您繼續閱讀本節，並將其與下載的程式碼進行對照。

若要自己建立 App，您需要做以下工作：

1. 在 Xcode 中建立一個 iOS App 專案，選擇 Single View App 範本，然後選取 SwiftUI 核取方塊。

2. 建立專案後，加入一個名為 *Tracking.swift* 的新 Swift 檔案到專案中，並加入以下 import 到專案中：

   ```
   import SwiftUI
   import Combine
   import CoreMotion
   ```

   CoreMotion 是 Apple 的運動 framework；我們馬上就會用到它。

3. 建立一個名為 ActivityTracker 的 final class，繼承 BindableObject：

   ```
   final class ActivityTracker: ObservableObject {

   }
   ```

4. 在 ActivityTracker 中，我們需要加入一些變數：

   ```
   let willChange = PassthroughSubject<ActivityTracker, Never>()

   private let tracker = CMMotionActivityManager()
   private(set) var currentActivity: String = "None detectable" {
       willSet {
           activityDidChange = (newValue != currentActivity)
       }

       didSet {
           willChange.send(self)
       }
   }
   private(set) var activityDidChange = true
   ```

5. 加入一個 init()：

   ```
   init() {}
   ```

6. 加入一個 startTracking() 函式：

   ```
   func startTracking() {
       do {
           try tracker.startTracking { result in
               self.currentActivity = result?.name ?? "None detectable"
           }
       } catch {
   ```

```
        print("Error: \(error.localizedDescription)")
        stopTracking()
    }
}
```

7. 加入一個 stopTracking() 函式：

```
func stopTracking() {
    currentActivity = "Not Tracking"
    tracker.stopTracking()
}
```

8. 加入一個名為 *Motion.swift* 的檔案到專案，然後加入以下 import：

```
import CoreMotion
```

9. 為 CMMotionActivity 建立一個擴展：

```
extension CMMotionActivity {
    var name: String {
        if walking { return "Walking" }
        if running { return "Running" }
        if automotive { return "Driving" }
        if cycling { return "Cycling" }
        if stationary { return "Stationary" }
        return "Unknown"
    }
}
```

10. 為 CMMotionActivityManager 建立一個擴展：

```
extension CMMotionActivityManager {

}
```

11. 在這個擴展中，為 Error 建立一個 enum：

```
enum Error: Swift.Error {
    case notAvailable, notAuthorized

    public var localizedDescription: String {
        switch self {
        case .notAvailable: return "Activity Tracking not available"
        case .notAuthorized: return "Activity Tracking not permitted"
        }
    }
}
```

12. 加入一個開始追蹤函式：

```
func startTracking(handler: @escaping (CMMotionActivity?) -> Void)
    throws {

    if !CMMotionActivityManager.isActivityAvailable() {
        throw Error.notAvailable
    }

    if CMMotionActivityManager.authorizationStatus() != .authorized {
        throw Error.notAuthorized
    }

    self.startActivityUpdates(to: .main, withHandler: handler)
}
```

13. 加入一個停止追蹤函式：

```
func stopTracking() {
    self.stopActivityUpdates()
}
```

14. 打開 *ContentView.swift*，然後加入以下 import：

```
import SwiftUI
import AVFoundation
```

15. 為 AVSpeechSynthesizer 加入以下 extension：

```
extension AVSpeechSynthesizer {
    func say(_ text: String) {
        self.speak(AVSpeechUtterance(string: text))
    }
}
```

這段程式讓我們可以在檢測到活動變化時讓 App 說話。

16. 修改您的 ContentView struct，變成像這樣：

```
struct ContentView: View {
    @EnvironmentObject var tracker: ActivityTracker
    private let speechSynthesiser = AVSpeechSynthesizer()

    var body: some View {
        let newActivity = tracker.currentActivity
        if tracker.activityDidChange {
            speechSynthesiser.say(newActivity)
        }
```

```
            return Text(newActivity).font(.largeTitle)
        }
    }
```

17. 為 `Privacy - Motion Usage Description` 加入一個 key 到您的 *Info.plist* 檔案中，說明為什麼要存取設備的運動使用情況。我們說明是這樣寫的：「我們需要它來看看這個設備正在做什麼運動，這樣我們才能把它們說出來！」，如圖 7-2 所示。

圖 7-2　支援運動偵測的 Info.plist

現在，如果您在一個實際的 iOS 設備上執行這個 App，您將能夠在移動設備時，聽到正在進行什麼活動。您的 App 將類似圖 7-3。

剛才發生了什麼？這是怎麼做到的？

我們剛剛建立了一個 App，可以檢測當前正在進行的活動。我們使用 Apple 的 CoreMotion framework（*https://apple.co/2Bk7SW2*）來建立該 App。CoreMotion 利用現代 iOS 設備上存在的大量感測器陣列提供與運動和環境相關的資料：加速度計、陀螺儀、計步器、磁力儀、氣壓計等等。

在這個活動偵測 App 中，我們使用了 `CMMotionActivityManager`，它允許我們存取 iOS 設備中儲存的運動資料，並追蹤 `CMMotionActivity`，它表示一個單一的運動更新事件。我們會依據得到的 `CMMotionActivity`，回傳了一個字串，表示使用者是在走路、跑步、駕駛、騎自行車還是保持靜止。因此，不需要建立任何模型，我們就可以報告設備使用者可能正在做什麼。

在第 11 章中，我們將會研究 Apple 提供的運動追蹤是如何工作的，在第 279 頁的「任務：活動分類」中，我們將訓練自己的活動分類模型，從頭開始建立一個類似的 App。

圖 7-3　活動識別

任務：繪圖的手勢分類

在這本書前面，我們寫過一個繪圖識別 App，它讓使用者可拍攝一幅畫，並將其分類。在這個任務中，我們要做一些類似的事情，但是我們不是把照片分類，而是把 iOS 設備螢幕上的塗鴉分類。

問題和方法

正如我們在第 143 頁的「問題和方法」中所說的，畫畫很有趣，能夠畫出一些東西，並讓電腦識別它有一種魔力。

在這個任務中,我們從一個與上次稍有不同的角度來探索繪圖檢測的實作,我們將建立一個 App,讓使用者在他們的 iOS 設備上繪製簡單的黑白圖像,然後讓 App 對其進行分類。

圖 7-4 顯示了我們完成後的 App。

圖 7-4　我們的繪圖偵測器

人工智慧工具集和資料集合

我們用於這個任務的人工智慧工具集是完全和我們在第 144 頁的「人工智慧工具集和資料集合」中使用的一樣。事實上,我們使用相同的模型(因此,也使用相同的資料集合,如圖 7-5 所示)。

圖 7-5　Google 的 Quick, Draw! 遊戲

在第 147 頁的「建立一個模型」的結尾，我們做出了一個 *DrawingClassifierModel.mlmodel* 模型檔案。我們在這裡再次使用這個模型。

建立 App

因為我們已在第 265 頁的「人工智慧工具集和資料集合」準備好模型了，所以讓我們直接開始建立 App。我們的 App 使用 UIKit，並擁有以下功能：

- 一個可以被畫的 `UIImageView`

- 一個用來觸發繪圖分類的 `UIButton`

- 一個 `UINavigationBar` 與一些按鈕，讓我們清除繪圖，或還原動作如果您不想從頭建立這個 iOS App，您可以從 *https://aiwithswift.com* 下載程式碼，找到名為 DDDemo-Drawingr 的專案。下載好了之後，再快速瀏覽本節的其餘部分，然後在第 131 頁的「人工智慧工具集和資料集合」與我們再見面。

若想要自行建立 App，您需要做以下工作：

1. 在 Xcode 中建立一個 iOS App 專案，選擇 Single View App 範本。

2. 建立專案之後，打開 *Main.storyboard* 檔案，並建立一個具有以下元件的 UI：

   - 一個 UINavigationBar，它的左側包含一個 UIBarButtonItem，用於清除 view，右側則是一個 UIBarButtonItem 用於還原動作

   - 一個用來繪圖的 UIImageView

   - 一個用來執行分類 UIButton，您可以在圖 7-6 中看到我們故事板的樣子。

3. 在您放置好必要的元素之後，請確保加入了適當的 constraint。

4. 為 *ViewController.swift* 檔案中的多個 UI 物件連接 outlet，如下：

   ```
   @IBOutlet weak var clearButton: UIBarButtonItem!
   @IBOutlet weak var undoButton: UIBarButtonItem!
   @IBOutlet weak var imageView: UIImageView!
   @IBOutlet weak var classLabel: UILabel!
   @IBOutlet weak var classifyButton: UIButton!
   ```

5. 為多個 UI 物件連接 action，如下：

   ```
   @IBAction func clearButtonPressed(_ sender: Any) { clear() }
   @IBAction func undoButtonPressed(_ sender: Any) { undo() }
   @IBAction func classifyButtonPressed(_ sender: Any) { classify() }
   ```

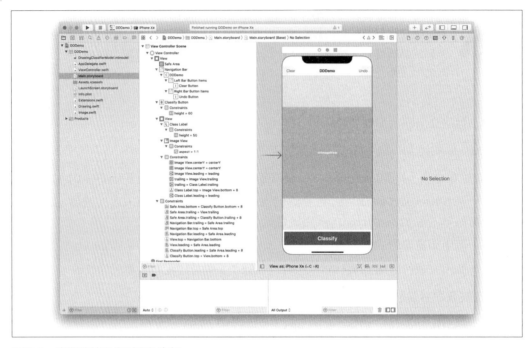

圖 7-6　我們的繪圖偵測器故事板

6. 將第 265 頁的「人工智慧工具集和資料集合」中的模型檔案 *DrawingClassifierModel. mlmodel*，拖進專案中，並允許 Xcode 根據需要複製，如圖 7-7 所示。

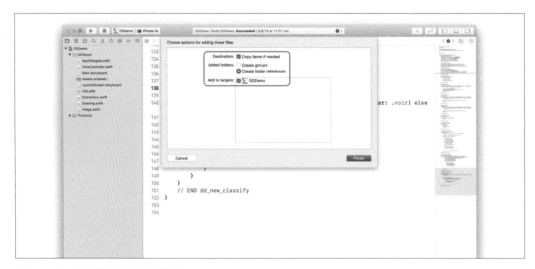

圖 7-7　加入我們的模型到專案中

接下來，我們建立一個名為 *Extensions.swift* 的新檔案，為了讓東西可用，所以要建立一些擴展（我們之後將會再回到 *ViewController.swift* 檔案）：

1. 加入一個新的 Swift 檔案 *Extensions.swift* 到專案中。

2. 加入以下 import。

```
import UIKit
```

3. 為 CGContext 加入一個 extension。

```swift
extension CGContext {
    static func create(size: CGSize,
        action: (inout CGContext) -> ()) -> UIImage? {

        UIGraphicsBeginImageContextWithOptions(size, false, 1.0)

        guard var context = UIGraphicsGetCurrentContext() else {
            return nil
        }

        action(&context)

        let result = UIGraphicsGetImageFromCurrentImageContext()

        UIGraphicsEndImageContext()

        return result
    }
}
```

這個 extension 為 CGContext 加入一個 create() 函式，該函式接受 CGSize，並回傳一個 UIImage。一個 CGContext 是一個 Apple 渲染子系統中可以被繪製的目標（不一定只能做繪製，它是一個可以使用圖像的地方）。您可以到 Apple 的文件（*https://apple.co/35HRaht*）閱讀更多關於 CGContext 的詳細資訊。

4. 為 UIButton 加入一個 extension：

```swift
extension UIButton {
    func enable() {
        self.isEnabled = true
        self.backgroundColor = UIColor.systemBlue
    }

    func disable() {
        self.isEnabled = false
```

```
        self.backgroundColor = UIColor.lightGray
    }
}
```

如果您已經做過本書中的其他一些任務，那麼這看起來彎熟悉的：它讓我們呼叫 UIButton 的 enable() 或 disable() 來設定它們的狀態和顏色。

5. 在同一個 Swift 檔案中，為 UIBarButtonItem 加入一個擴展：

```
extension UIBarButtonItem {
    func enable() { self.isEnabled = true }
    func disable() { self.isEnabled = false }
}
```

這和我們在 UIButton 中所做的是一樣的，它是我們將要使用的另一種類型的按鈕。

接下來，加入另一個名為 *Image.swift* 的新檔案，我們將使用一些簡便的程式碼來協助處理圖像：

1. 加入一個名為 *Image.swift* 的新 Swift 檔案到專案中。

2. 加入以下 import：

```
import UIKit
```

3. 為 CIFilter 加入以下 extension：

```
extension CIFilter {
    static let mono = CIFilter(name: "CIPhotoEffectMono")!
    static let noir = CIFilter(name: "CIPhotoEffectNoir")!
    static let tonal = CIFilter(name: "CIPhotoEffectTonal")!
}
```

4. 為 UIImage 加入一個 extension，待會我們會為這個 extension 加上兩個函式：

```
extension UIImage {

}
```

5. 我們需要加到 UIImage extension 的第一個函式，是讓我們可以套用一個 CIFilter：

```
func applying(filter: CIFilter) -> UIImage? {
    filter.setValue(CIImage(image: self), forKey: kCIInputImageKey)

    let context = CIContext(options: nil)
    guard let output = filter.outputImage,
```

```
        let cgImage = context.createCGImage(
                output, from: output.extent
            ) else {
                return nil
        }

        return UIImage(
            cgImage: cgImage,
            scale: scale,
            orientation: imageOrientation)
    }
```

6. 第二個函式是我們的圖像定位助手：

```
var cgImageOrientation: CGImagePropertyOrientation {
    switch self.imageOrientation {
    case .up: return .up
    case .down: return .down
    case .left: return .left
    case .right: return .right
    case .upMirrored: return .upMirrored
    case .downMirrored: return .downMirrored
    case .leftMirrored: return .leftMirrored
    case .rightMirrored: return .rightMirrored
    }
}
```

建立一個名為 *Drawing.swift* 的新檔案中，我們要加入了一些助手以配合人工智慧元件：

1. 加入一個名為 *Drawing.swift* 的新 Swift 檔案到專案中。

2. 加入以下 import：

```
import UIKit
import Vision
```

3. 建立一個名為 Drawing 的 enum，它要實作 CaseIterable 協議，而且內含所有我們的繪圖分類器認識的 case：

```
enum Drawing: String, CaseIterable {
    /// 這些只限於被用來訓練模型的那些
    /// 其他的可以在訓練階段被納入，請參見資料集合中的完整的類別清單：
    /// https://raw.githubusercontent.com/googlecreativelab/
    ///     quickdraw-dataset/master/categories.txt
    case apple, banana, bread, broccoli, cake, carrot, coffee, cookie
```

```
        case donut, grapes, hotdog, icecream, lollipop, mushroom, peanut, pear
        case pineapple, pizza, potato, sandwich, steak, strawberry, watermelon

    }
```

4. 在 Drawing enum 中，加入一個 init() 函式：

```
    init?(rawValue: String) {
        if let match =
            Drawing.allCases.first(where: { $0.rawValue == rawValue }) {
            self = match
        } else {
            switch rawValue {
                case "coffee cup":  self = .coffee
                case "hot dog":     self = .hotdog
                case "ice cream":   self = .icecream
                default: return nil
            }
        }
    }
```

這個 init() 函式接受一個 String 參數，並會將該參數與我們剛才實作的其中一個 case 匹配。我們特別做了幾件事，將「coffee cup」設為 .coffee，「hot dog」設為 .hotdog，「ice cream」設為 .icecream。

5. 因為現在正在 Drawing enum 中，所以我們要為每個 case 指定一個表情符號：

```
    var icon: String {
        switch self {
        case .apple: return "🍎"
        case .banana: return "🍌"
        case .bread: return "🍞"
        case .broccoli: return "🥦"
        case .cake: return "🍰"
        case .carrot: return "🥕"
        case .coffee: return "☕"
        case .cookie: return "🍪"
        case .donut: return "🍩"
        case .grapes: return "🍇"
        case .hotdog: return "🌭"
        case .icecream: return "🍦"
        case .lollipop: return "🍭"
        case .mushroom: return "🍄"
        case .peanut: return "🥜"
```

```
        case .pear: return " "
        case .pineapple: return " "
        case .pizza: return " "
        case .potato: return " "
        case .sandwich: return " "
        case .steak: return " "
        case .strawberry: return " "
        case .watermelon: return " "
        }
    }
```

6. 為 VNImageRequestHandler 加入一個 extension，並加入一個方便初始化器：

```
extension VNImageRequestHandler {
    convenience init?(uiImage: UIImage) {
        guard let ciImage = CIImage(image: uiImage) else { return nil }
        let orientation = uiImage.cgImageOrientation

        self.init(ciImage: ciImage, orientation: orientation)
    }
}
```

這 段 程 式 碼 讓 我 們 可 使 用 UIImage 建 立 VNImageRequestHandler。VNImageRe
questHandler 屬於 Apple Vision framework 的一部分；它讓我們可以要求對圖像執行
某些操作。

7. 為我們的模型加入以下 extension：

```
extension DrawingClassifierModel {
    func classify(_ image: UIImage?,
        completion: @escaping (Drawing?) -> ()) {

        guard let image = image,
            let model = try? VNCoreMLModel(for: self.model) else {
                return completion(nil)
        }

        let request = VNCoreMLRequest(model: model)

        DispatchQueue.global(qos: .userInitiated).async {
            if let handler = VNImageRequestHandler(uiImage: image) {

                try? handler.perform([request])
```

```
                    let results = request.results
                        as? [VNClassificationObservation]

                    let highestResult =
                        results?.max { $0.confidence < $1.confidence }

                    print(results?.list ?? "")

                    completion(
                        Drawing(rawValue: highestResult?.identifier ?? "")
                    )
                } else {
                    completion(nil)
                }
            }
        }
    }
```

DrawingClassifierModel 這 個 extension，加 入 了 一 個 名 為 classify() 的 函 式，我
們可以將一個 UIImage 傳給它以進行分類。這個 UIImage 將是我們要分類的繪圖。
classify() 函式會檢查是否收到了一個圖像，然後檢查自己是否連接著一個可要求
Apple 的 Vision framework（VNCoreMLModel）做事的 CoreML 模 型，然 後 開 始 要 求 放
一 個 VNClassificationObservation 到佇列上。我們會得到的結果是之前建立的 Drawing
enum。

如果出於某種原因，您的模型檔案被命名為不同的名稱，那麼您的
extension 的定義需要依循該名稱。

8. 為由 VNClassificationObservation 組成的 Collection 加入一個擴展：

```
extension Collection where Element == VNClassificationObservation {
    var list: String {
        var string = ""
        for element in self {
            string += "\(element.identifier): " +
                "\(element.confidence * 100.0)%\n"
        }
        return string
    }
}
```

這個 extension 加入了一個 list var，這讓我們可依需要取得一個包含分類的可信度的 String。

現在，我們可以回傳到 *ViewController.swift* 並將東西整合起來：

1. 在我們的 outlet 和 action 下面加入一些實用的變數：

```
var classification: String? = nil
private var strokes: [CGMutablePath] = []
private var currentStroke: CGMutablePath? { return strokes.last }
private var imageViewSize: CGSize { return imageView.frame.size }
private let classifier = DrawingClassifierModel()
```

這樣，我們就有地方可用來儲存要拿來分類的目標，CGMutablePath 可儲存筆劃（strock）的（一張繪圖是由多個筆劃所組成的，而 CGMutablePath（*https://apple.co /2MSdegG*）被用來儲存筆劃），還有代表 image view 的大小的 CGSize，還有代表我們的模型檔案的東西。

2. 覆蓋 viewDidLoad()：

```
override func viewDidLoad() {
    super.viewDidLoad()

    undoButton.disable()
    classifyButton.disable()
}
```

這個修改讓我們能禁用 view 中的按鈕，因為沒有理由在 view 載入後立即啟動它們。

3. 現在，我們來看看實際的繪圖程式碼。首先，覆蓋掉 touchesBegan()：

```
// 新的筆劃開始
override func touchesBegan(_ touches: Set<UITouch>,
    with event: UIEvent?) {

    guard let touch = touches.first else { return }

    let newStroke = CGMutablePath()
    newStroke.move(to: touch.location(in: imageView))
    strokes.append(newStroke)
    refresh()
}
```

這讓我們知道在 view 中檢測到了觸摸。我們取得觸摸並使用它附加到我們先前建立的 CGMutablePath（儲存筆劃的物件）變數中。

4. 類似地，我們覆蓋 touchesMoved()：

```
// 筆劃移動了
override func touchesMoved(_ touches: Set<UITouch>,
    with event: UIEvent?) {

    guard let touch = touches.first,
        let currentStroke = self.currentStroke else {
            return
    }

    currentStroke.addLine(to: touch.location(in: imageView))
    refresh()
}
```

這是一樣的東西，只差在是觸摸移動時執行而不是在開始時執行。

5. 同樣地，覆蓋 touchesEnded()：

```
// 筆劃結束
override func touchesEnded(_ touches: Set<UITouch>,
    with event: UIEvent?) {

    guard let touch = touches.first,
        let currentStroke = self.currentStroke else {
            return
    }

    currentStroke.addLine(to: touch.location(in: imageView))
    refresh()
}
```

6. 加入一個 undo() 函式，這樣我們可以依需要呼叫它來刪除最後一個筆劃：

```
// 還原最後一個筆劃
func undo() {
    let _ = strokes.removeLast()
    refresh()
}
```

在這裡，我們並沒有用「正確」的方式實作還原，因為我們的還原要求是如此簡單明瞭，這本書也不是教您如何使用 Apple 的非人工智慧 framework。如果您對在 Swift App 中更完整的還原方法感到好奇，可以查看一下 Apple 的文件（*https://apple.co/2VOWevQ*）。

7. 加入一個 clear() 函式，如果我們想刪除所有筆劃，可以呼叫該函式：

```
// 清除所有筆劃
func clear() {
    strokes = []
    classification = nil
    refresh()
}
```

8. 加入一個 refresh() 函式，使正在顯示的 view 與我們正在儲存的筆劃路徑一致（您可能已經注意到，每次我們在對筆劃做了什麼之後，我們都會呼叫這個尚未實作的函式）：

```
// 刷新 view 來顯示
func refresh() {
    if self.strokes.isEmpty { self.imageView.image = nil }

    let drawing = makeImage(from: self.strokes)
    self.imageView.image = drawing

    if classification != nil {
        undoButton.disable()
        clearButton.enable()
        classifyButton.disable()
    } else if !strokes.isEmpty {
        undoButton.enable()
        clearButton.enable()
        classifyButton.enable()
    } else {
        undoButton.disable()
        clearButton.disable()
        classifyButton.disable()
    }

    classLabel.text = classification ?? ""
}
```

9. 我們還需要一個函式，這個函式要能輸入多個筆劃，並產出一個點陣圖圖像，我們可以將該圖像傳遞給分類模型：

```
// 在圖像上繪製筆劃
func makeImage(from strokes: [CGMutablePath]) -> UIImage? {
    let image = CGContext.create(size: imageViewSize) { context in
        context.setStrokeColor(UIColor.black.cgColor)
        context.setLineWidth(8.0)
        context.setLineJoin(.round)
```

```
        context.setLineCap(.round)

        for stroke in strokes {
            context.beginPath()
            context.addPath(stroke)
            context.strokePath()
        }
    }

    return image
}
```

10. 加入一個 classify() 函式，以得到分類結果：

```
func classify() {
    guard let grayscaleImage =
        imageView.image?.applying(filter: .noir) else {
            return
    }

    classifyButton.disable()
    classifier.classify(grayscaleImage) { result in
        self.classification = result?.icon

        DispatchQueue.main.async {
            self.refresh()
        }
    }
}
```

完成了。如果您執行這個 App，畫一個它能檢測到的簡單東西，然後點擊按鈕，您應該
會看到一個以表情符號形式顯示的分類預測，如圖 7-8 所示。

圖 7-8　實際執行我們的繪圖分類器

任務：活動分類

在第 258 頁的「任務：活動識別」中，我們建立了一個 App，它可以識別 App 的使用者正在執行的活動，我們當時使用的是 Apple 提供的 CoreMotion framework。對於現在這個任務，我們將進一步發揚這個想法，並建立我們自己的機器學習模型，它可以對人類的運動活動進行分類。

問題和方法

如前所述，在充滿硬體活動追蹤器的時代，活動識別變得越來越流行。

在這個任務中，我們將透過以下步驟來探索活動分類的實作：

- 建立我們自己的模型，此模型可以檢測設備使用者正在執行的人類運動活動
- 選擇用於建立機器學習模型和為問題準備資料集合的工具箱
- 建立和訓練一個活動分類模型
- 看看我們如何將這個模型整合到一個 App 中

讓我們開始吧。

人工智慧工具集和資料集合

我們需要為這個問題組合我們的工具箱。我們在本例中使用的主要工具是 Apple 的 Turi Create Python framework 和 CoreML。

為了讓我們的模型有能力將運動活動分類為走路、跑步、坐著、上樓等等，我們需要一個資料集合，用來訓練一個活動分類模型，以分類這些活動。

雖然我們可以自行建立一個資料集合，但現在我們要使用的是加州大學歐文分校一些聰明的研究員建立的資料集合：「Smartphone-Based Recognition of Human Activities and Postural Transitions Data Set」（HAPT）（*http://bit.ly/2P3eEI9*），如圖 7-9 所示。

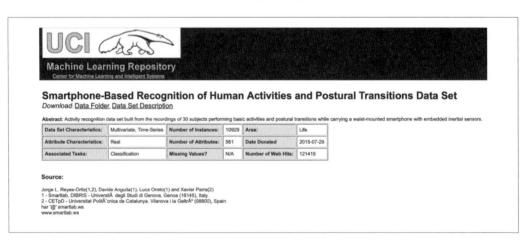

圖 7-9　HAPT 資料集合網站

HAPT 資料集合包含加速度計和陀螺儀資料，這些資料是來自於人們，它們進行各種人類活動（和非活動）：

- 坐下來

- 站起來

- 躺著

- 走

- 下樓

- 上樓

- 從站著變成坐著

- 從坐著變成站著

- 從坐著變成躺著

- 從躺著變成坐著

- 從站著變成躺著

- 從躺著變成站著

資料是由加州大學歐文分校團隊的參與者所記錄下的；每個參與者的腰上都戴著一部三星 Galaxy 智慧手機（如果您不告訴 Apple，我們也不會告訴 Apple），加速度計和陀螺儀的資料以每秒 50 Hz，即每秒 50 次的速度捕捉，並由正在觀看的研究人員（研究人員喜歡觀看）手動標記標籤。

作為一個看著這類資料的人類，我們很容易就可以搞清楚到底發生了什麼。圖 7-10 為 3 秒走路資料，圖 7-11 為 3 秒坐著的資料；您能看出兩者區別嗎？

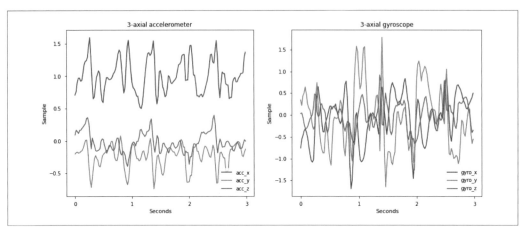

圖 7-10 三秒 APT 走路資料，以圖形顯示

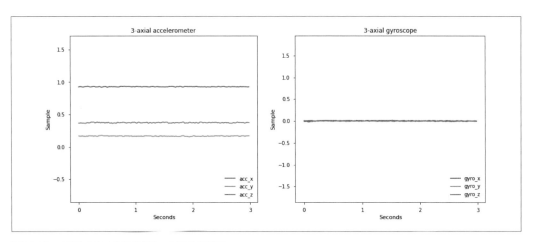

圖 7-11 三秒 APT 坐著資料，以圖形顯示

若要取得資料集合，請到 Smartphone-Based Recognition of Human Activities and Postural Transitions Data Set（*http://bit.ly/2P3eEI9*）網站並下載 HAPT 資料集合（靠近網頁上方寫著 Data folder 的，就是它的連結）。將資料集合儲存到安全的地方並解壓縮，如圖 7-12 所示。

圖 7-12 解壓縮後的 HAPT 資料集合

準備資料

下載了資料集合後，我們要使用 Apple 的 Turi Create Python framework 來準備資料，之後我們就可以用它來建立模型。請回到第 36 頁的「Turi Create」查看關於 Turi Create 功能的說明。

像我們之前使用 Python 時一樣，我們建議您使用 Anaconda 來作環境管理。請按照第 45 頁的「Python」中的說明，然後執行以下操作：

1. 建立一個新的 Anaconda 環境：

    ```
    conda create -n ActivityClassifierEnv python=3.6
    ```

2. 啟動環境：

    ```
    conda activate ActivityClassifierEnv
    ```

3. 使用 pip 來安裝 Turi Create：

    ```
    pip install turicreate
    ```

4. 在你解壓縮資料的同一個資料夾中，使用您喜歡的文字編輯器（我們偏好 Visual Studio Code 和 BBEdit，但是任何編輯器都可以）建立一個新的 Python 腳本（我們的腳本命名為 *activity_model_training.py*），其中包含以下 Python import：

    ```
    import turicreate as tc
    from glob import glob
    ```

5. 指定 HAPT 資料集合的位置：

    ```
    data_dir = 'HAPT/RawData/'
    ```

6. 定義一個函式，可依樣本索引找到一個標籤：

    ```
    def find_label_for_containing_interval(intervals, index):
        containing_interval = intervals[:, 0][
            (intervals[:, 1] <= index) & (index <= intervals[:, 2])]
    ```

```
        ]
        if len(containing_interval) == 1:
            return containing_interval[0]
```

7. 讀取 CSV 檔案，適當地重命名標籤，並印出它們：

```
labels = tc.SFrame.read_csv(
    data_dir + 'labels.txt',
    delimiter=' ',
    header=False,
    verbose=False)

labels = labels.rename({
    'X1': 'exp_id',
    'X2': 'user_id',
    'X3': 'activity_id',
    'X4': 'start',
    'X5': 'end'
})
print(labels)
```

8. 如果您在此時執行腳本（python activity_model_training.py），您將看到如下內容：

```
+--------+---------+-------------+-------+------+
| exp_id | user_id | activity_id | start | end  |
+--------+---------+-------------+-------+------+
|   1    |    1    |      5      |  250  | 1232 |
|   1    |    1    |      7      |  1233 | 1392 |
|   1    |    1    |      4      |  1393 | 2194 |
|   1    |    1    |      8      |  2195 | 2359 |
|   1    |    1    |      5      |  2360 | 3374 |
|   1    |    1    |     11      |  3375 | 3662 |
|   1    |    1    |      6      |  3663 | 4538 |
|   1    |    1    |     10      |  4539 | 4735 |
|   1    |    1    |      4      |  4736 | 5667 |
|   1    |    1    |      9      |  5668 | 5859 |
+--------+---------+-------------+-------+------+
[1214 rows x 5 columns]
```

9. 從 HAPT 資料集合中載入加速度計和陀螺儀資料文字檔案：

```
acc_files = glob(data_dir + 'acc_*.txt')
gyro_files = glob(data_dir + 'gyro_*.txt')
```

10. 將載入資料載入到一個 SFrame 中：

```
data = tc.SFrame()
files = zip(sorted(acc_files), sorted(gyro_files))
```

11. 依序將每個加速度計和陀螺儀檔案加入到該 SFrame 中：

```python
for acc_file, gyro_file in files:
    exp_id = int(acc_file.split('_')[1][-2:])
    user_id = int(acc_file.split('_')[2][4:6])

    # 載入加速度計資料
    sf = tc.SFrame.read_csv(
        acc_file,
        delimiter=' ',
        header=False,
        verbose=False)

    sf = sf.rename({'X1': 'acc_x', 'X2': 'acc_y', 'X3': 'acc_z'})
    sf['exp_id'] = exp_id
    sf['user_id'] = user_id

    # 載入陀螺儀資料
    gyro_sf = tc.SFrame.read_csv(
        gyro_file,
        delimiter=' ',
        header=False,
        verbose=False)

    gyro_sf = gyro_sf.rename({
        'X1': 'gyro_x',
        'X2': 'gyro_y',
        'X3': 'gyro_z'
    })
    sf = sf.add_columns(gyro_sf)

    # 計算標籤
    exp_labels = labels[labels['exp_id'] == exp_id][
        ['activity_id', 'start', 'end']
    ].to_numpy()

    sf = sf.add_row_number()

    sf['activity_id'] = sf['id'].apply(
        lambda x: find_label_for_containing_interval(exp_labels, x)
    )

    sf = sf.remove_columns(['id'])

    data = data.append(sf)
```

12. 為每個標籤定義易讀版的標籤：

```
target_map = {
    1.: 'walking',
    2.: 'upstairs',
    3.: 'downstairs',
    4.: 'sitting',
    5.: 'standing',
    6.: 'resting'
}
```

13. 連帶標籤資料，儲存 SFrame 到檔案中：

```
data = data.filter_by(target_map.keys(), 'activity_id')
data['activity'] = data['activity_id'].apply(lambda x: target_map[x])
data = data.remove_column('activity_id')

data.save('hapt_data.sframe')
```

這個 Python 腳本讀取資料集合，重命名標籤以提高可讀性，並載入加速度計和陀螺儀資料。然後腳本將資料放入 Turi Create 的 SFrame 物件中，我們所載入的加速度計和陀螺儀資料，可以對照出我們感興趣的活動類型（走路、上樓、下樓、坐下、站立和躺平），最後將 SFrame 物件儲存為檔案。

建立模型

接下來，讓我們加入執行訓練的程式碼。在同一個檔案的結尾處，做以下操作：

1. 將資料拆分為訓練集和測試集：

```
train, test = tc.activity_classifier.util.random_split_by_session(
    data, session_id='exp_id', fraction=0.8)
```

2. 建立一個活動分類器：

```
model = tc.activity_classifier.create(
    train,
    session_id='exp_id',
    target='activity',
    prediction_window=50)
```

3. 使用測試資料對模型進行評估，並印出其準確性：

```
metrics = model.evaluate(test)
print(metrics['accuracy'])
```

4. 以 Turi Create 格式儲存模型，以防止以後我們把它弄壞：

```
model.save('ActivityClassifier.model')
```

5. 將模型匯出為 CoreML 的 *.mlmodel* 格式：

```
model.export_coreml('ActivityClassifier.mlmodel')
```

這個腳本會透過訓練和測試（80% 資料用於訓練，20% 用於測試）來分割資料，並訓練一個分類器，評估它，然後將模型儲存為一個 Turi Create 格式模型和一個 CoreML 格式模型。

6. 執行腳本：

```
python activity_model_training.py
```

您應該看到類似圖 7-13 的東西，並且您的模型將被訓練。

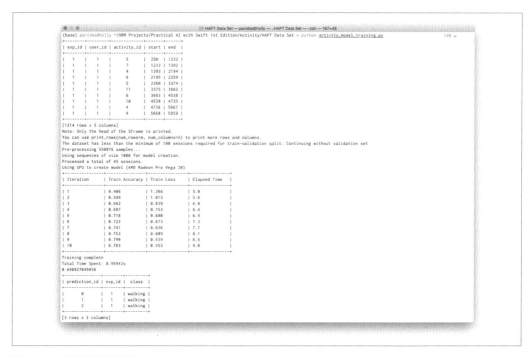

圖 7-13　活動分類器訓練

腳本的資料夾中您可找到兩個模型檔案（一個是 Turi Create 格式的 .model，另一個是 CoreML 格式的 .mlmodel），如圖 7-14 所示。

ActivityClassifier.
model

ActivityClassifier.
mlmodel

圖 7-14　活動分類器模型建立腳本的輸出結果

使用模型

讓我們來測試一下我們訓練好的模型。還記得我們在前面看到的三秒鐘走路資料嗎？如圖 7-15。

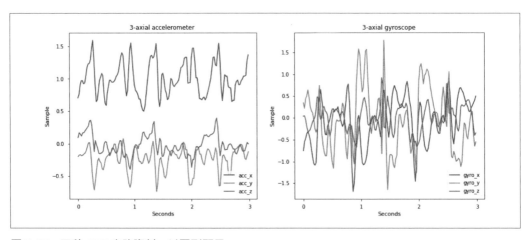

圖 7-15　三秒 APT 走路資料，以圖形顯示

只要我們建立一個新的 Python 腳本（我們的腳本取名為 *test_ac.py*，儲存在與訓練腳本相同的資料夾），我們就可以測試它了：

1. import Turi Create：

   ```
   import turicreate as tc
   ```

2. 載入我們之前儲存的 SFrame：

   ```
   loaded_sframe = tc.load_sframe(`hapt_data.sframe`)
   ```

3. 載入我們之前儲存的 Turi Create 模型：

   ```
   loaded_model = tc.load_model('ActivityClassifier.model')
   ```

4. 載入 3 秒走路資料（如圖 7-15 所示），然後要求進行預測：

   ```
   walking_3_sec = loaded_sframe[
       (loaded_sframe['activity'] == 'walking') &
           (loaded_sframe['exp_id'] == 1)
   ][1000:1150]

   print(loaded_model.predict(walking_3_sec, output_frequency='per_window'))
   ```

5. 執行腳本（python test_ac.py）您會得到一個預測結果，您應該會看到如下內容：

   ```
   +---------------+--------+---------+
   | prediction_id | exp_id |  class  |
   +---------------+--------+---------+
   |       0       |   1    | walking |
   |       1       |   1    | walking |
   |       2       |   1    | walking |
   +---------------+--------+---------+
   [3 rows x 3 columns]
   ```

您可以到 Turi Create（*http://bit.ly/2puCkKy*）的文件中，瞭解更多關於如何在 iOS 上的一個 Swift App 中使用 CoreML 模型。

任務：使用人工智慧擴增實境

由於這本書主要是關於人工智慧的，而不是講擴增實境（AR），但若不提到 AR + 人工智慧這強大的組合，就是我們的疏忽了！這個任務並不是一個完整的任務，因為若要詳細介紹 AR 的話，我們需要一整本書。

基本上，我們需實作一個圖像分類系統（在第 120 頁的「任務：圖像分類」），然後按照以下步驟：

1. 請在您的 ARKit 實作中，為每一幀都呼叫您的分類器（在本例中，它是 classifyCurrentImage()）：

```
func session(_ session: ARSession, didUpdate frame: ARFrame) {
    guard currentBuffer == nil, case .normal = frame.camera.trackingState else {
        return
    }

    self.currentBuffer = frame.capturedImage
    classifyCurrentImage()
}
```

2. 在您的 classifyCurrentImage() 實作中，請從 ViewController 中取得 currentBuffer，然後做機器學習：

```
let requestHandler = VNImageRequestHandler(cvPixelBuffer: currentBuffer!,
                                           orientation: orientation)
visionQueue.async {
    do {
        defer { self.currentBuffer = nil }
        try requestHandler.perform([self.classificationRequest])
    } catch {
        print("Error: ML request failed: \"\(error)\"")
    }
}
```

如果您想要的話，你可以在 AR 中視覺化這些結果。

Apple 有一個可以接受的樣本專案；您可以在文件（*https://apple.co/2Mom0E1*）中找到它。

下一步

以上是運動章節的全部內容。我們已經涵蓋了一些您可能想要用 Swift 來完成的常見運動相關的實用人工智慧任務，我們使用了各種工具來完成。

我們看了四項任務：

活動識別

我們使用 Apple 的內建 framework 來得知使用者當前正在進行的活動，在這個任務中我們不需要訓練模型。

繪圖的手勢分類

以第 143 頁的「任務：繪圖識別」為基礎，我們建立了一個繪圖分類器，該分類器能分類 iOS 設備上的繪圖而不是照片中的繪圖。

活動分類

我們使用 Turi Create 來訓練我們自己的活動分類模型，該模型可以根據加速度計和陀螺儀資料樣本來判斷使用者正在進行哪種活動。

使用人工智慧擴增實境

為 AR 和人工智慧的整合，我們研究了合併 ARKit 的情況，這帶來更多神奇。

在第 11 章中，我們將從演算法的角度來研究本章所討論的每個任務實際發生了什麼事。

## 第八章

增益

本章將探討在您的 Swift App 中實作生成和推薦相關的人工智慧功能：我們統稱為領域**增益**。採用自上向下的方法，我們將探索五個增益任務，以及如何使用 Swift 和各種人工智慧工具來實作它們。

人工智慧與增益

我們將要研究兩個子領域的增益：**生成**（*generation*）和**推薦**（*recommentdation*）。以下是我們在本章探索的五個實際增益任務：

圖像風格轉換（*Image style transfer*）

> 在圖像之間轉換風格

句子生成（*Sentence generation*）

> 使用 Markov 鏈（Markov chain）生成句子。

用 GAN 生成圖像（*Image generation with a GAN*）

> 建立我們自己的生成對抗網路（Generative Adversarial Network，GAN），在 iOS 上建立圖像。

推薦電影（*Movie recommendation*）

> 根據使用者之前做過的電影評論向他推薦電影。

回歸（*Regressor*）

> 使用回歸來預測數值。

我們稱這一章為「增益」，因為我們把用人工智慧生成東西相關的任務，以及用人工智慧推薦東西的任務都放在這一章。這些東西在技術上與它底下的東西並沒有必然的關連性，我們選擇結合它們是為了方便，而不是其他原因，以「增益」作為標題還蠻合理的。

任務：圖像風格轉換

我們已經完成了相當多的實際人工智慧任務，包括檢測或分類。神經風格轉換（Neural Style Transfer，NST）是一種機器學習技術，通常涉及兩個圖像：一個是*風格圖像*（*style image*），另一個是*內容圖像*（*content image*）。

風格圖像是一種風格來源，然後將該風格複製到內容圖像。您可能經常會在流行的社交媒體 App 中看到過這個：這是一種可讓您平凡無奇的早餐看起來像梵谷（Van Gogh）畫的好方法。

風格轉換不僅僅應用於圖像。可以用聲音，文字，和其他東西來實作風格轉換。這些領域有點超出本書的範圍，但是我們在本章的最後會提到它們。

問題和方法

我們想做一個 App，這個 App 可讓使用者在自己的圖像上執行風格轉換，如圖 8-1 所示。

在這個任務中，我們將會探索圖像為主的風格轉換的實作，會進行以下的工作：

* 製作一個 App，讓使用者在自己的圖像上執行風格轉換
* 建立一個 App，讓我們可選用或拍攝照片，然後選擇一個預定義的風格圖像，接著將該風格轉換到他們選擇的圖像
* 選擇風格轉換模型和準備資料集合（風格圖像）的工具箱
* 建立和訓練風格轉換模型
* 在我們的 App 中加入風格轉換模型
* 改善我們的 App

在看完這些之後,我們將快速接觸風格轉移的理論,並為您指出一些資源,您可以使用這些資源自己做進一步改進。讓我們開始吧!

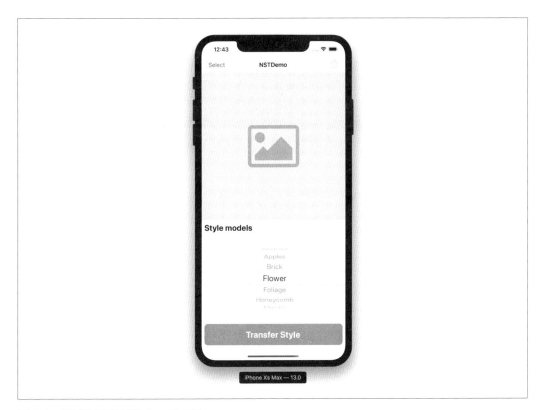

圖 8-1　我們的風格轉移 App 完成品

建立 App

我們顯然需要一個 App。正如前面幾章所教導的那樣,一切都需要一個 App。讓我們為此建立一個 App。在我們開始之前,像之前一樣,我們要建立一個合理簡單的起始 App。

我們將要建立的起始 iOS App 有以下功能:

- 一個 `UIImageView`,用於顯示使用者想要做轉換風格的圖像,以及在風格轉換後再度顯示圖像

- 一個 UIPickerView，用於顯示所有可用於轉換的風格

- 一個 UIButton，用於觸發風格轉換

- 一個 UINavigationBar 和一些 UIBarButtonItem，用於一個圖像能被選取

 這本書的目的是教您如何在 Swift 和 Apple 平台上使用人工智慧和機器學習功能。因此，我們不解釋如何建立 App 的細節；我們假設您基本上已經知道這些了（儘管如果您不知道，我們認為您只要花點心思，就能很好地跟上）。如果您想學習 Swift，我們建議您選讀 O'Reilly 出版的 *Swift 學習手冊*（*https://oreil.ly/DLVGh*）（也是我們寫的書）。

圖 8-2 是 UI 的呈現。注意，它看起來與最終版本非常相似。

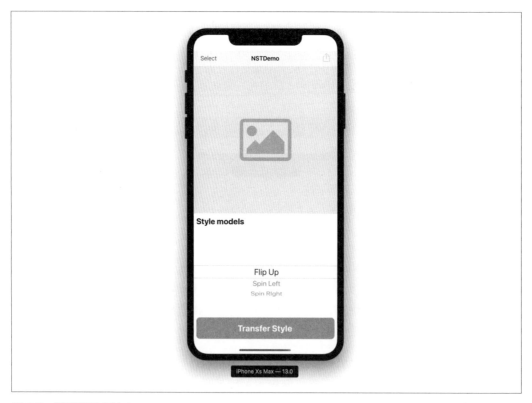

圖 8-2　風格轉移起始 App

如果您不想從頭建立這個 iOS App，您可以從 *https://aiwithswift.com* 下載程式碼，找到名為 NSTDemo-Starter 的專案。下載好了之後，再快速瀏覽本節的其餘部分，然後跳到第 311 頁的「人工智慧工具集和資料集合」，在那個小節中我們將會探索用於建立風格轉換模型的工具。即使您使用我們建好的起始專案，而不自己手動建立它，我們仍強烈建議您繼續閱讀本節後面的內容，它將會很有幫助，我保證。

若想要自行建立 App，您需要做以下工作：

1. 在 Xcode 中建立一個 iOS App 專案，請像之前一樣選擇 Single View App 範本。我們在這個實際的例子中將使用 UIKit，所以不要選取 SwiftUI 核取方塊。

2. 建好專案之後，打開 *Main.storyboard* 檔案，並建立一個擁有以下元件的使用者介面：

   • 一個 UIImageView，用於顯示使用者選取的圖像以及最終風格轉換後的圖像

   • 一個 UIButton，用於觸發風格轉換

   • 一個 UIPickerView，用於顯示可用的風格清單

   • 一個放在 UIPickerView 上的 UILabel，用於表示風格列表

   • 兩邊各放置一個 UINavigationBar 和一個 UIBarButtonItem，分別用於讓使用者選取 / 拍攝照片和分享結果照片

   <<nststoryboard>> shows our storyboard.

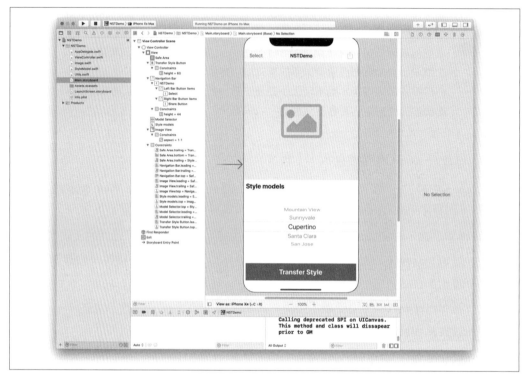

圖 8-3 我們的故事板

3. 在放好必要的元素之後，請確保加入了適當的 constraint。

首先，我們需要加入一個名為 *StyleModel.swift* 的新檔案，我們稍後將使用它來建立風格轉換模型。現在，我們支援的「風格」只有旋轉或翻轉圖像。現在請建立一個新檔案 *StyleModel.swift*，並加入以下內容：

```swift
import UIKit
import CoreML

enum StyleModel: String, CaseIterable {
    case upsideDown = "Flip Up"
    case left = "Spin Left"
    case right = "Spin RIght"

    var isActive: Bool { return true }
    // 將此設定為啟用某些模型的條件

    init(index: Int) { self = StyleModel.styles[index] }
```

```
            static var styles: [StyleModel] { return self.allCases.filter
            { style in style.isActive }
            }

            var name: String { return self.rawValue }
            var styleIndex: Int { return StyleModel.styles.firstIndex(of: self)! }
        }
```

這段程式定義了一個名為 StyleModel 的新 enum，這個列舉型態符合 String 和 CaseIterable 協定，並定義了一些樣式的基本樣式（如我們之前說過的，只用來翻轉和旋轉影像），以及一些用來儲存名稱的變數，以及列舉的樣式索引等等東西。

接下來，我們要建立一個蠻大的 UIImage extension，這個擴展將幫助我們在執行樣式轉換時使用 UIImage 物件。請建立一個名為 *Image.swift* 的檔案：

4. 將以下 UIImage extension 的程式碼加入該檔中：

```
        import UIKit

        // 註記：UIImage Extensions

        extension UIImage{

            static let placeholder = UIImage(named: "placeholder.png")!

            /// 試圖用指定的 .mlmodel 和輸入選項，對 UIImage 做神經風格轉換
            /// - 參數 modelSelection：選定要傳給 .mlmodel 的 StyleModel enum case

            /// 回傳圖像的拷貝，使用 .aspectfill-ed 指定大小，多出來的
            /// 裁切掉，盡量保留原圖
            /// - 參數 size：新圖像的大小

            /// 回傳圖像的拷貝，大小調整到指定大小
            /// - 參數 size：新圖像的大小

            /// 回傳圖像的拷貝，裁剪到指定大小
            /// - 參數 size：新圖像的大小

            /// 為指定圖像、大小與屬性建立並回傳 CVPixelBuffer
        }
```

你將會發現我們定義了一個新的 UIImage，它指向一個預留位置影像檔案。你可以在我們提供的下載資源裡的資源目錄中找到這個檔案。

5. 加入一個 styled() 函式：

```
func styled(with modelSelection: StyleModel) -> UIImage? {
    guard let cgImage = self.cgImage else { return nil }

    let orientation: UIImage.Orientation

    switch modelSelection {
        case .upsideDown: orientation = .downMirrored
        case .left: orientation = .left
        case.right: orientation = .right
    }

    return UIImage(
        cgImage: cgImage,
        scale: self.scale,
        orientation: orientation
    )
}
```

這個函式接受一個 StyleModel 參數，並會回傳一個 UIImage，以及執行風格轉換（在這個起始 App 中，將會依 StyleModel 選擇一個風格）。

6. 加入一個名為 aspectFilled() 的函式：

```
func aspectFilled(to size: CGSize) -> UIImage? {
    if self.size == size { return self }

    let (width, height) = (Int(size.width), Int(size.height))
    let aspectRatio: CGFloat = self.size.width / self.size.height
    let intermediateSize: CGSize

    if aspectRatio > 0 {
        intermediateSize = CGSize(
            width: Int(aspectRatio * size.height),
            height: height
        )
    } else {
        intermediateSize = CGSize(
            width: width,
            height: Int(aspectRatio * size.width)
        )
    }
```

```
        return self.resized(to: intermediateSize)?.cropped(to: size)
    }
```

這個函式回傳圖像的一個副本（即本例中的 self，因為這些程式碼都是在 UIImage 的 extension 中），將多餘的裁剪掉，以填充到指定的大小。

7. 並用下面的函式來調整圖像的大小到一個指定的大小：

```
    func resized(to size: CGSize) -> UIImage? {
        let newRect = CGRect(origin: CGPoint.zero, size: size)

        UIGraphicsBeginImageContextWithOptions(size, false, 0.0)
        self.draw(in: newRect)
        let newImage = UIGraphicsGetImageFromCurrentImageContext()
        UIGraphicsEndImageContext()

        return newImage
    }
```

8. 一樣地，加入一個函式來裁剪圖像到一個指定的大小：

```
    func cropped(to size: CGSize) -> UIImage? {
        guard let cgImage = self.cgImage else { return nil }

        let widthDifference = self.size.width - size.width
        let heightDifference = self.size.height - size.height

        if widthDifference + heightDifference == 0 { return self }
        if min(widthDifference, heightDifference) < 0 { return nil }

        let newRect = CGRect(
            x: widthDifference / 2.0,
            y: heightDifference / 2.0,
            width: size.width,
            height: size.height
        )

        UIGraphicsBeginImageContextWithOptions(newRect.size, false, 0)

        let context = UIGraphicsGetCurrentContext()

        context?.translateBy(x: 0.0, y: self.size.height)
        context?.scaleBy(x: 1.0, y: -1.0)
        context?.draw(cgImage,
            in: CGRect(
                x:0,
                y:0,
```

```
            width: self.size.width,
            height: self.size.height
        ),
        byTiling: false)

    context?.clip(to: [newRect])

    let croppedImage = UIGraphicsGetImageFromCurrentImageContext()

    UIGraphicsEndImageContext()

    return croppedImage
}
```

9. 最後讓我們在這個檔案的 UIImage extension 中，加入一個函式來建立並回傳一個
   CVPixelBuffer：

```
func pixelBuffer() -> CVPixelBuffer? {

    guard let image = self.cgImage else { return nil }

    let dimensions: (height: Int, width: Int) =
        (Int(self.size.width), Int(self.size.height))

    var pixelBuffer: CVPixelBuffer?
    let status = CVPixelBufferCreate(
        kCFAllocatorDefault,
        dimensions.width,
        dimensions.height,
        kCVPixelFormatType_32BGRA,
        [kCVPixelBufferCGImageCompatibilityKey: kCFBooleanTrue,
         kCVPixelBufferCGBitmapContextCompatibilityKey: kCFBooleanTrue]
            as CFDictionary,
        &pixelBuffer
    )

    guard let createdPixelBuffer = pixelBuffer,
        status == kCVReturnSuccess else {
            return nil
    }

    let populatedPixelBuffer =
        createdPixelBuffer.perform(permission: .readAndWrite) {
            guard let graphicsContext =
                CGContext.createContext(for: createdPixelBuffer) else {
                    return nil
```

```
                }

            graphicsContext.draw(image,
                in: CGRect(
                    x: 0,
                    y: 0,
                    width: dimensions.width,
                    height: dimensions.height)
                )
            return createdPixelBuffer
        } as CVPixelBuffer?

    return populatedPixelBuffer
}
```

CVPixelBuffer 是一個定義在 Apple 的 Core Video framework 的像素緩衝物件。它讓我們可在記憶體中直接處理圖像的內容。我們稍後會說明為什麼需要它。

接下來,我們將建立一個名為 *Utils.swift* 的新檔案,在其中我們將加入一些輔助擴展和在整個風格轉換 App 中我們需要的各種東西。

在專案中建立一個名為 *Utils.swift* 的新檔案,然後做以下操作:

1. 加入一些 import 述句:

```
import UIKit
import CoreML
```

2. 在 MLMultiArray 上加入一個 extension:

```
extension MLMultiArray {

    /// 初始化由 Double: 0.0 組成的 MLMultiArray,將指定的索引改為
    /// 1.0,MLModel 與多個選項會使用這個索引,其中的
    /// 非零索引對應某個選項
    /// - 參數:
    ///     - size:選項的數量
    ///     - index:索引修改為 1.0
    convenience init(size: Int, selecting selectedIndex: Int) {
        do {
            try self.init(
                shape: [size] as [NSNumber],
                dataType: MLMultiArrayDataType.double)
        } catch {
            fatalError(
                "Could not initialise MLMultiArray for MLModel options.")
```

```
        }

        for index in 0..<size {
            self[index] = (index == selectedIndex) ? 1.0 : 0.0
        }
    }
}
```

這樣我們就可以初始化一個新的由 Double: 0.0 組成的 MLMultiArray，並將指定的索引改為 1.0。這使得我們使用 MLModel 時，可設定多種選項，其中非零的索引對應於一些被選用的選項。我們擴展過的 MLMultiArray 類別是 CoreML 的一部分，它被 CoreML 用來做模型的特徵輸入和輸出。我們已在第 2 章更詳細地討論它。

3. 為 CVPixelBufferLockFlags 加入一個 extension：

```
extension CVPixelBufferLockFlags {
    static let readAndWrite = CVPixelBufferLockFlags(rawValue: 0)
}
```

這將把一個 CVPixelBuffer 的鎖定旗標設定為 0，這告訴 Core Video framework 我們將讀取和寫入到該像素緩衝。如果我們不會去寫它，則我們可以以將旗標設定為 1（true），這將讓 Core Video 可執行某些優化，因為它知道緩衝的內容永遠不會被改變。

4. 這次換為 CVPixelBuffer 加入另一個 extension：

```
extension CVPixelBuffer {
    var width: Int {
        return CVPixelBufferGetWidth(self)
    }

    var height: Int {
        return CVPixelBufferGetHeight(self)
    }

    var bytesPerRow: Int {
        return CVPixelBufferGetBytesPerRow(self)
    }

    var baseAddress: UnsafeMutableRawPointer? {
        return CVPixelBufferGetBaseAddress(self)
    }

    /// 鎖定 CVPixelBuffer 的基本位址、執行的程式碼、解鎖基礎位置
    /// 和回傳程式碼輸出
```

```
/// - 參數：
///     - permission：指定要做的是 ReadOnly 或 ReadAndWrite
///     - action：要執行的程式碼區塊
func perform<T>(permission: CVPixelBufferLockFlags,
    action: () -> (T?)) -> T? {

    // 鎖定記憶體
    CVPixelBufferLockBaseAddress(self, permission)

    // 執行
    let output = action()

    // 解鎖記憶體
    CVPixelBufferUnlockBaseAddress(self, permission)

    // 回傳輸出
    return output
}
```

這個 CVPixelBuffer 的 extension 加入了一些容易存取的變數（width、height 等等），以及一些對 CVPixelBuffer 像素的操作。這在很大程度上與人工智慧無關，但如果您對如何使用 CVPixelBuffer 感興趣，請查看 Apple 的文件（*https://apple.co/2VRmYMh*）。

5. 為 CGContext 加入一個 extension，這讓我們能用一個指定的尺寸 CVPixelBuffer 建立一個 CGContext，並設定一些有用的預設值：

```
extension CGContext {

    /// 用一個指定的尺寸 CVPixelBuffer 建立一個 CGContext
    /// 以及預設值
    /// - 參數 pixelBuffer：要用來製作 context 的圖像 pixelBuffer
    static func createContext(for pixelBuffer: CVPixelBuffer)
        -> CGContext? {

        return CGContext(
            data: pixelBuffer.baseAddress,
            width: pixelBuffer.width,
            height: pixelBuffer.height,
            bitsPerComponent: 8,
            bytesPerRow: pixelBuffer.bytesPerRow,
            space: CGColorSpaceCreateDeviceRGB(),
            bitmapInfo: CGBitmapInfo.byteOrder32Little.rawValue |
                CGImageAlphaInfo.noneSkipFirst.rawValue
```

```
        )
    }

    /// 轉換 context.makeImage() 的輸出 CGImage 輸出到 UIImage 並回傳
    func makeUIImage() -> UIImage? {
        if let cgImage = self.makeImage() {
            return UIImage(cgImage: cgImage)
        }

        return nil
    }
}
```

CGContext 屬於 Apple Core Graphics framework 的一部分；它的功能是提供一個繪圖目的地。如果您熟悉任何其他圖形環境（例如 OpenGL 或 DirectX），那麼您將熟悉 *context* 的概念。如果您不熟，需要知道的是，CGContext 是為特定操作進有繪圖的區域。您可以在 Apple 的文件（*https://apple.co/35HRaht*）瞭解更多相關資訊，但這些資訊大多超出了這本書的範圍。

在本例中，我們的 extension 還提供了一個函式來回傳 UIImage。

6. 我們還需要為 CGSize 加入一個 extension，以符合 CustomStringConvertible 協定，此協定讓我們以一個字串回傳一個 CGSize 的寬度和高度：

```
extension CGSize: CustomStringConvertible {
    public var description: String {
        return "\(self.width) * \(self.height)"
    }
}
```

7. 加入兩個擴展，一個加入到 UIButton，另一個加入到 UIBarButtonItem，功能是來啟用或禁用它們（並設定一些 UIButton 的顏色）：

```
extension UIButton {
    func enable() {
        self.isEnabled = true
        self.backgroundColor = UIColor.systemBlue
    }

    func disable() {
        self.isEnabled = false
        self.backgroundColor = UIColor.lightGray
    }
}
```

```
extension UIBarButtonItem {
    func enable() { self.isEnabled = true }
    func disable() { self.isEnabled = false }
}
```

這些在 UIButton 和 UIBarButtonItem 上的擴展看起來應該很熟悉。

完成這些之後，我們就可以開始做 *ViewController.swift* 檔案中的工作了：

1. 將 UI 物件的 outlet 連接如下：

```
@IBOutlet weak var shareButton: UIBarButtonItem!
@IBOutlet weak var imageView: UIImageView!
@IBOutlet weak var modelSelector: UIPickerView!
@IBOutlet weak var transferStyleButton: UIButton!
```

2. 連接我們的 UI 中的按鈕 action：

```
@IBAction func selectButtonPressed(_ sender: Any) {
    summonImagePicker()
}

@IBAction func shareButtonPressed(_ sender: Any) {
    summonShareSheet()
}

@IBAction func transferStyleButtonPressed(_ sender: Any) {
    performStyleTransfer()
}
```

3. 加入一些屬性：

```
private var inputImage: UIImage?
private var outputImage: UIImage?
private var modelSelection: StyleModel {
    let selectedModelIndex = modelSelector.selectedRow(inComponent: 0)
    return StyleModel(index: selectedModelIndex)
}
```

我們有兩個 UIImage，一個給開始時的圖像使用，另一個給風格轉換後完成的圖像使用。我們還得到了一個 StyleModel，這是我們之前建立的，根據我們放在使用者介面上，已建立 outlet 的 UIPickerView 當前選擇的列來設定我們想要的風格。

4. 更新 viewDidLoad() 函式如下：

```
override func viewDidLoad() {
    super.viewDidLoad()
```

```
        modelSelector.delegate = self
        modelSelector.dataSource = self
        imageView.contentMode = .scaleAspectFill

        refresh()
    }
```

5. 加入一個函式，此函式會根據輸入圖像和 / 或輸出圖像是否存在，來啟用或禁用 UI 控制項：

```
    private func refresh() {
        switch (inputImage == nil, outputImage == nil) {
            case (false, false): imageView.image = outputImage
                transferStyleButton.enable()
                shareButton.enable()

            case (false, true): imageView.image = inputImage
                transferStyleButton.enable()
                shareButton.disable()

            default: imageView.image = UIImage.placeholder
                transferStyleButton.disable()
                shareButton.disable()
        }
    }
```

6. 加入一個函式來實際執行風格轉換：

```
    private func performStyleTransfer() {
        outputImage = inputImage?.styled(with: modelSelection)

        if outputImage == nil {
            summonAlertView()
        }

        refresh()
    }
```

現在我們需要加入一些擴展到 *ViewController.swift* 檔案，請在 ViewController 類別的外面，為 ViewController 加入擴展。

7. 加入一個 extension，此擴展要符合 UINavigationControllerDelegate 協定：

```
    extension ViewController: UINavigationControllerDelegate {
        private func summonShareSheet() {
            guard let outputImage = outputImage else {
                summonAlertView()
```

```
            return
        }

        let shareSheet = UIActivityViewController(
            activityItems: [outputImage as Any],
            applicationActivities: nil
        )

        present(shareSheet, animated: true)
    }

    private func summonAlertView(message: String? = nil) {
        let alertController = UIAlertController(
            title: "Error",
            message: message ?? "Action could not be completed.",
            preferredStyle: .alert
        )

        alertController.addAction(
            UIAlertAction(
                title: "OK",
                style: .default
            )
        )

        present(alertController, animated: true)
    }
}
```

這個擴展允許我們為 `UINavigationController` 呼叫 share sheet 和 alert view。我們用它們共用輸出圖像（透過瀏覽列中的按鈕）和顯示錯誤訊息。

8. 加入擴展以符合 `UIImagePickerControllerDelegate`：

```
extension ViewController: UIImagePickerControllerDelegate {
    private func summonImagePicker() {
        let imagePicker = UIImagePickerController()
        imagePicker.delegate = self
        imagePicker.sourceType = .photoLibrary
        imagePicker.mediaTypes = [kUTTypeImage as String]
        present(imagePicker, animated: true)
    }

    @objc func imagePickerController(_ picker: UIImagePickerController,
        didFinishPickingMediaWithInfo info:
            [UIImagePickerController.InfoKey: Any]) {
```

```
        inputImage = info[UIImagePickerController.InfoKey.originalImage]
            as? UIImage

        outputImage = nil

        picker.dismiss(animated: true)
        refresh()

        if inputImage == nil {
            summonAlertView(message: "Image was malformed.")
        }
    }
}
```

這個擴展讓我們可使用 UIImagePickerController 來顯示使用者的照片庫，並讓使用者可從中選擇照片。

9. 最後，我們加入擴展以符合 UIPickerViewDelegate：

```
extension ViewController: UIPickerViewDelegate, UIPickerViewDataSource {
    func numberOfComponents(in pickerView: UIPickerView) -> Int {
        return 1
    }

    func pickerView(_ pickerView: UIPickerView,
        numberOfRowsInComponent component: Int) -> Int {

        return StyleModel.styles.count
    }

    func pickerView(_ pickerView: UIPickerView,
        titleForRow row: Int, forComponent component: Int) -> String? {

        return StyleModel(index: row).name
    }
}
```

這個擴展定義了 UIPickerView 的參數，我們使用 UIPickerView 讓使用者選擇他們想要將輸入圖像轉換成哪個風格。

不要把 UIPickerView 和 UIImagePicker 混為一談。前者是一個旋轉控制項，讓使用者可從一個列表中進行選擇，有時可以有不同的屬性（通常用於選取由多個部分組合的日期）；後者讓使用者可從 iOS 的照片庫中選擇照片。

唔，對於一個起始 App 來說，這裡的程式碼很多。現在，您可以執行該 App，選擇一個圖像，並套用我們的三個「風格」之一（這三個「風格」是：向上翻轉（Flip Up）、向左旋轉（Spin Left）和向右旋轉（Spin Right）），圖 8-4 是起始 App 完成的樣子。

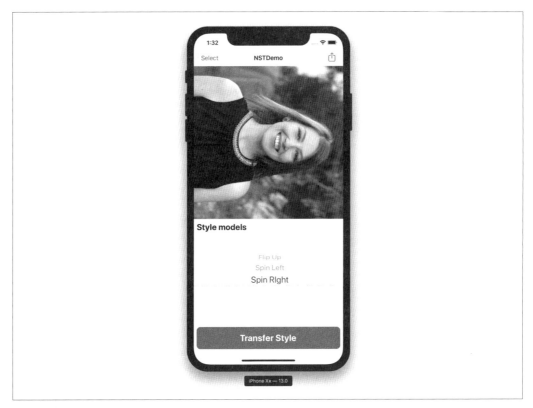

圖 8-4　完成後的起始 App，以翻轉作為「風格」轉換的示範

我們已經準備好進入風格轉換的人工智慧部分了，前進！

人工智慧工具集和資料集合

我們用來解決這個問題的軟體是 Apple 的 Turi Create Python 函式庫和 CoreML，我們還需要一些模型訓練的圖像。

我們使用 Apple 的 Turi Create Python 函式庫來執行訓練。有關如何設定 Python 環境
的說明，請參閱前面第 45 頁的「Python」。對於我們要用的資料來說，要來使用 Turi
Create 訓練一個風格轉換模型的話，我們需要兩個非常不同的圖像集：分別是風格圖像
（*style image*）和內容圖像（*content image*）。請閱讀第 36 頁的「Turi Create」，以瞭解
Turi Create 是如何工作的。

風格圖像代表要轉換的風格元素。每種風格只需要一個圖像作為來源。我們建議尋找
有趣的馬賽克、紋理，或抽象模式當作您的風格圖像。您可以在 National Gallery of Art
（*http://bit.ly/2MONMZA*）和 The Met Collection（*http://bit.ly/2oSKix1*）找到一些很棒的
風格圖片來源。

請建立用於執行風格轉換的資料夾，而且在該資料夾中建立兩個子資料夾：*style*、
content。在您找到您想用的風格圖片（我們建議您找 6 張圖片）之後，把它們放在 *style*
資料夾中。

內容圖像表示一組具有代表性的圖像，您期望風格轉換 App 的使用者想要執行風格轉換
的圖像類型。內容圖像實際上可以是您喜歡的任何內容，但是圖像類型應該像您期望使
用者會使用的圖像。

如果您正在開發一個風格轉換 App，它是為人們的自拍設計的，那麼您可
能希望您的內容圖片都是一些自拍照。如果您想對汽車照片做風格轉移，
您將需要一個裝滿汽車照片的資料夾。您懂的。

如果您需要一個圖片來源來找尋您的內容圖片，您可以找到很多不錯的一般影像處理
圖片庫，其中一個特別好的資料集合是 Common Objects in Context（*http://cocodataset.
org/#home*）。

準備好內容圖像後，請將它們放入 *content* 資料夾。我們使用了很多不同的圖像，因為
我們想讓我們的風格轉換模型盡可能有彈性。

建立模型

隨著我們的風格圖像和內容圖像準備好了，我們將注意力轉向用 Apple 的 Turi Create 建
立風格轉移模型。

請啟動一個新的 Python 環境，如第 45 頁的「Python」中的說明，然後執行以下操作：

1. 請使用您喜歡的文字編輯器，建立一個新的 Python 腳本，放置於您在第 311 頁的「人工智慧工具集和資料集合」時建立的資料夾中（我們的腳本名為 *training.py*），然後將以下程式碼放入其中：

```python
import turicreate as tc

# 按照需求設定
style_images_directory = 'style/'
content_images_directory = 'content/'
training_cycles_to_perform = 6000
output_model_filename = 'StyleTransferModel'
output_image_constraints = (800, 800)

# 載入風格和內容圖片風格
styles = tc.load_images(style_images_directory)
content = tc.load_images(content_images_directory)

# 建立一個 StyleTransfer 模型
model = tc.style_transfer.create(styles, content,
    max_iterations=training_cycles_to_perform)

# 匯出以供 CoreML 使用
model.export_coreml(output_model_filename + '.mlmodel',
    image_shape=output_image_constraints)
```

2. 如果您的命名不同，請以您的 *style* 和 *content* 資料夾名稱來更新資料夾名稱。

3. 透過在命令列上執行 Python 腳本來執行它，您的風格轉換模型現在開始被訓練了。

在進行訓練時，您應該會在您的終端中看到一些 Turi Create 輸出，這些輸出讓您知道現在情況如何。

這可能需要很長時間，這可能是我們在本書中做過的所有訓練中最長的一次。在我們的 2019 年版 MacBook Pro（非常愚蠢的八核版本）上，這個過程花了大約 24 小時。

完成後，腳本將會把結果寫入到一個 *.mlmodel* 檔案，供我們在 iOS App 中的 CoreML 使用。

將模型整合到 App

至此，如果您一直有照著做的話，您已經完成了起始 iOS App，它允許您選擇圖像（或拍照），並透過翻轉或旋轉輸入圖像來執行「風格」轉換。

您也已經選擇好了一些風格和內容圖像，並使用了 Apple 的 Turi Create Python 函式庫來訓練風格轉換模型。在本節中，我們將結合起始 App 和風格轉換模型，將用來占住預留位置翻轉和旋轉風格替換為模型中的實際風格。圖 8-5 顯示了我們目前的狀態。

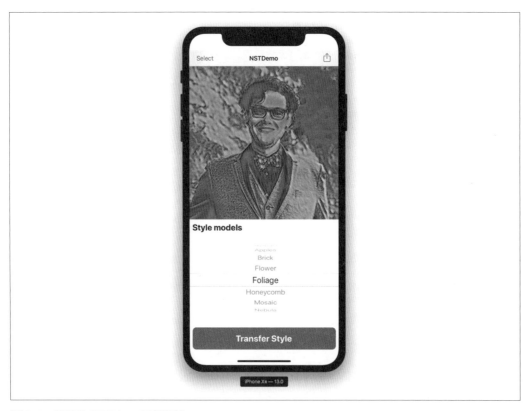

圖 8-5　我們的 NST App 目前狀態

如果您沒有按照第 295 頁的「建立 App」中的說明自己建立起始 App，您可以從我們的網站（*https://aiwithswift.com*）下載程式碼，找到名為 NSTDemo-Starter 的專案，本節以這個起始 App 作為開始。您將會在同一資料夾發現一個訓練完成的風格轉移 *.mlmodel* 檔案。如果您不想手動按照我們的步驟去更新 iOS App 的程式碼，又想藉訓練完成模型，為 App 加入人工智慧功能，您也可以下載名為 NSTDemo-Complete 的專案。

我們對起始 App 做的修改，把它帶入了人工智慧的世界。和本書其他的人工智慧任務比起來，這些修改是相對較少的。

如果您選擇下載 NSTDemo-Complete 專案，而不是隨本節一步步做的話，我們仍然建議您閱讀本節，並對照查看 NSTDemo-Complete 專案中的相關部分。

讓我們開始：

1. 把我們訓練完成（或您下載）的 *.mlmodel* 檔案拖曳到專案的根目錄，並允許 Xcode 根據需要複製。

2. 打開 *StyleModel.swift* 檔案，全部內容替換如下：

```swift
import UIKit
import CoreML

enum StyleModel: String, CaseIterable {

    // 在 App 中列出模型（您可以隨意命名）和它們的名字
    //
    // 這些順序必須按照它們被輸入訓練的順序（比方以檔名按字母順序排列）
    case abstract = "Abstract"
    case apples = "Apples"
    case brick = "Brick"
    case flower = "Flower"
    case foliage = "Foliage"
    case honeycomb = "Honeycomb"
    case mosaic = "Mosaic"
    case nebula = "Nebula"

    // 重新命名為您自己的 .mlmodel 檔案案名
    var model: StyleTransferModel { return StyleTransferModel() }
```

```
// 如果您自己的模型的 constraint 不同，就修改
var constraints: CGSize { return CGSize(width: 800, height: 800) }

// 將此設定為一個僅啟用特定的模型的條件
var isActive: Bool { return true }

init(index: Int) { self = StyleModel.styles[index] }

static var styles: [StyleModel] {
    return self.allCases.filter { style in style.isActive }
}

var name: String { return self.rawValue }

var styleIndex: Int { return StyleModel.styles.firstIndex(of: self)! }

var styleArray: MLMultiArray {
    return MLMultiArray(
        size: StyleModel.allCases.count,
        selecting: self.styleIndex)
}
}
```

這將用我們模型中的實際風格替換掉原來的，這些風格可用於轉換，並提供風格模型的各種參數。

3. 請開啟 *Image.swift* 檔案，並將我們 UIImage extension 中的 styled() 函式更新如下：

```
func styled(with modelSelection: StyleModel) -> UIImage? {
    guard let inputPixelBuffer = self.pixelBuffer() else { return nil }

    let model = modelSelection.model
    let transformation = try? model.prediction(
        image: inputPixelBuffer,
        index: modelSelection.styleArray
    )

    guard let outputPixelBuffer = transformation?.stylizedImage else {
        return nil
    }

    let outputImage =
        outputPixelBuffer.perform(permission: .readOnly) {

            guard let outputContext = CGContext.createContext(
```

```
            for: outputPixelBuffer) else {
                return nil
        }

        return outputContext.makeUIImage()
    } as UIImage?

    return outputImage
}
```

這個函式現在用了像素緩衝區和我們模型中的一種實際風格，而不是之前的旋轉方向，它將輸出像素緩衝區設定為最終的風格化圖像（同樣地，不是僅僅旋轉它的方向而已）。

4. 開啟 *ViewController.swift*，將 ViewController 裡 的 UIImagePickerControllerDelegate extension 中的 imagePickerController() 函式修改如下：

```
@objc func imagePickerController(_ picker: UIImagePickerController,
    didFinishPickingMediaWithInfo info:
        [UIImagePickerController.InfoKey: Any]) {

    let rawImage =
        info[UIImagePickerController.InfoKey.originalImage] as? UIImage

    inputImage = rawImage?.aspectFilled(to: modelSelection.constraints)
    outputImage = nil

    picker.dismiss(animated: true)
    refresh()

    if inputImage == nil {
        summonAlertView(message: "Image was malformed.")
    }
}
```

為了更有效地使用風格轉移模型，這段程式會改修圖像以符合區域大小。完成了，現在，您可以執行 App 並將您選擇的輸入圖像轉換為提供的風格之一，如圖 8-6 所示。

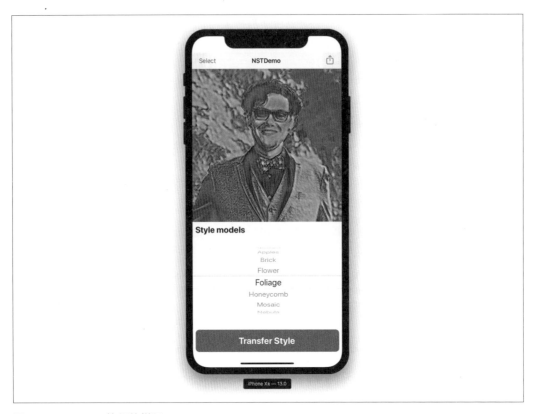

圖 8-6　NST App 執行的樣子

 請記得，若您選用的圖像和您之前在訓練時選用的內容圖像相似，則風格
轉換的效率會更好。

把圖像進行風格轉換是一個聰明的技巧，但是您也可以將風格轉換套用到聲音甚至文
字。Intel 有一些有趣的文件（*https://intel.ly/2J0CobN*），對於音訊風格轉移，是一個相當
好的起點。

任務：句子生成

有時，能夠生成一些文字是很有用的；無論您是需要建立一些占住位置的文字，還是正在建立遊戲，或者只是出於其他原因想要生成文字，生成文字的最快方法之一是使用 Markov 鏈。

這個任務很難以 App 的形式呈現，因為它非常依賴於……嗯，只依賴於文字。所以我們將要在一個 Playground 上做這個任務：建立一個新的 iOS Playground，然後加入一個新檔案到它的 *Sources* 資料夾（我們將我們的檔案命名為 *Extensions.swift*）：

1. 在 *Extensions.swift* 中，為 Collection 加入擴展：

```
public extension Collection {
    func randomIndex() -> Int? {
        if self.isEmpty { return nil }
        return Int(arc4random_uniform(UInt32(self.count)))
    }
}
```

這個擴展為 Collection 加入了一個函式 randomIndex()，這樣我們就可以從 Collection 中隨機取得一個物件。

2. 為 NSRegularExpression 加入一個擴展：

```
public extension NSRegularExpression {
    func matches(in text: String) -> [NSTextCheckingResult] {
        return self.matches(
            in: text,
            range: NSRange(text.startIndex..., in: text)
        )
    }
}
```

這個擴展加入了一個函式，該函式允許我們查看一個 NSRegular Expression（此程式碼也將被加入），是否匹配我們傳遞給新的 matches() 函式的一個 String。

 NSRegularExpression 是一種使用規則運算式的方便用法。更多資訊，請查看 Apple 的文件（*https://apple.co/2Bkjqc1*）。

3. 為 String 加入另一個擴展：

```
public extension String {
    func matches(regex pattern: String) throws -> [String] {
        do {
            let regex = try NSRegularExpression(pattern: pattern)
            let matches = regex.matches(in: self)
            return matches.map({
                String(self[Range($0.range, in: self)!])
            })
        } catch {
            throw error as Error
        }
    }
}
```

這個擴展也會為 String 加入一個 matches() 函式，我們也可以使用這個函式來呼叫我們剛剛建立的 NSRegularExpression matches() 函式。

4. 在 *Extensions.swift* 中，為 String 加入另一個擴展：

```
public extension String {
    static let sentenceEnd: String = "."

    func tokenize() -> [String] {
        var tokens: [String] = []

        let sentenceRegex =
            "[^.!?\\s][^.!?]*(?:[.!?](?!['\"]?\\s[A-Z]|$)[^.!?]*)*" +
                "[.!?]?['\"]?(?=\\s|$)"

        let wordRegex = "((\\b[^\\s]+\\b)((?<=\\.\\w).)?)"

        if let sentences = try? self.matches(regex: sentenceRegex) {
            for sentence in sentences {
                if let words = try? sentence.matches(regex: wordRegex),
                    !words.isEmpty {
                    tokens += words
                    tokens.append(String.sentenceEnd)
                }
            }
        }

        return tokens
    }
}
```

這會為 String 加入一個用來拆分字串單詞的 tokenize() 函式。這只適用於英語,但即使這樣它也不是拆得很精確。

我們用了一種與第 225 頁的「句子切分」中完全不同的方法來進行。我們在這裡使用的方法,只在某些時候可用,而且只適用於用空格和標點分隔單詞的語言,就像英語那樣。並不是所有的語言都這樣做。有關語言的更多資訊,請參閱第 6 章。

 如果您想複習正規表達式(「regexes」),我們推薦 *Regular Expression Pocket Reference, 2nd Edition*(*https://oreil.ly/s1R7h*),以及 *Introducing Regular Expressions*(*https://oreil.ly/PoI98*),和 *Regular Expressions Cookbook*(*https://oreil.ly/uHFJk*),這些圖書都是由我們親愛的 O'Reilly 所出版的。

現在讓我們將注意力放在 Playground 的主要程式碼上:

1. 建立一個名為 MarkovChain 的類別:

```
class MarkovChain {

}
```

2. 加入一些屬性到該類別:

```
private let startWords: [String]
private let links: [String: [Link]]

private(set) var sequence: [String] = []
```

3. 為 Link 加入一個 enum:

```
enum Link: Equatable {
    case end
    case word(options: [String])

    var words: [String] {
        switch self {
            case .end: return []
            case .word(let words): return words
        }
    }
}
```

4. 加入一個 init()：

```swift
init?(with inputFilepath: String) {
    guard
        let filePath = Bundle.main.path(
            forResource: inputFilepath, ofType: ".txt"
        ),
        let inputFile = FileManager.default.contents(atPath: filePath),
        let inputString = String(data: inputFile, encoding: .utf8)
        else {
            return nil
        }

    print("File imported successfully!")
    let tokens = inputString.tokenize()

    var startWords: [String] = []
    var links: [String: [Link]] = [:]

    // 每個輸入中單詞或句子結尾
    for index in 0..<tokens.count - 1 {
        let thisToken = tokens[index]
        let nextToken = tokens[index + 1]

        // 如果這是一個句子結尾，而且後面又跟一個單詞
        // 那這個字是句首字
        if thisToken == String.sentenceEnd {
            startWords.append(nextToken)
            continue
        }

        var tokenLinks = links[thisToken, default: []]

        // 如果這是一個單詞，而且後面是一個句子的結尾
        // 則將 'end' 加入到這個單詞的 Link 中
        if nextToken == String.sentenceEnd {
            if !tokenLinks.contains(.end) {
                tokenLinks.append(.end)
            }

            links[thisToken] = tokenLinks
            continue
        }

        // 如果這是一個單詞，而且後面跟著一個單詞
        // 將這個單詞加入到單詞的 word link 選項中
```

```
        let wordLinkIndex = tokenLinks.firstIndex(where: { element in
            if case .word = element {
                return true
            }
            return false
        })

        var options: [String] = []
        if let index = wordLinkIndex {
            options = tokenLinks[index].words
            tokenLinks.remove(at: index)
        }

        options.append(nextToken)
        tokenLinks.append(.word(options: options))
        links[thisToken] = tokenLinks
    }

    self.links = links
    self.startWords = startWords

    // 如果輸入少於一個句子，
    // 那這將是一個無用的鏈
    if startWords.isEmpty { return nil }

    print("Model initialised successfully!")
}
```

這段程式碼很多。讓我們花點時間看看它做了什麼，依次是：

- 讀取輸入檔案

- 拆分輸入檔案（拆成單詞）

- 迭代它，確定哪些元素（標記）是句子的起始詞、哪些是結束詞、哪些是串連的詞

5. 加入一個 clear() 函式：

```
func clear() {
    self.sequence = []
}
```

6. 加入以下 nextWord() 函式：

```
func nextWord() -> String {
    let newWord: String
```

```
// 如果沒有最後一個 token，代表它是一個句子的結尾，就取得
// 一個隨機的新單詞
if self.sequence.isEmpty ||
    self.sequence.last == String.sentenceEnd {

    // 這裡能處理 '!'- startWords 不能為空，否則這個
    // 物件會是 nil
    newWord = startWords.randomElement()!
} else {
    // 否則，在最後一個單詞後面隨機加入一個新 token

    // 這裡能處理 '!'- self.sequence 不能為空，否則上面
    // 的 .isEmpty 必定是 True
    let lastWord = self.sequence.last!

    // 隨機取得單詞或句子結束
    let link = links[lastWord]?.randomElement()
    newWord = link?.words.randomElement() ?? "."
}

    self.sequence.append(newWord)
    return newWord
}
```

這個函式的功能是回傳一個 String，它是生成句子中的下一個單詞。

7. 在該類別中，加入一個 generate() 函式，該函式以字數為參數（我們需要多少字數），並回傳一個 String：

```
func generate(wordCount: Int = 100) -> String {

    // 得到 n 個單詞，把它們放在一起
    for _ in 0..<wordCount {
        let _ = self.nextWord()
    }

    return self.sequence.joined(separator: " ")
        .replacingOccurrences(of: " .", with: ".") + " ..."
}
```

8. 用以下程式測試執行：

```
let file = "wonderland"
if let markovChain = MarkovChain(with: file) {
    print("\n BEGIN TEXT\n==========\n")
    print(markovChain.generate())
    print("\n==========\n END TEXT\n")
```

```
    } else {
        print("Failure")
    }
```

這段程式碼將我們的輸入檔案定義為 wonderland，這是我們之前加入到 Playground 的檔案；用該檔案建立一個新的 MarkovChain()；並呼叫我們的 generate() 函式。

執行 Playground，您將看到如圖 8-7 所示的效果。

圖 8-7　我們的 Markov 鏈成功生成文字

剛才發生了什麼？這是怎麼做到的？

使用 Markov 鏈生成文字只是我們做自然語言生成（NLG）的多種方法之一。您可能很難想像 NLG 的實際應用是什麼，但實際上您可能已經碰到過一個非常明顯的應用（可能沒有意識到）：基於文字的天氣預報。

NLG 最早的一些實際的商業應用是將天氣預報的「資料」轉換成人類可以顯示和理解的文字。如果您有興趣瞭解更多,我們推薦這篇論文「A Case Study: NLG meeting Weather Industry Demand for Quality and Quantity of Textual Weather Forecasts」(*http://bit.ly/2pur4Oj*)。

 當然,您也可以使用 NLG 來生成幽默的笑話、聊天機器人、摘要內容,或者透過自動生成人類可讀的資料內容描述來建立產品。

我們前面做 NLG 的方法,是使用 Markov 鏈,其實本質上就是重新組合已知的元素,得到新的內容。關於 NLG 的權威著作是 *Building natural language generation systems*(劍橋大學出版社),它使用了比 Markov 鏈更複雜的方法,我們強烈推薦它。

關於生成文字,我們建議下一步要看的是 GPT-2。GPT-2 來自於 OpenAI 專案(*http://bit.ly/2pur7tt*);它是一個強大得驚人的基於轉換的語言模型,目的在指定前面所有單詞後,預測下一個單詞。

使用一個範例去解釋它是最簡單的方法,如圖 8-8 所示。

> **SYSTEM PROMPT (HUMAN-WRITTEN)**
>
> *In a shocking finding, scientist discovered a herd of unicorns living in a remote, previously unexplored valley, in the Andes Mountains. Even more surprising to the researchers was the fact that the unicorns spoke perfect English.*
>
> **MODEL COMPLETION (MACHINE-WRITTEN, 10 TRIES)**
>
> The scientist named the population, after their distinctive horn, Ovid's Unicorn. These four-horned, silver-white unicorns were previously unknown to science.
>
> Now, after almost two centuries, the mystery of what sparked this odd phenomenon is finally solved.
>
> Dr. Jorge Pérez, an evolutionary biologist from the University of La Paz, and several companions, were exploring the Andes Mountains when they found a small valley, with no other animals or humans. Pérez noticed that the valley had what appeared to be a natural fountain, surrounded by two peaks of rock and silver snow.
>
> Pérez and the others then ventured further into the valley. "By the time we reached the top of one peak, the water looked blue, with some crystals on top," said Pérez.

圖 8-8 GPT-2 生成文字的典型範例

正如我們在第 251 頁的「下一步」中提到過的 BERT 模型一樣，來自「social artificial intelligence」新創公司（*https://huggingface.co*）的一個團隊已經使 GPT-2 能與 iOS 和 CoreML 一起工作了。您可以在 GitHub 上找到找到他們的工做成果（*http://bit. ly/2VQX8YM*）。圖 8-9 展示了 BERT 使用 CoreML 在 Swift iOS App 中工作的例子。

圖 8-9　iOS 上的 GPT-2，使用 Swift

任務：用 GAN 生成圖像

使用 Swift 能做的最實用的人工智慧是某種形式的分類問題，但也可以使用 CoreML 和 Swift 來生成內容。生成對抗網路（Generative Adversarial Network，GAN）是一種生成新資料集合的方法，這些資料集合的統計資料與它所訓練的資料集合相同：簡單地說，GAN 可以生成與訓練它的資料集合類似的東西。

GAN 是一種相對較新的機器學習形式，是 University of Montreal（*http://bit.ly/2IXRMWq*）的科學家們，在 2014 年唯一發明的東西。

問題和方法

我們想使用 Swift 做一個可以產生圖像的 iOS App。在本例中，我們將生成基於 MNIST 資料集合（*http://bit.ly/2qnWbM2*）的簡單手寫圖像。稍後我們將進一步討論該資料集合。

在這個任務中，我們將會看到以下事情的實作：

- 製作一個可以生成圖片的 Swift iOS 應用，如圖 8-10 所示

- 使用各種有用的工具訓練 GAN

- 使用 Apple 的工具將 GAN 模型轉換為 CoreML 格式

圖 8-10　我們的 GAN App

人工智慧工具集和資料集合

為這個任務準備我們的工具集與我們在本書中探討的其他一些任務略有不同：對於這個任務，我們主要將依賴一個非 Apple 的、非 Swift 的工具。我們將使用 Python 和 Keras framework 建立模型，然後使用 Apple 的 Core ML Tools 將模型轉換為 CoreML 格式，然後使用 CoreML 搭配模型使用。圖 2-18 是 Keras 的歡迎頁面。

人工智慧研究的最佳手寫資料集合是 MNIST 資料集合（*http://bit.ly/2qnWbM2*）。它被廣泛用於影像處理、分類、測試、探索等等。它是電腦科學世界中最常見的資料集合之一，圖 8-11 是 MNIST 資料集合的範例。

圖 8-11　MNIST 資料集合的範例

MNIST 數字資料庫的地位就像是資料科學與機器學習界的「Hello World」。

您實際上不需要下載 MNIST 資料集合，因為它是 Keras 的一個可用功能，Keras 是我們將在這個任務中使用的人工智慧軟體（當工具開始把某樣的東西內建時，代表那些東西是無處不在的！）。

建立模型

對於這個模型的建立，一切都是以 Python 為中心的，所以請忍耐一下。我們稍後將進入 Swift 部分，並盡快地實作它（實際上這是最簡單的部分）：

1. 啟動一個新的 Python 環境，如第 45 頁的「Python」中所說過的 create -n GAN python=3.6。

2. 安裝必要的套裝軟體：

   ```
   conda install keras numpy matplotlib pandas pip install coremltools
   ```

   我們將使用 Keras 進行訓練，加上 NumPy 進行一些數學計算，如果我們想要繪製訓練的結果來看看發生了什麼，那麼就使用 matplotlib。我們還使用了 Pandas 的功能，以便更容易地運算資料。我們還需要 CoreML Community Tools，這樣一來，當 Keras 模型完成時，我們就可以將模型轉換為 CoreML 的格式。

3. 建立一個新的 Python 腳本；我們的腳本命名為 *train_gan .py*。我們要加入很多 Python 程式碼，我們很抱歉。

4. 加入以下 import：

   ```
   import random
   import numpy as np
   import tensorflow as tf
   ```

   我們將要使用 NumPy 和 TensorFlow，所以我們需要匯入它們。請參閱第 2 章，以瞭解它們的功能。

5. 做一些設定如下：

   ```
   # 設定隨機種子
   def reset_seed():
       random.seed(3)
       np.random.seed(1)
       tf.set_random_seed(2)

   # gan 參數
   GAN_EPOCHS = 60 # 要訓練 GAN 多少世代
   BATCH_SIZE = 128 # 一次訓練多少圖像
   CHECKPOINT = 10 # 要多常（幾世代）儲存樣本 GAN 輸出

   # 必須將 OUTPUT_DIRECTORY 設定為一樣路徑
   import os
   OUTPUT_DIRECTORY = os.path.dirname(os.path.realpath(__file__))
   ```

在這段程式中，我們建立一個函式來重置隨機種子（為了要得到良好的隨機），並為訓練世代、批次處理大小和我們希望模型訓練多久儲存一次建立參數。我們還定義了一個輸出目錄。

6. import 更多的 Python 函式庫：

```
import matplotlib.pyplot as plt
import pandas as pd
from keras import utils
from keras.datasets import mnist
from keras.layers import *
from keras.models import *
from keras.optimizers import *
from coremltools.converters.keras import convert

import os
os.environ['KMP_DUPLICATE_LIB_OK']='True'
# ^^ 不知道這是幹什麼的，但是 GitHub 上有一篇問題討論說它
# 能解決我的環境崩潰問題，它確實做到了：/


# 為了讓 tensorflow 停止抱怨，如果我能手動設定平行度參數（像這樣做），
# 效能可以更好
config = tf.ConfigProto(intra_op_parallelism_threads=0,
                        inter_op_parallelism_threads=0,
                        allow_soft_placement=True)
session = tf.Session(config=config)
```

我們取得了 matplotlib、Pandas、Keras 和 Keras 的 CoreML 工具轉換器，並定義了一些 TensorFlow 參數。若要瞭解 matplotlib、Pandas 和 CoreML 工具是什麼，請參閱第 2 章。

7. 建立一個函式來準備我們的資料：

```
def setup_data():
    # 取得 mnist 資料
    (x_train, y_train), (x_test, y_test) = mnist.load_data()
    x_full = np.concatenate((x_train, x_test))
    y_full = np.concatenate((y_train, y_test))

    images = [None] * 10
    counts = {}

    # 對於輸入範圍內的每個數據點
    for i in range(len(x_full)):
        class_label = y_full[i]
```

```
# 把圖片放到正確的陣列中
class_data = (
    images[class_label] if images[class_label] is not None else []
)

image = x_full[i]
class_data.append(image)
images[class_label] = class_data

images = [np.array(class_images) for class_images in images]
return np.array(images)
```

該函式會載入我們正在使用的 MNIST 圖像資料,將其分解為訓練和測試資料,然後把每個圖像放到正確的陣列中。

8. 為所有的模型編譯設定優化器:

```
def get_optimizer():
    return SGD(lr=0.0005, momentum=0.9, nesterov=True)
```

這是我們的優化器。我們把它做成一個函式,這樣我們就不需要在每次想呼叫它的時候都必須輸入,只要呼叫 get_optimizer() 就會回傳一個帶有指定參數的 Stochastic Gradient Descent(SGD)(*https://Keras.io/optimizers/*)。我們是非常懶惰的人,真的。

9. 預處理資料:

```
def preprocess_images(images):
    images = images.reshape(images.shape[0], 28, 28, 1) # 加入一個新軸
    # 每個最終層級的元素都是一個單元素陣列
    images = images.astype(np.float32) # 轉換為半精度
    images = (images - 127.5) / 127.5 # 標準化灰度值
    # 到純黑色或純白色
    return images
```

這將圖像轉換成純黑色或純白色。

10. 建立一個鑑別器:

```
def get_discriminator():
    input_x = Input(shape=(28, 28, 1))
    x = input_x

    x = Conv2D(64, kernel_size=(5, 5),
        padding='same', activation='tanh')(x)

    x = MaxPooling2D(pool_size=(2, 2))(x)
```

```
x = Conv2D(128, kernel_size=(5, 5), activation='tanh')(x)
x = MaxPooling2D(pool_size=(2, 2))(x)

x = Flatten()(x)
x = Dense(1024, activation='tanh')(x)
x = Dense(1, activation='sigmoid')(x)

return Model(inputs=input_x, outputs=x)
```

鑑別器將生成的內容與已知的好內容進行比較。稍後，在第 471 頁的「生成」中，我們將討論這實際到底發生了什麼。

11. 建立一個生成器：

```
def get_generator(z_dim=100):
    input_x = Input(shape=(z_dim,))
    x = input_x

    x = Dense(1024, activation='tanh')(x)
    x = Dense(128 * 7 * 7, activation='tanh')(x)
    x = BatchNormalization()(x)
    x = Reshape((7, 7, 128))(x)

    x = UpSampling2D(size=(2, 2))(x)
    x = Conv2D(64, kernel_size=(5, 5),
        padding='same', activation='tanh')(x)

    x = UpSampling2D(size=(2, 2))(x)
    x = Conv2D(1, kernel_size=(5, 5), padding='same', activation='tanh')(x)

    return Model(inputs=input_x, outputs=x)
```

生成器執行的就是生成的工作。一樣地，在第 471 頁的「生成」中，我們將討論這實際到底發生了什麼。

12. 我們允許鑑別器模型在某些點被凍結：

```
def make_trainable(model, setting):
    model.trainable = setting
    for layer in model.layers:
        layer.trainable = setting
```

13. 建立一個函式產生隨機輸入雜訊：

```
def generate_noise(n_samples, z_dim=100):
    random_numbers = np.random.normal(-1., 1., size=(n_samples, z_dim))
    return random_numbers.astype(np.float32)
```

14. 建立一個從真實資料中取得隨機樣本的函式：

```
def get_real_input(x_train, n_samples):
    real_images = random.choices(x_train, k=n_samples)
    real_labels = np.ones((n_samples, 1))
    return real_images, real_labels
```

15. 以及取得虛假資料：

```
def get_fake_input(generator, n_samples):
    latent_input = generate_noise(n_samples)
    generated_images = generator.predict(latent_input)
    fake_labels = np.zeros((n_samples, 1))
    return generated_images, fake_labels
```

16. 及噪點資料：

```
def get_gan_input(n_samples):
    latent_input = generate_noise(n_samples)
    inverted_labels = np.ones((n_samples, 1))
    return latent_input, inverted_labels
```

17. 由於若沒有使用 matplotlib 來繪製內容，Python 機器學習腳本就是個不完整的東西，所以我們會繪製模型的執行情況：

```
def plot_generated_images(epoch, generator, class_label):
    examples = 100
    noise= generate_noise(examples)
    generated_images = generator.predict(noise)
    generated_images = generated_images.reshape(examples, 28, 28)
    plt.figure(figsize=(10, 10))
    plt.gray()
    for i in range(examples):
        plt.subplot(10, 10, i + 1)
        plt.imshow(generated_images[i], interpolation='nearest')
        plt.axis('off')
    plt.tight_layout()
    plt.savefig(OUTPUT_DIRECTORY +
        '/%depoch_%d.png' % (class_label, epoch))
    plt.close()
```

18. 我們需要一些東西來呼叫我們才實作的所有函式，所以在這裡，讓我們做一個巨大的 make_gan 函式：

```
def make_gan(x_train, y_train, class_label):
```

19. 在 make_gan 函式中，使用預處理過的圖像製作鑑別器、生成器和對抗模型：

```python
print('Making discriminator model...')
discriminator = get_discriminator()
discriminator.compile(
    loss='binary_crossentropy', optimizer=get_optimizer()
)

print('Making generator model...')
generator = get_generator()

print('Making adversarial model...')
make_trainable(discriminator, False)
adversarial = Sequential()
adversarial.add(generator)
adversarial.add(discriminator)
adversarial.compile(
    loss='binary_crossentropy', optimizer=get_optimizer()
)

print('Preprocessing images...')
x_train = preprocess_images(x_train)
batch_count = len(x_train) // BATCH_SIZE
half_batch_size = BATCH_SIZE // 2

discriminator_loss = []
generator_loss = []

print('Begin training...')
```

20. 繼續在 make_gan 函式中，我們要進行實際的訓練：

```python
for e in range(1, GAN_EPOCHS + 1):
    discriminator_loss_epoch = []
    generator_loss_epoch = []

    for _ in range(batch_count):

        # 鑑別器

        real_images, real_labels = get_real_input(
            x_train, half_batch_size)

        fake_images, fake_labels = get_fake_input(
            generator, half_batch_size)

        x = np.concatenate([real_images, fake_images])
```

```
        y = np.concatenate([real_labels, fake_labels])

        # 訓練鑑別器
        make_trainable(discriminator, True)
        dis_loss_epoch = discriminator.train_on_batch(x, y)
        discriminator_loss_epoch.append(dis_loss_epoch)
        make_trainable(discriminator, False)
        # 生成器 Generator

        # 對抗模型

        x, y = get_gan_input(BATCH_SIZE)

        # 訓練對抗模型
        gen_loss_epoch = adversarial.train_on_batch(x, y)
        generator_loss_epoch.append(gen_loss_epoch)

    # 將這個世代的平均損失加入到平均損失 list 中
    dis_loss = (
        sum(discriminator_loss_epoch) / len(discriminator_loss_epoch)
    )

    gen_loss = sum(generator_loss_epoch) / len(generator_loss_epoch)
    discriminator_loss.append(dis_loss)
    generator_loss.append(gen_loss)
    print('Epoch %d/%d | Gen loss: %.2f | Dis loss: %.2f' %
        (e, GAN_EPOCHS, gen_loss, dis_loss))

    # 每 n 個週期執行一次檢查點
    if e == 1 or e % CHECKPOINT == 0:
        plot_generated_images(e, generator, class_label)

print('Complete.')
return generator
```

21. 呼叫所有這些東西，以及我們的巨大的 `make_gan` 函式，並使用 Core ML Tools 生成一個我們可以在 Swift 程式中使用的模型（我們終於回到 Swift 了）：

```
mnist_data = setup_data()

for class_label in range(10):
    print('=============================')
    print(' Training a GAN for class %d ' % class_label)
    print('=============================')
    x_train = mnist_data[class_label]
    class_vector = utils.to_categorical(class_label, 10)
```

```
        y_train = class_vector * x_train.shape[0]
        generator_model = make_gan(x_train, y_train, class_label)

        generator_model.save(
            OUTPUT_DIRECTORY + '/gan-model-%d.model' % class_label)

        coreml_model = convert(generator_model)
        coreml_model.save(
            OUTPUT_DIRECTORY + '/gan-model-%d.mlmodel' % class_label)

        # 如果您想在 Playground 中工作，那麼編譯它的命令如下：
        #
        # $ xcrun coremlcompiler compile MnistGan.mlmodel MnistGan.mlmodelc

    print('Complete.')
```

> 在第 383 頁的「任務：使用 CoreML Community Tools」中，我們將更詳
> 細地介紹如何使用 CoreML Community Tools 來轉換模型。

22. 哇，寫了好多 Python 程式碼。現在讓我們執行它：

```
    python train_gans.py
```

您將看到的結果類似圖 8-12。

這段程式碼實際上包含了一個使用 Apple 的 CoreML 工具，將 Keras 模型轉換為 CoreML 模型的過程。最終的結果是 10 個獨立的 GAN 模型，每個模型用於數位 0 到 10，每個模型都能夠生成各自的數字。

您可以在圖 8-13 中看到我們的 10 個獨立的 CoreML GAN 模型。一定要把您的 CoreML GAN 模型放在安全的地方。既然您已經訓練了一組能夠生成手寫數字的 GAN，讓我們來建立一個能夠使用它們的 Swift App。

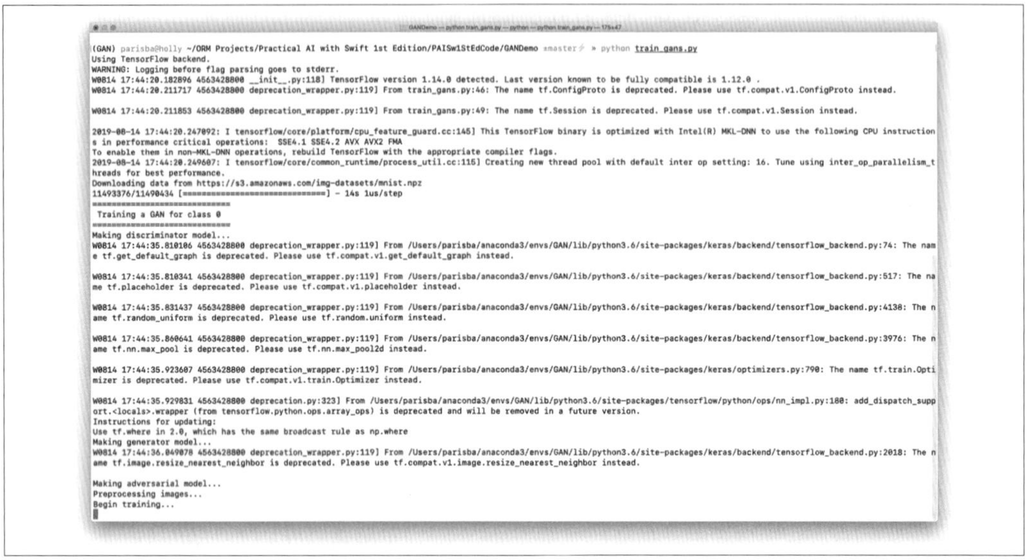

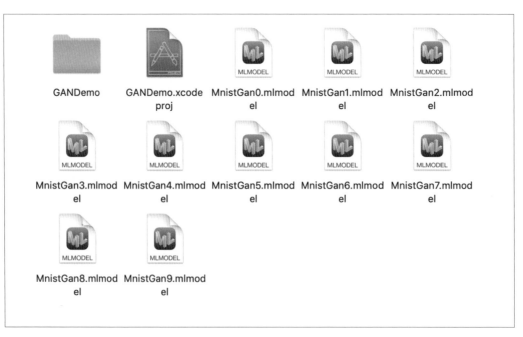

圖 8-12　訓練 GAN

GANDemo　GANDemo.xcode
proj　MnistGan0.mlmod
el　MnistGan1.mlmod
el　MnistGan2.mlmod
el

MnistGan3.mlmod
el　MnistGan4.mlmod
el　MnistGan5.mlmod
el　MnistGan6.mlmod
el　MnistGan7.mlmod
el

MnistGan8.mlmod
el　MnistGan9.mlmod
el

圖 8-13　我們的 10 個 CoreML 格式的 GAN 模型

建立 App

建立 App 是比較簡單的部分。我們將建立一個 App,使用我們的 10 個 GAN 模型中的每一個來請求數位 0 到 9 的圖像,每個模型負責一個數位。圖 8-14 顯示了完成後的 App 外觀。

圖 8-14 我們的 GAN App

如果您不想從頭建立這個 GAN iOS App,您可以從 *https://aiwithswift.com* 下載程式碼,找到名為 GANDemo 的專案。即使你有了這些,也請您無論如何都要繼續閱讀本節的其餘部分(我們不建議跳過它)。

若要建立 GAN App，請執行以下步驟：

1. 開啟 Xcode。

2. 建立一個新的 iOS App 專案，選擇 Single View App 範本。

3. 將我們在第 330 頁的「建立模型」中建立的 10 個 GAN 模型拖曳到專案中，並允許 Xcode 根據需要進行複製。將 0 模型重命名為 MnistGan，剩下的就不用管了。

4. 開啟 *Main.storyboard* 檔案，並建立一個具有以下元件的 UI：

   - 10 個單獨的 UIImageView，每一列都封裝一個單獨的 UIView

   - 一個 UINavigationBar，上面放一個 UINavigationItem，用來顯示 App 的標題

   - 一個用來觸發圖像生成的 UIButton（您可以在圖 8-15 中看到我們故事板的示範）。

5. 在放置好必要的元素之後，請確保加入了適當的 constrain。

6. 將 UI 物件的 outlet 連接如下：

```
@IBOutlet weak var generateButton: UIButton!

@IBOutlet weak var imageViewOne: UIImageView!
@IBOutlet weak var imageViewTwo: UIImageView!
@IBOutlet weak var imageViewThree: UIImageView!
@IBOutlet weak var imageViewFour: UIImageView!
@IBOutlet weak var imageViewFive: UIImageView!
@IBOutlet weak var imageViewSix: UIImageView!
@IBOutlet weak var imageViewSeven: UIImageView!
@IBOutlet weak var imageViewEight: UIImageView!
@IBOutlet weak var imageViewNine: UIImageView!
@IBOutlet weak var imageViewZero: UIImageView!
```

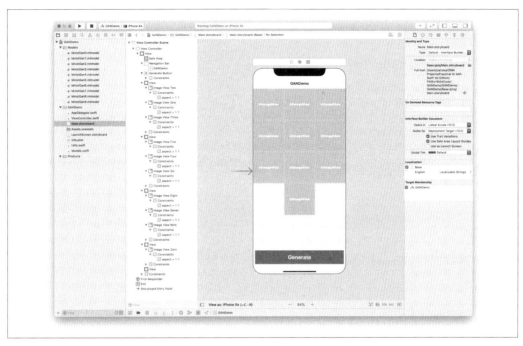

圖 8-15　我們的圖像生成器的故事板

7. 為 UIButton 連接 action：

```swift
@IBAction func generateButtonPressed(_ sender: Any) {
    generateNewImages()
}
```

8. 加入一些變數：

```swift
private var imageViews: [UIImageView] = []

private var ganModels: [ImageGenerator] = [
    MnistGan(modelName: "MnistGan"),
    MnistGan(modelName: "MnistGan1"),
    MnistGan(modelName: "MnistGan2"),
    MnistGan(modelName: "MnistGan3"),
    MnistGan(modelName: "MnistGan4"),
    MnistGan(modelName: "MnistGan5"),
    MnistGan(modelName: "MnistGan6"),
    MnistGan(modelName: "MnistGan7"),
    MnistGan(modelName: "MnistGan8"),
    MnistGan(modelName: "MnistGan9"),
]
```

我們已經建立了一個 UIImageView 陣列，一一列示在我們的故事板上，和一個陣列來儲存我們的模型。

9. 我們還需要 override viewDidLoad() 函式：

```
override func viewDidLoad() {
    super.viewDidLoad()

    self.imageViews = [
        imageViewZero, imageViewOne, imageViewTwo, imageViewThree,
        imageViewFour, imageViewFive, imageViewSix, imageViewSeven,
        imageViewEight, imageViewNine,
    ]

    generateNewImages()
}
```

這會將我們的 UIImageView IBOutlets 對應到我們的 image view 陣列。

10. 最後在 *ViewController.swift* 檔案中，我們需要一個生成圖像的函式：

```
private func generateNewImages() {
    for index in 0..<10 {
        let ganModel = ganModels[index]

        DispatchQueue.main.async {
            let generatedImage = ganModel.prediction()
            self.imageViews[index].image = generatedImage
        }
    }
}
```

這個函式迭代我們建立的模型陣列中的每個模型，然後（在佇列上）請求它進行預測，從而生成圖像。然後將相關的 UIImageView 設定為生成的圖像。

下一步，我們需要一個 Swift 檔案，讓我們一起使用我們的眾多模型。請在專案中建立一個名為 *Models.swift* 的檔案：

1. import 以下：

```
import CoreML
import UIKit
```

2. 為 ImageGenerator 定義一個 protocol：

```
public protocol ImageGenerator {
    func prediction() -> UIImage?
}
```

這個 protocol 規定我們要有一個可以呼叫的 prediction() 函式，函式回傳一個 UIImage，我們需要使我們的每個模型都遵守此協定。

3. 接下來，每個模型都需要遵守此協定，遵守我們新制定的 protocol，這個 protocol 中實現了 prediction() 函式：

```swift
extension MnistGan : ImageGenerator {
    // 使用已編譯好的模型的名稱初始化 MnistGan 類別
    convenience init(modelName: String) {
        let bundle = Bundle(for: MnistGan.self)

        let url = bundle.url(
            forResource: modelName, withExtension:"mlmodelc")!

        try! self.init(contentsOf: url)
    }
    // 使用隨機雜訊陣列生成一張圖像；
    // 顯示在圖像中的數字取決於哪個模型被載入
    func prediction() -> UIImage? {

        if let noiseArray = MLMultiArray.getRandomNoise(),
            let output = try? self.prediction(
                input: MnistGanInput(input1: noiseArray)) {

            return UIImage(data: output.output1)
        }
        return nil
    }
}
```

我們不用手動對每個模型都進行這個操作，因為我們可以 extend Mnist Gan。接下來，像之前一樣，我們需要一些工具。請製作一個 *Utils.swift* 檔案：

4. 加入以下 import：

```swift
import UIKit
import CoreML
import Foundation
```

5. 首先，我們要為 MLMultiArray 加入一個擴展：

```swift
extension MLMultiArray {
    static func getRandomNoise(length: NSNumber = 100) -> MLMultiArray? {
        guard let input = try? MLMultiArray(
            shape: [length], dataType: .double) else {

            return nil
```

```
    }

    for index in 0..<Int(truncating: length) {
        input[index] = NSNumber(value: Double.random(in: -1.0...1.0))
    }

    return input
    }
}
```

這個擴展為 MLMultiArray 加入了一個函式，該函式讓我們能獲得一些隨機雜訊。

6. 接下來，我們需要為 UInt8 加入一個擴展：

```
extension UInt8 {
    static func makeByteArray<T>(from value: T) -> [UInt8] {
        var value = value
        return withUnsafeBytes(of: &value) { Array($0) }
    }
}
```

這個擴展讓我們可從一個 8 位元不帶正負號的整數（即 UInt8）取得一個位元組陣列。我們之所以需要這個函式，是因為我們在點陣圖圖像中每個像素由四個 UInt8（對於 RGBA）表示，這個函式讓我們可處理這種情況。GAN 會依灰度輸出 0 或 1。若要在 iOS App 中實際使用它，我們需要它是 RGBA 格式。

7. 為 UIImage 加入一個擴展，此擴展會加入兩個不同的方便初始化器：

```
extension UIImage {

}
```

8. 第一個方便初始化器讓我們用一個 MLMultiArray 去初始化一個 UIImage：

```
convenience init?(data: MLMultiArray) {
    assert(data.shape.count == 3)
    assert(data.shape[0] == 1)

    let height = data.shape[1].intValue
    let width = data.shape[2].intValue

    var byteData: [UInt8] = []

    for xIndex in 0..<width {
        for yIndex in 0..<height {
            let pixelValue =
                Float32(truncating: data[xIndex * height + yIndex])
```

```
                let byteOut: UInt8 = UInt8((pixelValue * 127.5) + 127.5)
                byteData.append(byteOut)
            }
        }

        self.init(
            data: byteData,
            width: width,
            height: height,
            components: 1
        )

    }
```

9. 第二個方便初始化器讓我們可以用一個 UInt8 組成的陣列和一些寬度和高度參數去初始化一個 UIImage：

```
    convenience init?(
        data: [UInt8],
        width: Int,
        height: Int,
        components: Int) {

        let dataSize = (width * height * components * 8)
        guard let cfData = CFDataCreate(nil, data, dataSize / 8),
            let provider = CGDataProvider(data: cfData),
            let cgImage = CGImage.makeFrom(
                dataProvider: provider,
                width: width,
                height: height,
                components: components) else {
            return nil
        }

        self.init(cgImage: cgImage)
    }
```

10. 在 *Utils.swift* 檔案中，為 CGImage 加入一個擴展：

```
    extension CGImage {
        static func makeFrom(dataProvider: CGDataProvider,
            width: Int,
            height: Int,
            components: Int) -> CGImage? {

            if components != 1 && components != 3 { return nil }
```

```
        let bitMapInfo: CGBitmapInfo = .byteOrder16Little
        let bitsPerComponent = 8

        let colorSpace: CGColorSpace = (components == 1) ?
            CGColorSpaceCreateDeviceGray() : CGColorSpaceCreateDeviceRGB()

        return CGImage(
            width: width,
            height: height,
            bitsPerComponent: bitsPerComponent,
            bitsPerPixel: bitsPerComponent * components,
            bytesPerRow: ((bitsPerComponent * components) / 8) * width,
            space: colorSpace,
            bitmapInfo: bitMapInfo,
            provider: dataProvider ,
            decode: nil,
            shouldInterpolate: false,
            intent: CGColorRenderingIntent.defaultIntent)
    }
}
```

這個 extension 為 CGImage 加入了一個函式，允許我們使用 CGDataProvider 中的資料和一些寬度和高度參數，並回傳一個 CGImage。一個 CGDataProvider 基本上是 CGImage 的一個抽象，它減少了從原始資料建立一個圖像所需的程式碼量。您可以到 Apple 的文件中瞭解更多關於它的細節（*https://apple.co/2Bo27qp*）。

做完了。如果您在模擬器中啟動 App 並點擊生成按鈕，您會看到 10 個數字（1、2、3、4、5、6、7、8、9 和 0）被生成出來。

 您訓練 GAN 模型的時間越長，它生成的圖像就越接近真實的東西。

您可以在圖 8-16 中看到在我們的 App 生成的一些數字範例。

圖 8-16　我們的 GAN App

任務：推薦電影

不碰到一個推薦系統是很難的。每件事都有一個推薦系統，推薦系統大部分都是人工智慧驅動的。我們來看看給您的 Swift App 加入實用的推薦功能有多容易。我們將從頭開始訓練一個簡單的推薦模型。

 許多推薦系統都在雲端中執行。我們將向您展示如何實現在本地的裝置上做推薦的基礎知識。隱私真的很重要，我們堅信，如果能在設備上做完的事，您就應該在設備上做（*https://www.apple.com/privacy/*）。

問題和方法

在本任務中,我們將探索建立推薦系統的實作。我們透過以下方式進行:

- 製作一個可以向使用者推薦電影的系統
- 找到一個合適的資料集合來訓練我們的電影推薦器
- 使用正確的工具從資料集合中訓練模型
- 使用 Playground 測試模型

我們的最終推薦器將能夠推薦使用者他們可能喜歡的電影。我們將在一個 Swift Playground 上而不是一個 App 中建立推薦器,因為若要做出一個實用的 App,會有很多與人工智慧無關的樣板檔案。

人工智慧工具集和資料集合

以下是我們做任務會使用到的主要工具:

- Python(第 45 頁的「Python」)用於準備資料,並將其轉換為有用的形式以訓練模型。
- CreateML Swift framework(第 31 頁的「CreateML」)用於訓練一個在 Swift Playground 中的推薦模型。
- CoreML framework(第 23 頁的「CoreML」)用於從模型生成推薦。

當然,我們還需要一個資料集合。幸運的是,像之前一樣,有些科學家已經為我們做完了艱苦的工作。幾年前,Netflix 舉辦了一場改進推薦系統的競賽;競賽結果是一個實用的資料集合(*http://bit.ly/2MR1Ku0*),它看起來有點像圖 8-17。

MovieID1:

CustomerID11,Date11

CustomerID12,Date12

...

MovieID2:

CustomerID21,Date21

CustomerID22,Date22

圖 8-17　我們將使用的資料

這個資料有很多鏡像載點，但是我們選擇從 Kaggle（*http://bit.ly/2MR1Ku0*）下載。這個資料集合包含許多東西，但它本質上就是許多使用者所做的許多電影評論。

我們需要在使用資料之前先準備好資料，但在此之前，請您到 Kaggle（*http://bit. ly/2MR1Ku0*）下載資料集合（圖 8-18）。解壓縮之後，您應該會看到類似圖 8-19 的內容。

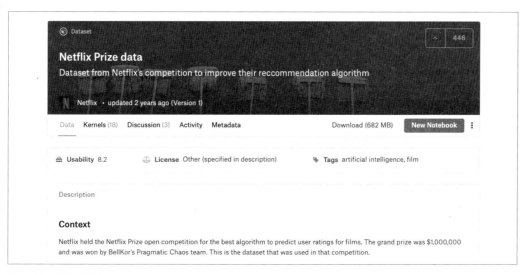

圖 8-18　資料網站

```
        README
        qualifying.txt
        probe.txt
        movie_titles.csv
        combined_data_4.txt
        combined_data_3.txt
        combined_data_2.txt
        combined_data_1.txt
```

圖 8-19　解壓縮後的 Netflix 資料

準備資料

讓我們使用 Python 來準備資料。這種準備工作包括將資料轉換成更有用的格式，以便我們用來訓練模型。

首先，如果您還沒有安裝 Anaconda，請按照第 45 頁的「Python」中的說明安裝，然後執行以下步驟：

1. 建立一個新的 Anaconda 環境：

   ```
   conda create -n RecommenderPrepEnv python=3.6
   ```

2. 啟動該環境：

   ```
   conda activate RecommenderPrepEnv
   ```

   > 我們將要撰寫的資料準備腳本不依賴 Python Standard Library（*http://bit.ly/2Bm4I4d*）之外的任何東西。

3. 在您先前下載資料的同一個資料夾中，使用您喜歡的文字編輯器，建立一個新的 Python 腳本（我們的腳本取名為 *preparation.py*），然後 import 以下套件：

   ```
   import os
   import re
   import csv

   from glob import glob
   ```

4. 根據需要加入以下內容來設定工作目錄（我們都有做這件事）：

```python
# 將腳本的工作目錄改為內部目錄
this_directory = os.path.dirname(os.path.abspath(__file__))
os.chdir(this_directory)

data_directory = this_directory + '/netflix-prize-data'
output_file = data_directory + '/netflix-prize-data.csv'
```

5. 加入一些 Python 來讀取資料集合中的每個電影：

```python
movie_titles = {}
with open(data_directory + '/movie_titles.csv', 'r') as movies_file:\

    for row in csv.reader(movies_file):
        movie_id = int(row[0])
        title = row[2]
        movie_titles[movie_id] = title
```

6. 迭代資料並將其寫入一個 CSV 檔案：

```python
print('Beginning parse...')

movie_ids = {}
customer_id = 0
incrementor = 0

with open(output_file, 'w+') as outfile:

    writer = csv.writer(outfile)
    writer.writerow(['CustomerID', 'MovieID', 'Rating', 'Movie'])
    sorted_list = sorted(glob(data_directory + '/combined_data_*.txt'))

    for filename in sorted_list:
        with open(filename, 'r') as data_file:

            for line in data_file:
                new_id = re.search('[0-9]+(?=:)', line)

                if new_id != None:
                    customer_id = int(new_id.group(0)) - 1
                    print('Logging activity of customer %d.' % customer_id)

                else:
                    csv_line = [customer_id] + line.split(',')[:2 ]
                    movie_number = int(csv_line[1])
```

```
            if movie_number in movie_titles:
                csv_line.append(movie_titles[movie_number])

            if movie_number not in movie_ids:
                movie_ids[movie_number] = incrementor
                incrementor += 1

            csv_line[1] = movie_ids[movie_number]
            writer.writerow(csv_line)
```

這個 Python 腳本會將龐大而笨拙的 Netflix 資料集合轉換為更易於管理的 CSV 檔案，如圖 8-20 所示。

```
CustomerID,MovieID,Rating,Movie
0,0,3,Godzilla vs. Gigan
0,1,4,Ed Sullivan: Rock 'n' Roll Revolution
0,2,4,White Water Summer
0,3,3,In Dreams
0,4,4,Crouching Tiger
0,5,5,Haven
0,6,5,Undeclared: The Complete Series
0,7,3,Dragon Ball Z: Great Saiyaman: Final Round
0,8,3,Air Force One
1,9,5,The Holy Child
2,10,4,The Enforcer
2,11,4,Mother's Day
2,12,3,Blind Date: Dates From Hell Uncensored
2,13,3,A Bug's Life
2,14,2,Buffy the Vampire Slayer: The Movie
2,15,5,Italian Movie
2,16,4,The Nazis: A Warning from History
2,4,4,Crouching Tiger
2,17,4,Felicity: Season 2
2,18,4,Samurai 7
2,19,5,The Game: The Documentary: The DVD
2,20,4,Benny Hill's World Tour: New York
```

圖 8-20　更實用格式的資料

7. 執行腳本，命令如下：

```
python preparation.py
```

您應該看到類似圖 8-21 的內容。

```
Logging activity of customer 534.
Logging activity of customer 535.
Logging activity of customer 536.
Logging activity of customer 537.
Logging activity of customer 538.
Logging activity of customer 539.
Logging activity of customer 540.
Logging activity of customer 541.
Logging activity of customer 542.
Logging activity of customer 543.
Logging activity of customer 544.
Logging activity of customer 545.
Logging activity of customer 546.
Logging activity of customer 547.
Logging activity of customer 548.
Logging activity of customer 549.
Logging activity of customer 550.
Logging activity of customer 551.
Logging activity of customer 552.
Logging activity of customer 553.
Logging activity of customer 554.
Logging activity of customer 555.
Logging activity of customer 556.
Logging activity of customer 557.
Logging activity of customer 558.
Logging activity of customer 559.
Logging activity of customer 560.
Logging activity of customer 561.
Logging activity of customer 562.
Logging activity of customer 563.
Logging activity of customer 564.
Logging activity of customer 565.
Logging activity of customer 566.
Logging activity of customer 567.
Logging activity of customer 568.
Logging activity of customer 569.
Logging activity of customer 570.
Logging activity of customer 571.
Logging activity of customer 572.
Logging activity of customer 573.
Logging activity of customer 574.
Logging activity of customer 575.
Logging activity of customer 576.
Logging activity of customer 577.
Logging activity of customer 578.
Logging activity of customer 579.
```

圖 8-21　資料準備腳本的輸出

Netflix 資料集合有一個大的電影標題 CSV 檔案，但並不是所有的標題都有被使用者評論過。這代表著如果我們試圖基於此訓練一個模型的話，我們可能會遇到問題，因為項目的索引可能不是連續的。我們的 Python 腳本會為它所看到的標題建立新的索引，該索引是基於有被評論過的電影標題進行編排。

建立一個模型

在使用 Python 腳本準備好的資料並將其轉換為更實用的格式後，我們現在將注意力轉向 CreateML 和 Swift Playground 來訓練一個可以用於生成建議的模型。

若要瞭解更多有關 CreateML 的各種化身的資訊，請參閱第 2 章。

您永遠都可以將一個 macOS Playground 轉換為一個 iOS Playground，
只要藉由開啟 Xcode 的 Inspectors，切換到 File Inspector，然後設定
Playground 的 Platform 即可，如圖 8-22 所示。

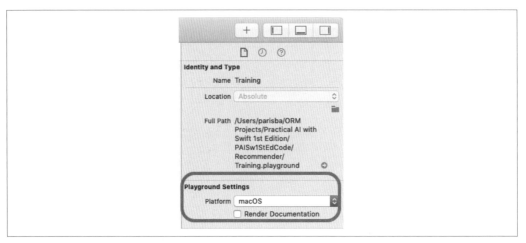

圖 8-22　將 Playground 在 iOS 和 macOS 之間互相轉換

要建立推薦系統模型，需要執行以下步驟：

1. 在 Xcode 中建立一個新的 macOS Swift Playground，如圖 8-23 所示。

2. import 以下套件：

```
import Foundation
import CreateML
import CoreML
```

3. 將我們在第 350 頁的「準備資料」中生成的 CSV 檔案拖曳到 Playground 的 *Resources*
資料夾中（在左邊欄）。

 如果 Xcode 不允許您將檔案拖曳到 *Resources*，您也可以在 Finder 中開啟
Playground 的 *Resources* 資料夾，然後在那裡加入檔案，如圖 8-24 所示。

圖 8-23 推薦器 Playground

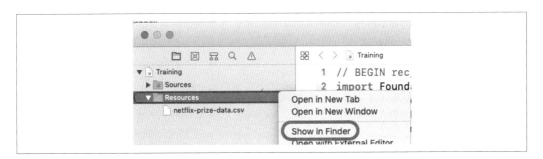

圖 8-24 將 CSV 檔案加入到 Playground

4. 建立一個變數來代表 CSV 檔案:

```
let csvFile = Bundle.main.url(forResource: nil, withExtension: "csv")!
```

5. 建立一些與我們將要進行的資料處理相關的變數,包括一個客戶(使用者)ID、一個電影 ID、一個評級、一個指定的電影標題,以及我們想要把訓練完成的模型儲存到哪裡的輸出路徑:

```
let userColumn = "CustomerID"
let itemColumn = "MovieID"
let ratingColumn = "Rating"
let titleColumn = "Movie"
let outputFilepath = URL(string: "~/recommender.mlmodel")!
```

6. 為訓練好的模型定義一些描述資料。我們的描述資料長得像這樣：

```
let metadata = MLModelMetadata(
    author: "Mars Geldard",
    shortDescription: "A recommender model trained on Netflix's " +
        "Prize Dataset using CreateML, for use with CoreML.",
    license: "MIT",
    version: "1.0",
    additional: [
        "Note": "This model was created as part of an example for " +
        "the book 'Practical Artificial Intelligence with Swift', " +
        "published in 2019."
    ]
)
```

7. 建立一個大的 if 述句，用來檢查我們是否在正確的 macOS 版本，以及我們是否成功建立了一個 MLDataTable：

```
if #available(OSX 10.15, *),
    let dataTable = try? MLDataTable(contentsOf: csvFile) {

    print("Got data!")

    // =DEFAULT VALUES=
    // let parameters = MLRecommender.ModelParameters(
    //     algorithm: .itemSimilarity(SimilarityType.jaccard),
    //     threshold: 0.001
    //     maxCount: 64,
    //     nearestItems: nil,
    //     maxSimilarityIterations: 1024
    // )

}
```

8. 加入一些設定：

```
let parameters: MLRecommender.ModelParameters =
    MLRecommender.ModelParameters()

print("Configured setup!")
```

這將我們的 `MLRecommender` 模型的參數定義為預設值。

9. 定義一個模型（此時它是 nil）：

```
var model: MLRecommender? = nil
```

10. 現在我們進行實際訓練：

```
do {
    model = try MLRecommender(
        trainingData: dataTable,//trainingData,
        userColumn: userColumn,
        itemColumn: itemColumn,
        ratingColumn: ratingColumn,
        parameters: parameters
    )
} catch let error as MLCreateError {
    switch error {
        case .io(let reason): print("IO error: \(reason)")
        case .type(let reason): print("Type error: \(reason)")
        case .generic(let reason): print("Generic error: \(reason)")
    }
} catch {
    print("Error training model: \(error.localizedDescription)")
}
```

在這程式中，我們嘗試使用我們建立的 `MLDataTable`（儲存在 `dataTable` 中）和適當的欄和參數，去訓練一個 `MLRecommender`。如果失敗，我們將會捕捉到 `MLCreateError`。如果成功，我們得到一個儲存在 `model` 變數中的 `MLRecommender` 模型。

請執行該 Playground。不會執行很久，但它應該能成功執行。

使用推薦器

為了使用推薦器，我們需要在 Playground 上加入更多的程式碼。我們不會在這裡建立一個 App，因為若要讓 App 進入實用的狀態，需要太多的樣板檔案，導致我們最終花費一整章的篇幅在寫 App 上，然而我們希望把注意力放在機器學習上。

請查看我們的網站（*https://aiwithswift.com*），可瞭解如何將推薦器裝配到一個 iOS App 中。

開啟我們在第 353 頁的「建立一個模型」中使用的 Playground，在它的最後，做以下事情：

1. 檢查我們是否有一個模型可用，為了您的推薦器，將模型設定給一個變數：

   ```
   if let recommender = model {
   ```

2. 印出一個通知，並寫出我們訓練完成的模型：

   ```
   print("Trained model!")

   try? recommender.write(to: outputFilepath, metadata: metadata)
   ```

3. 設定一些 MLDataColumn，用來儲存來自我們的 MLDataTable（dataTable）的資料：

   ```
   let userIdColumnValues: MLDataColumn<Int> =
       dataTable[userColumn]

   let movieIdColumnValues: MLDataColumn<Int> =
       dataTable[itemColumn]

   let ratingsColumnValues: MLDataColumn<Int> =
       dataTable[ratingColumn]

   let movieColumnValues: MLDataColumn<String> =
       dataTable[titleColumn]

   let testUsers: [Int] = [
       0, 1, 2, 3, 100, 324, 500
   ]

   let threshold = 0.75
   ```

   我們在這裡還定義了一個由 testUsers 組成的陣列，從資料映射到一些使用者。我們稍後將使用它們來測試推薦器。

4. 接下來，讓我們實際執行推薦器：

   ```
   if let userRecommendations =
       try? recommender.recommendations(
           fromUsers: testUsers as [MLIdentifier]) {

       let recsUserColumnValues: MLDataColumn<Int> =
           userRecommendations[userColumn]

       let recsMovieColumnValues: MLDataColumn<Int> =
           userRecommendations[itemColumn]

       let recsScoreColumnValues: MLDataColumn<Double> =
   ```

```swift
            userRecommendations["score"]

        print(userRecommendations)

        for user in testUsers {
            print("\nUser \(user) likes:")

            // 取得當前評級
            let userMask = (userIdColumnValues == user)
            let currentTitles = Array(movieColumnValues[userMask])
            let currentRatings = Array(ratingsColumnValues[userMask])
            let userRatings = zip(currentTitles, currentRatings)

            userRatings.forEach { title, rating in
                print(" -  \(title) (\(rating) stars)")
            }

            print("\nRecommendations for User \(user):")

            let recsUserMask  = (recsUserColumnValues == user)

            let recommendedMovies =
                Array(recsMovieColumnValues[recsUserMask])

            let recommendedScores =
                Array(recsScoreColumnValues[recsUserMask])

            let recommendations =
                zip(recommendedMovies, recommendedScores)

            recommendations.forEach { movieId, score in
                if score > threshold {

                    // get title
                    let movieMask = (movieIdColumnValues == movieId)
                    let title =
                        Array(movieColumnValues[movieMask]).first ??
                            "<Unknown Title>"

                    print(" - \(title)")
                }
            }
        }
    }
    // rec_train4_3
    }
}
```

這一大段程式碼做的是載入我們的 MLRecommender（到 userRecommendations），然後迭代我們的 testUsers 陣列，並印出他們為已經看過的電影的評級。然後，它會為每個人做出推薦並將這些推薦印出來。

執行這個 Playground 會產生兩個結果：最終，您會得到一個 .mlmodel 檔案，這個檔案位於您在 Swift 程式碼中指定的位置；您將看到受測使用者看過的電影列表，以及針對每個受測使用者的推薦列表。

當您建立一個在真實世界使用的推薦器時，最常見的問題之一是冷開始問題（cold-start problem）。冷開始問題是指當一個新使用者進入您的系統，馬上要求推薦時發生的情況。如果一個新使用者過去沒有對事物進行評級（讓我們假設這是一個基於評級進行推薦的系統），那麼如何根據相似的使用者推斷他們喜歡什麼呢？這就是冷開始問題。這個問題沒有統一的解決方案，但是有一些我們喜歡的論文從不同的角度探討了這個問題：

- *https://dl.acm.org/citation.cfm?id=2043943*
- *https://dl.acm.org/citation.cfm?id=3108148*
- *https://ieeexplore.ieee.org/document/7355341*
- *https://kojinoshiba.com/recsys-cold-start/www.cs.toronto.edu/~mvolkovs/nips2017_deepcf.pdf*
- *https://arxiv.org/abs/1511.06939*

我們將在第 467 頁的「推薦」中更詳細地介紹如何使用 MLRecommender，所以如果您想要更深入的資訊，請跳到那裡看看。

任務：回歸預測

機器學習最強大的用途之一是處理表格資料。儘管它不像圖像或聲音那樣令人興奮，但它包含了更廣泛的資料。與**分類器**（我們在本書中多次使用的機器學習技術之一）相對應的是**回歸器**。

分類器將輸入分類為它被訓練時的類別之一，而一個回歸器可以預測在訓練中沒有出現的值。

問題和方法

我們要訓練一個回歸模型，它可以取三個值作為輸入：

- 住宅中的房間數
- （郊區的）人口中被認為地位較低的人所占的百分比
- 城鎮學生 - 教師比例

我們將用這個模型來預測一個值：業主自住房屋價值的中位數，以 1,000 美元為單位。

人工智慧工具集和資料集合

在這個任務中，我們將用 Python 來準備資料、用 CreateML framework 來訓練回歸器。

我們在這裡使用的資料集合被稱為回歸資料集合的「Hello World」：它是關於 1970 年代和 1980 年代波士頓房價的資訊集合，也被稱為「波士頓住房資料集合（Boston Housing Dataset）」。

我們想要的輸入在這個資料集合中的形式為：

- 住宅中的房間數（在資料集合中命名為 RM）
- （郊區的）人口中被認為地位較低的人所占的百分比（在資料集合中命名為 LSTAT）
- 城鎮學生 - 教師比例（在資料集合中命名為 PTRATIO）

輸出是：業主自住房屋的中位數，以 1,000 美元為單位（在資料集合中命名為 MEDV）。

我們將使用 CreateML framework 的 `MLRegressor` 功能來訓練我們的回歸模型。我們馬上就會講到它；我們需要先準備和轉換資料。

準備資料

波士頓住房資料可從 UCI Machine Learning Repository（*http://bit.ly/2pt4O7C*）下載。如果您想要（我們的腳本將自動取得它），您可以自行下載 *housing.data* 檔案（*http://bit.ly/2OYxiRc*）並將其儲存在您可以查看的地方。其對應的檔案 *housing.names*，包含了資料的詳細資訊，以及我們需要的欄資訊。

如圖 8-25 所示，資料以一種有點惱人的 tab 和空格分隔的格式出現。我們需要做一點前置工作使得它能被用來訓練一個回歸器。我們想要把它整理成一個含有四欄的 CSV 檔案（RM、LSTAT、PTRATIO 和 MEDV）：

```
0.00632   18.00    2.310   0   0.5380   6.5750   65.20   4.0900   1   296.0
0.02731    0.00    7.070   0   0.4690   6.4210   78.90   4.9671   2   242.0
0.02729    0.00    7.070   0   0.4690   7.1850   61.10   4.9671   2   242.0
0.03237    0.00    2.180   0   0.4580   6.9980   45.80   6.0622   3   222.0
0.06905    0.00    2.180   0   0.4580   7.1470   54.20   6.0622   3   222.0
0.02985    0.00    2.180   0   0.4580   6.4300   58.70   6.0622   3   222.0
```

圖 8-25 原始波士頓住房資料的格式

1. 設定一個 Python 環境並啟動它：

   ```
   conda create -n Regressor

   conda activate Regressor
   ```

2. 進入環境後，安裝一些前置套件：

   ```
   conda install scikit-learn numpy
   ```

   我們使用 scikit-learn 取得波士頓住房資料，並使用 NumPy 將它整理成良好的格式。

3. 建立一個新的 Python 腳本（我們的腳本取名為 *regressor_prepare.py*），並加入以下 import：

   ```
   import csv
   import numpy as np
   from sklearn.datasets import load_boston
   ```

4. 用 scikit-learn 下載波士頓住房資料：

   ```
   dataset = load_boston()
   ```

   您可能會注意到許多有用的資料集合都附帶了許多實用的 Python framework，這實在是非常有用。

5. 定義一些必要的變數，包括我們想要的欄標題：

   ```
   attributes = np.array(dataset.data)
   outcome = np.array(dataset.target)
   output_filename = 'housing.csv'
   headings = ['RM', 'LSTAT', 'PTRATIO', 'MEDV']
   ```

6. 執行轉換到 CSV，然後寫入到 *housing.csv* 檔案：

```
with open(output_filename, 'w+') as output_file:
        writer = csv.writer(output_file)
        writer.writerow(headings)
        for index, row in enumerate(attributes):
                values = [row[5], row[12], row[10], outcome[index]]
        writer.writerow(values)
```

執行腳本（`python regressor_prep.py`），並欣賞一下新建出來的 *housing.csv* 檔案，如圖 8-26 所示。

RM	LSTAT	PTRATIO	MEDV
6.575	4.98	15.3	24.0
6.421	9.14	17.8	21.6
7.185	4.03	17.8	34.7
6.998	2.94	18.7	33.4
7.147	5.33	18.7	36.2
6.43	5.21	18.7	28.7
6.012	12.43	15.2	22.9
6.172	19.15	15.2	27.1
5.631	29.93	15.2	16.5
6.004	17.1	15.2	18.9
6.377	20.45	15.2	15.0

圖 8-26　我們的 housing.csv 檔案

建立模型

準備好資料後,我們將注意力轉向用 Apple 的 CreateML framework 來訓練我們的回歸器。為此,我們需要一個 macOS 的 Playground:

1. 在 Xcode 中建立一個新的 macOS 的 Swift Playground。

2. import Fundation 和 CreateML。

3. 載入我們準備好的資料集合:

```
let houseDatasetPath = "/Users/parisba/ORM Projects/Practical AI " +
    "with Swift 1st Edition/PAISw1StEdCode/Regressor/housing.csv"

let houseDataset = try MLDataTable(contentsOf:
    URL(fileURLWithPath: houseDatasetPath))
```

請您確保指向的檔案是我們之前載入的 CSV 檔案。此處顯示的路徑是它在我們系統中的位置。

4. 建立一個 MLRegressor:

```
let priceRegressor = try MLRegressor(
    trainingData: houseDataset, targetColumn: "MEDV")
```

我們需要將它指向我們定義的 houseDataset 變數(它包含一個 CSV 檔案的 MLDataTable)作為資料,我們希望能夠預測的欄是「MEDV」。

5. 定義一些模型描述資料(這只基於禮貌):

```
let regressorMetadata = MLModelMetadata(
    author: "Paris B-A",
    shortDescription: "A regressor for house prices.",
    version: "1.0")
```

6. 寫入到 CoreML 格式的 .mlmodel 檔案:

```
let modelPath = "/Users/parisba/ORM Projects/Practical AI with Swift" +
    "1st Edition/PAISw1StEdCode/Regressor/Housing.mlmodel"

try priceRegressor.write(
    to: URL(fileURLWithPath: modelPath),
    metadata: regressorMetadata)
```

執行該 Playground,您應該會看到類似圖 8-27 的內容,以及一個新的 CoreML 格式的 .mlmodel 檔案將出現在您指定的位置,如圖 8-28 所示。

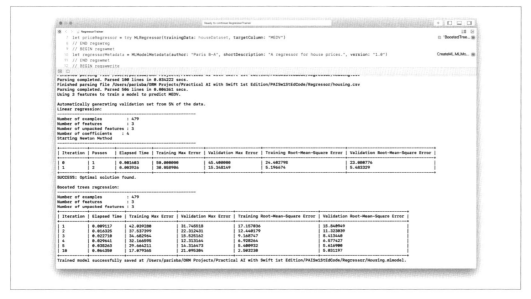

圖 8-27　在 Playground 中執行我們的回歸器

圖 8-28　我們用來預測波士頓房價的新 mlmodel

CreateML 提供的 `MLRegressor` 的最大特點之一是，它可根據資料選擇要使用的回歸變數。`MLRegressor` 支援以下幾種類型的回歸變數：

- `MLLinearRegressor` 以特徵的線性函式估計目標

- `MLDecisionTreeRegressor` 透過學習分割資料的規則來估計目標

- MLRandomForestRegressor 透過在資料子集上建立一組決策樹（一群決策樹（decision tree）就是森林（forest），明白嗎？）來估計目標

- MLBoostedTreeRegressor 使用決策樹和梯度增益（gradient boosting）來估計目標

您可以到 Apple 的文件（*https://apple.co/2VSYa6t*）中瞭解更多關於 MLRegressor 的相關資訊。

 當我們訓練回歸時，MLRegressor 選擇使用 MLBoostedTreeRegressor。

Apple 的 Turi Create Python framework 也支援建立回歸函式，而且幾乎一樣簡單。若要使用 Turi Create，請建立一個 Python 環境和一個 Python 腳本，腳本如下所示：

```
import turicreate as tc

data =  tc.SFrame(
    '/Users/parisba/ORM Projects/Practical AI with Swift ' +
    '1st Edition/PAISw1StEdCode/Regressor/housing.csv'
)

model = tc.regression.create(
    data,
    target='MEDV',
    features=['RM', 'LSTAT', 'PTRATIO']
)

model.save('TuriHouseRegressor')
```

然後，您可以在另一個 Python 腳本中載入該模型，並使用資料來預測和評估：

```
import turicreate as tc

data =  tc.SFrame(
    '/Users/parisba/ORM Projects/Practical AI with ' +
    'Swift 1st Edition/PAISw1StEdCode/Regressor/housing.csv'
)

model = tc.load_model('TuriHouseRegressor')

predictions = model.predict(data)
results = model.evaluate(data)
```

您可以到 Turi Create 文件中瞭解更多關於 Turi Create 的回歸器（*http://bit.ly/31o3UXf*）的相關內容。

在 App 中使用回歸器

因為這個任務是如此簡單，所以我們不打算為它建立一個完整的 App。如果您在 Xcode 中有一個 App 專案，而您希望在其中使用您建立的回歸器 *.mlmodel* 檔案，請執行以下操作：

1. 請將 *.mlmodel* 拖曳到專案中，並允許 Xcode 根據需要進行複製。

2. 驗證模型是否具有符合預期的輸入和輸出，如圖 8-29 所示。

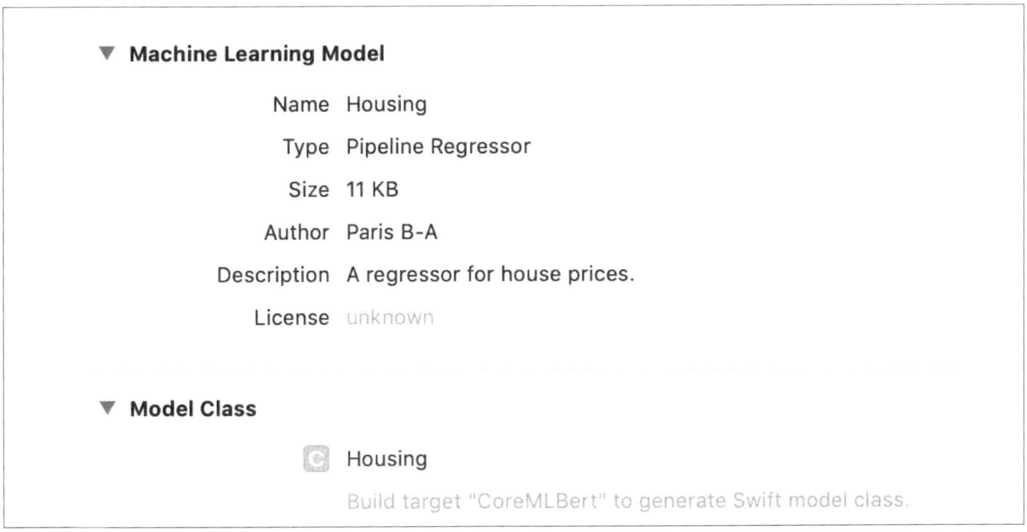

▼ **Machine Learning Model**

Name	Housing
Type	Pipeline Regressor
Size	11 KB
Author	Paris B-A
Description	A regressor for house prices.
License	unknown

▼ **Model Class**

Ⓒ Housing

Build target "CoreMLBert" to generate Swift model class.

圖 8-29　Xcode 中的回歸器

3. 在您的程式碼中載入模型：

```
let regressionModel = Housing()
```

4. 做預測：

```
guard let prediction = try? regressionModel.prediction(
    RM: 6.575, LSTAT: 4.98, PTRATIO: 15.3) else {

    fatalError("Could not make prediction.")
```

```
    }
    print(prediction is: \(prediction))
```

僅此而已。實用吧？

下一步

以上是增益章節的全部內容。我們已經讓您在生成和推薦任務上小試身手，您可以使用 Swift 和 Swift 鄰接的工具執行這些任務。

我們在本章探討的五個增益任務是：

圖像風格轉換

　　在圖像之間轉換風格。

句子生成

　　使用 Markov 鏈生成句子。

用 *GAN* 生成圖像

　　建立自己的 GAN 並用 GAN 在 iOS 上建立圖像。

推薦電影

　　根據使用者之前的電影評論向其推薦電影。

回歸

　　使用回歸來預測數值。

在第 11 章中，我們將從演算法的角度來研究本章所討論的每個任務實際發生了什麼事。

## 第九章

功能之外的事

本章將探討在您的 Swift App 中使用工具來實作實際的人工智慧功能的下一步，這些工具以 Apple 提供的工具為基礎，或者直接使用 Apple 的工具運作。我們要超越以功能導向的任務，將注意力放在可以改進工作流程或以其他方式幫助您的任務。

我們也會看看 Apple ML 和人工智慧生態系統的一些有用的擴展，並給您一些關於下一步該探索什麼的題旨。本章採用自上向下的方法，我們將探索使用 CoreML 和 Apple framework 在應用程式中實作人工智慧功能之外的任務。

具體來說，以下是本章探索的六項任務：

- 安裝 Swift for TensorFlow：安裝並執行最新版本的 Swift for TensorFlow。

- 使用 Python with Swift：看看使用流行的、不可忽略的、無處不在的 Python with Swift（透過 Swift for TensorFlow）。

- 使用 Swift for TensorFlow 訓練分類器：建立一個使用 Swift for TensorFlow 的圖像分類器。

- 使用 CoreML Community Tools：使用 Apple 的 Python framework 和 CoreML Community Tools，從其他格式操作和轉換模型。

- 在設備上更新模型：使用 on-device personalization 修改設備上的 CoreML 模型。

- 在設備上下載模型：從伺服器下載 CoreML 模型並在設備上編譯它。

任務：安裝 Swift for TensorFlow

提示：要瞭解什麼是 Swift for TensorFlow，請參閱第 2 章，特別是第 43 頁的「來自他人的工具」。

安裝和使用 Swift for TensorFlow 有兩種方法，我們將在本章中探討這兩種選擇：

- 將 Swift for TensorFlow 工具鏈加入 Xcode 中，並透過 Xcode 使用它，我們將在第 370 頁的「將 Swift for TensorFlow 加入 Xcode」中進行討論。

- 將 Swift for TensorFlow 視為像 Python 一樣，並透過 Docker 和 Jupyter Notebooks 使用它，我們將在第 373 頁的「Docker 和 Jupyter 上安裝 Swift for TensorFlow」討論這一點。

將 Swift for TensorFlow 加入 Xcode

使用 Swift for TensorFlow 最簡單的方法是將其安裝為 Xcode 工具鏈。

這可能是使用 Swift for TensorFlow 的最簡單方法，但不一定是最容易的安裝方法。如果您對更簡單（更長）的安裝過程感興趣，請查看第 371 頁「Docker 和 Jupyter 上安裝 Swift for TensorFlow」。

若要將 Swift for TensorFlow 安裝成 Xcode 的工具鏈，請執行以下步驟：

1. 請下載 Xcode 最新套件（*http://bit.ly/2VNx5BU*）。

2. 執行安裝程式，如圖 9-1 所示。

Xcode 工具鏈提供了 Xcode 在建立程式碼、除錯程式碼、執行程式碼自動完成、語法突出顯示等所需的元件。

3. 安裝完成後，請啟動 Xcode，然後進到 Xcode 功能表 → Toolchains → Manage Toolchains，如圖 9-2 所示。

4. 透過選擇 macOS 的 Command-line Tool 範本建立一個新專案，如圖 9-3 所示。

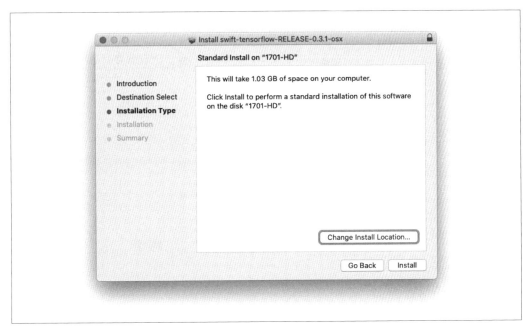

圖 9-1　Swift for TensorFlow 安裝程式

圖 9-2　在 Xcode 中選擇要用的工具鏈

圖 9-3　在 Xcode 中為 Swift for TensorFlow 選擇專案範本

5. 開啟主要的 Swift 檔案並刪除所有現有程式碼，然後加入以下 import：

```
import TensorFlow
```

6. 加入以下程式碼，使用 Swift for TensorFlow，並確保一切執行正常：

```
let x = Tensor<Float>([[1, 2], [3, 4]])
```

7. 加入以下述句印出輸出：

```
print(x)
```

您應該在 Xcode 的輸出中看到以下內容（如圖 9-4 所示）：

```
[[1.0, 2.0],
[3.0, 4.0]]
```

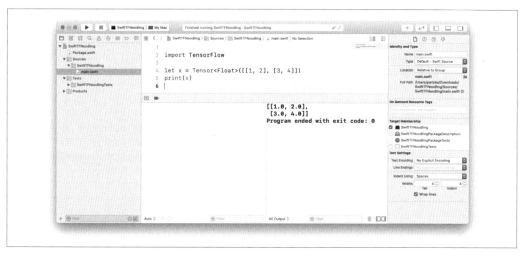

圖 9-4　在 macOS 上執行一個簡單的 Swift for TensorFlow 程式

Docker 和 Jupyter 上安裝 Swift for TensorFlow

Google 的科學家們已經把使用變得相對簡單，把 Swift 當成 Python 用（整個 Google 真的都喜歡 Python 耶），並把它安裝在 Jupter Notebooks 上。

我們在第 52 頁的「Keras、Pandas、Jupyter、Colaboratory、Docker，我的天！」中簡短的討論過 Jupyter Notebook。

要 安 裝 Swift for TensorFlow，以 便 在 Jupyter Notebook 上 使 用 它，我 們 建 議 使 用 Docker。若要設定好一切，請遵循以下步驟：

1. 請下載 Docker CE（*https://dockr.ly/33EhPK5*）（Community Edition）。

2. 請在 macOS 設備上安裝 Docker 並啟動它。您應該在功能表列中看到一隻鯨魚，如圖 9-5 所示。

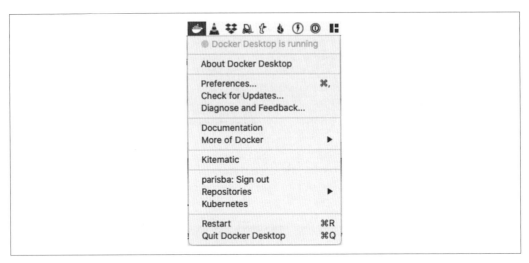

圖 9-5　檢查並確定 Docker 正在您的 macOS 設備上執行

3. 請 clone swift-jupyter（*http://bit.ly/2IWM4nB*）的 GitHub 儲存庫到您的電腦上的一個資料夾中：

```
git clone https://github.com/google/swift-jupyter.git
```

4. 複製儲存庫之後，切換到該目錄中，並執行以下命令（在此之前請確保 Docker 已在執行）：

```
docker build -f docker/Dockerfile -t swift-jupyter
```

這將會下載大小為好幾 GB 的多個套件，所以需要花上一段時間，現在您可去喝杯茶了。

5. 一旦取得和安裝 Docker 容器的過程完成，您可以執行以下命令來啟動一個支援 Jupyter Notebook，現在執行的這個 Jupyter Notebook 已支援 Swift for TensorFlow：

```
docker run -p 8888:8888 --cap-add SYS_PTRACE -v /Users/Paris/Dev/Swift4TFNotebooks:/
notebooks swift-jupyter
```

請注意，您需要將 /Users/Paris/Dev/Swift4TFNotebooks 路徑替換為您想要讓 Jupyter 儲存您建立的 Swift notebook 的路徑。在本例中，我們將它映射到用於開發專案的資料夾。

6. 您將看到類似圖 9-6 的內容，附帶一個長長 token（也會顯示出來）的 URL 將會被顯示。請複製該 URL 並將其黏貼到您喜歡的 web 瀏覽器中。

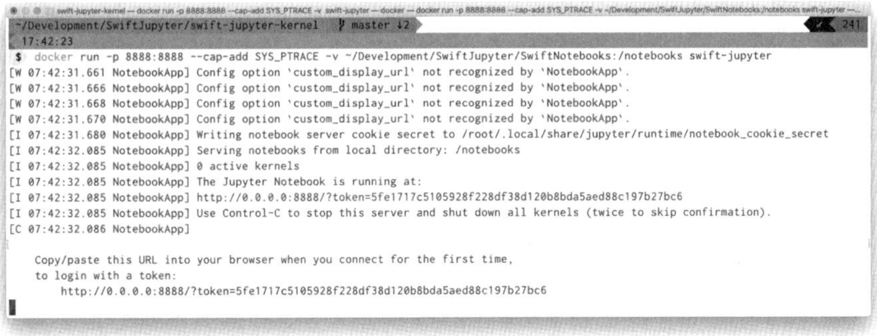

圖 9-6　Jupyter 執行與顯示它的 URL

7. 在您的 web 瀏覽器中,您應該看到類似圖 9-7 的內容。為了檢查一切正常,請點擊
Jupyter 的 New 功能表 → Swift,以建立一個新的筆記本,如圖 9-8 所示。您將在
Jupyter 中得到一個空的 Swift 筆記本,如圖 9-9 所示。

圖 9-7　單純執行 Jupyter

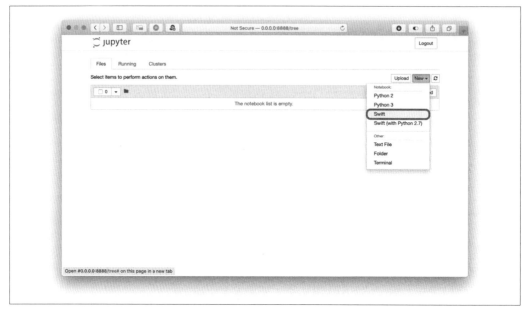

圖 9-8　在 Jupyter 的 New 功能表中選擇 Swift

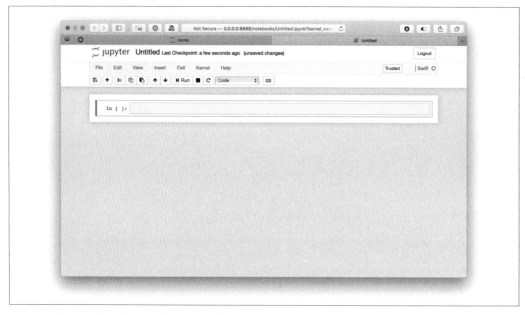

圖 9-9　Jupyter 中的一個空白 Swift 筆記本

8. 將以下程式碼加入到您的新筆記本中：

```
import TensorFlow

let x = Tensor<Float>([[1, 2], [3, 4]])

print(x)
```

在這段程式碼中，按下鍵盤上的 τ（Option）-Return（或 Jupyter 工具列中按一下 Run 按鈕）。您應該在剛才輸入程式碼的儲存格下面看到輸出，如圖 9-10 所示。

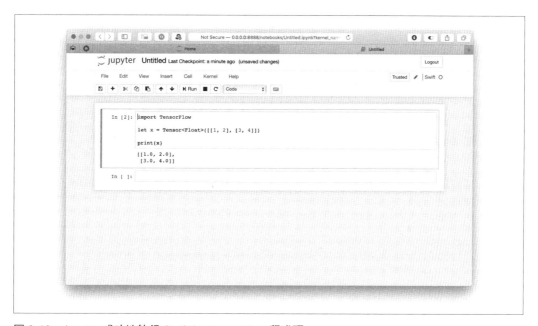

圖 9-10　Jupyter 成功地執行 Swift for TensorFlow 程式碼

您可以透過按一下靠近頂部的標題來重命名您的筆記本，如圖 9-11 所示，並輸入如圖 9-12 所示的新名稱。

圖 9-11　正在使用的筆記本名稱

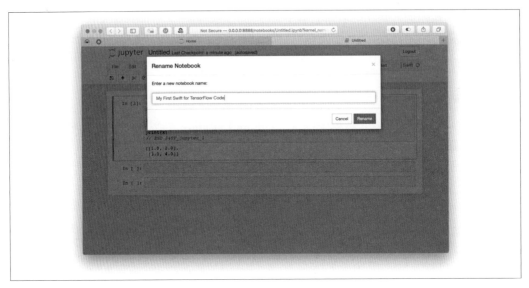

圖 9-12　在 Jupter 重新命名筆記本

如果您回到第一個 URL（該 URL 應該已被開啟在前一個分頁中），您將看到所有筆記本的列表，如圖 9-13 所示。

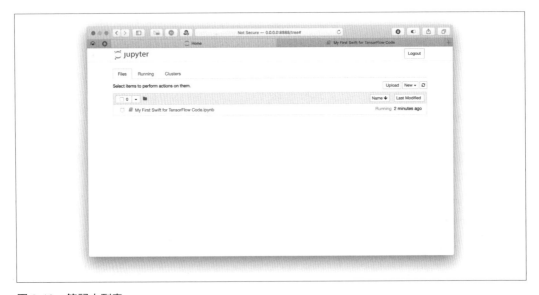

圖 9-13　筆記本列表

您還可以使用 Finder 瀏覽您前面指定的資料夾（我們啟動 Jupyter 實例時的那個資料夾），以查看您的筆記本是否安全、是否可以繼續執行，如圖 9-14 所示。

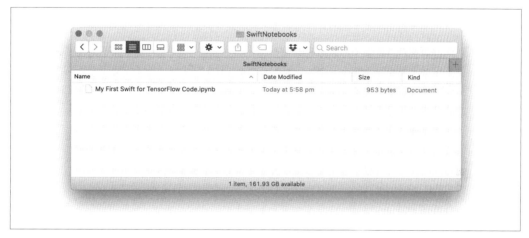

圖 9-14　在您指定的資料夾中的 Jupyter 筆記本

任務：使用 Python with Swift

Swift for TensorFlow 把 Python 帶進了 Swift，這很神奇。我們不會深入討論這個問題，因為它有點超出了**實用**的範圍，但是它是如此的**有趣**，以致於我們會稍微提到它一下（它對資料科學、機器學習和人工智慧也非常有用）：

1. 在 Swift for TensorFlow 中，您可以這樣做：

    ```
    import Python
    ```

2. 於是您就能這樣做：

    ```
    print(Python.version)
    ```

3. 輸出類似這樣的東西：

    ```
    3.6.7 (default, Oct 22 2018, 11:32:17)
    [GCC 8.2.0]
    ```

4. 您甚至可以在 Swift 中使用 Python 型態，反之亦然。例如：

    ```
    let pyInt: PythonObject = 1
    let pyString: PythonObject = "This is a Python String, in Swift!"
    ```

PythonObject 是一個 Swift class，代表一個來自 Python 的物件。在 Swift 中所有 Python API 被使用時都會回傳 PythonObject 實例。Swift 的所有基本類型都可以轉換為 PythonObject，而且大多是隱式發生的。神奇。

5. 您甚至可以用 Python 的 range 或 array：

```
let pyRange: PythonObject = PythonObject(10..<100)
let pyArray: PythonObject = [5, 10, 15, 20, 25]
let pyDict: PythonObject = [
    "Language 1": "Swift",
    "Language 2": "Python"
]
```

6. 而且還不止於此。您甚至可以對 Python 物件執行標準的 Swift 操作：

```
print(pyInt+5)
print(pyDict["Language 2"])
```

7. 並將 Python 物件轉換回 Swift：

```
let int = Int(pyInt)
let string = String(pyString)
```

8. 因為 PythonObject 符合許多標準的 Swift 協議，如 Equatable、Comparable、Hashable 等等；所以您可以做些神奇的事：

```
let array: PythonObject = [5, 10, 15, 20, 25]
for (i, x) in array.enumerated() {
    print(i, x)
}
```

Python 很棒，從 Swift 中使用它非常簡潔。但您知道有什麼是更棒的嗎？ Matplotlib 和 NumPy：

1. 您可以使用 Python.import 來取得 Python 函式庫：

```
let numpy = Python.import("numpy")
```

2. 這讓您能做這樣的事情：

```
let zeros = np.ones([2,3])
print(zeroes)
```

3. 會輸出：

```
[[1. 1. 1.]
 [1. 1. 1.]]
```

4. 它真的非常強大，非常迅速：

```swift
let numpyArray = np.ones([4], dtype: np.float32)
print("Swift type:", type(of: numpyArray))
print("Python type:", Python.type(numpyArray))
print(numpyArray.shape)

let array: [Float] = Array(numpy: numpyArray)!
let shapedArray = ShapedArray<Float>(numpy: numpyArray)!
let tensor = Tensor<Float>(numpy: numpyArray)!
print(array.makeNumpyArray())
print(shapedArray.makeNumpyArray())
print(tensor.makeNumpyArray())
```

5. 如果您在 Jupyter Notebook 上執行您的程式碼，您甚至可以在程式碼中使用 matplotlib 來顯示東西：

```swift
%include "EnableIPythonDisplay.swift"
IPythonDisplay.shell.enable_matplotlib("inline")

let np = Python.import("numpy")
let plt = Python.import("matplotlib.pyplot")

let time = np.arange(0, 10, 0.01)
let amplitude = np.exp(-0.1 * time)
let position = amplitude * np.sin(3 * time)

plt.figure(figsize: [15, 10])

plt.plot(time, position)
plt.plot(time, amplitude)
plt.plot(time, -amplitude)

plt.xlabel("Time (s)")
plt.ylabel("Position (m)")
plt.title("Oscillations")

plt.show()
```

這段程式會產出圖 9-15，真的很神奇。

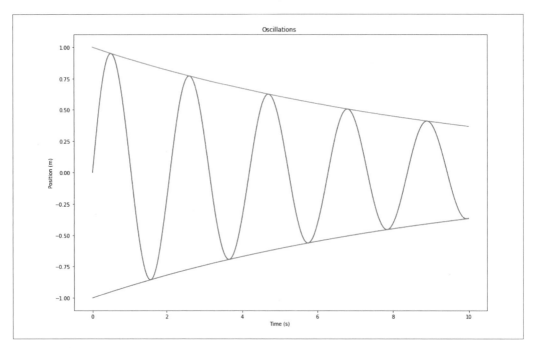

圖 9-15　輸出

您可以到 Swift for TensorFlow 的文件（*http://bit.ly/31vzJO0*）中瞭解更多資訊。

任務：使用 Swift for TensorFlow 訓練分類器

我們原本打算寫一個完整的任務，在這個任務中使用 Swift for TensorFlow 來訓練一個模型（圖 9-16），然而，Swift for TensorFlow 專案處於快速開發的狀態，我們認為無法公正地完成這樣的任務；也許一兩年後，當專案成熟時可以，但不是現在。

所以，儘管我們自 Swift for TensorFlow 面世以來就已經開始使用它，但我們還是不願意在**實際任務**上使用它。然後，經過深思熟慮，我們發現 Google 和 TensorFlow 團隊正在維護一個非常棒的 Swift for TensorFlow 資源集合。

因此，我們現在對於若要進一步瞭解 Swift for TensorFlow 的建議是，請您查看這個團隊所產出的教材（*http://bit.ly/2MfgN*），這份教材使用 Colaboratory（請查看第 52 頁的「Keras、Pandas、Jupyter、Colaboratory、Docker，我的天！」）。這個 podcast（*http://bit.ly/35C3G1U*）也是瞭解 Swift 和機器學習潛力的良好起點。

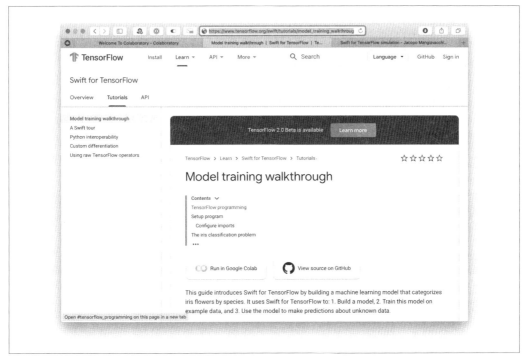

圖 9-16 用 Swift 做 TensorFlow 模型訓練

任務：使用 CoreML Community Tools

在本節中，我們將介紹如何使用 CoreML Community Tools 將其他 ML 和人工智慧工具生成的模型轉換為 CoreML 可用的格式。

我們曾在第 2 章第 41 頁的「CoreML Community Tools」中介紹過 CoreML Community Tools，如果您想瞭解更多資訊，請回到那裡看看。

我們還曾在第 327 頁的「任務：用 GAN 生成圖像」中建立了一個 GAN 時，使用過 CoreML Community Tools 在訓練過程中，將模型從 Keras 格式轉換為 CoreML 格式。

問題

我們在這裡探討的問題，涉及到使用一組不同的人工智慧工具生成的模型，而不是那些由原生 Apple 的 CoreML framework 所建的模型。

我們發現一個很了不起的研究專案，由來自世界各地的科學家的國際合作：From Pixels to Sentiment: Fine-tuning CNNs for Visual Sentiment Prediction（*http://bit.ly/2IURhwr*）使用一個特定類型的類神經網路（卷積類神經網路），試圖預測圖像（或圖像一部分區域）的情緒，如圖 9-17，這被稱為**視覺情緒分類**（*visual sentiment classification*）。

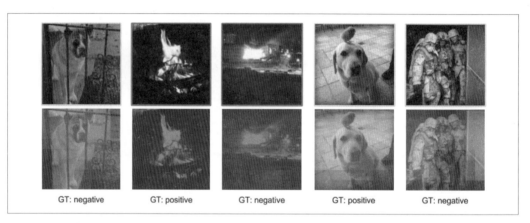

圖 9-17　情感映射到圖像（或圖像區域）

流程

從專案網頁（*http://bit.ly/2oHUQzg*）的模型小節中下載訓練完成的模型（*http://bit.ly/2pAAk3l*）（是第一個模型連結，不是第二個）。把這個檔案（有點大）放在安全的地方。然後，遵循以下步驟做：

1. 按照我們在前面概述過的流程，建立一個 Python 環境，且啟動環境，然後使用 pip 來安裝 coremltools，如圖 9-18 所示：

   ```
   create -n CoreMLToolsEnvironmentDemo python=3.6

   conda activate CoreMLToolsEnvironmentDemo

   pip install coremltools
   ```

圖 9-18　建立我們要用的環境

2. 下載一個為模型定義階層的檔案（*http://bit.ly/35G91W2*），並將其儲存到與下載的模型相同的位置。

3. 也在相同的位置建立一個名為 *class_tags.txt* 的檔案，然後加入以下第一行：

```
Negative
```

4. 加入第二行如下：

```
Positive
```

5. 建立一個名為 *convert_to_coreml.py* 的腳本，然後加入以下 import：

```
import coremltools
```

6. 加入下面的程式碼，它用來從 Caffe 建立轉換器：

```
coreml_model = coremltools.converters.caffe.convert(
    (
```

```
        'twitter_finetuned_test4_iter_180.caffemodel',
        'sentiment_deploy.prototxt'
    ),
    image_input_names = 'data',
    class_labels='class_labels.txt'
)
```

這一行指向我們下載的模型檔案、定義階層的檔案和帶有分類標籤的文字檔案。

7. 加入以下輸出描述：

```
coreml_model.output_description['prob'] = (
    'Probability for a certain sentiment.'
)
coreml_model.output_description['classLabel'] = 'Most likely sentiment.'
```

8. 加入一些通用的描述資料（這只是為了禮貌）：

```
coreml_model.author = (
    'Practical AI with Swift Reader based on work of Image ' +
        'Processing Group'
)
coreml_model.license = 'MIT'
coreml_model.short_description = (
    'Fine-tuning CNNs for Visual Sentiment Prediction'
)
coreml_model.input_description['data'] = 'Image'
```

9. 儲存模型：

```
coreml_model.save('VisualSentiment.mlmodel')
```

10. 再次檢查必要的檔案是否位於適當的位置（包括模型、描述階層的檔案、包含分類的文字檔案以及我們剛剛撰寫的 Python 腳本），然後執行 Python 腳本：

```
python convert_to_coreml.py
```

您應該看到類似圖 9-19 的內容。

我們轉換的模型原是 Caffe（*http://caffe.berkeleyvision.org*）的格式，coremltools 專案還支援轉換多種其他格式。我們在本書中不會談到如何使用 Caffe，因為它是一個 C++ 與 Python 的專案，不是 Swift，我們必須守住一條界限。

圖 9-19　使用 coremltools 將 Caffe 轉換為 CoreML

現在您可以查看您工作的資料夾；您應該可以找到一個全新的 *VisualSentiment.mlmodel*，如圖 9-20 所示。您可以像使用其他 CoreML 一樣使用這個模型；巧合的是，這正是我們接下來在第 388 頁的「使用轉換後的模型」中要做的。

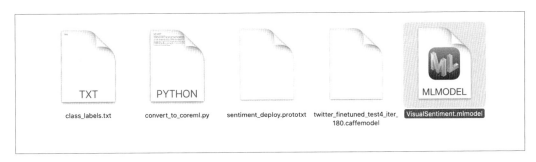

圖 9-20　最終，轉換完成的 CoreML 模型

使用轉換後的模型

在之前第 121 頁的「任務：圖像分類」中，我們建立了一個 App，它使用我們訓練的圖像分類模型，試圖告訴我們它在圖像中看到了什麼。我們可以稍為修改該 App，就可以用來測試視覺情緒分類（基本上就只是把模型換掉）。

如果您想從既有的程式碼開始，我們提供了一個名為 VSDemo-Complete 的示範專案。如果您更喜歡自己動手（我們強烈建議），請遵循以下步驟做：

1. 複製您在 121 頁的「任務：圖像分類」中建立的圖像分類 App。

2. 修改細節：使瀏覽列顯示 VSDemo（或類似的名稱），並將按鈕修改為顯示 Image Sentiment（或類似的名稱）。圖 9-21 顯示了我們的版本。

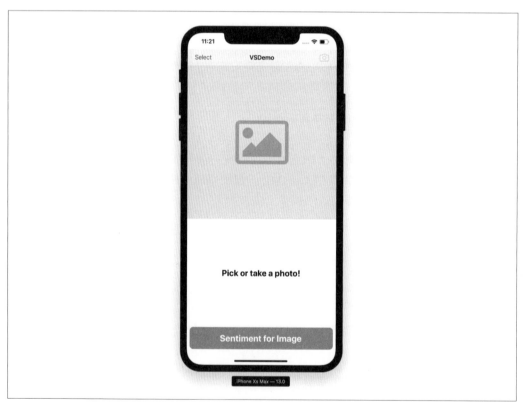

圖 9-21　我們的圖像情感 App，已可以用了

3. 把 *VisualSentiment.mlmodel* 檔案拖曳到 Xcode 專案中，和之前一樣允許 Xcode 做複製。

4. 修改 *ViewController.swift* 中的程式碼，設定指向新模型：

```
private let classifier =
    VisionClassifier(mlmodel: VisualSentiment().model
```

打開 App，查看一些圖片，看看它們的情感是什麼。例如，本書的一位作者的照片被認定是正面情感，這在圖 9-22 中是很明顯的。

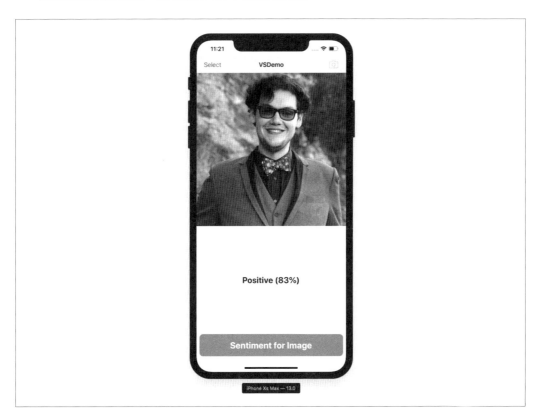

圖 9-22　執行圖像情感分類 App

任務：在設備上更新模型

在 2019 年全球開發者大會（WWDC 2019）上，Apple 公司宣佈了 CoreML 的一個新功能：在裝置（即 iPhone）上的更新能力（例如：做訓練）。這是一個非常強大的功能。我們不會真正地討論它，也不能很好地討論它。

為什麼？因為它現在是非常基礎的階段，而且只支援非常特定的模型類型，我們不想讓您陷入困境，因為它可能只在非常特定、非常小眾的情況下有用。

 當您用指紋或面部成功解鎖設備時，TouchID 和 FaceID 會使用設備上的個人化來更新他們的模型。

on-device personalization 背後的關鍵思想是，它讓應用程式能以一個通用模型作為開始，然後用使用者的資料逐步更新它，為該使用者定制它。隨著時間的推移，這將為特定的使用者提供更好的服務。這與（例如）Google 最著名的方法：**聯合學習**（*federated learning*）不同。

聯合學習（*http://bit.ly/33CpFEf*）講的是一個單一的、基於雲端的模型的漸進更新，該模型基於大量使用者的資料，而不是本地設備上的資料。

另一個也需要指出的點是，Apple 的設備個人化實作並不使用 CreateML（Apple 的訓練 framework）在設備上進行模型訓練，它使用 CoreML。CreateML 是一個只支援 macOS 的 framework，這可能是 Apple 選擇使用 CoreML framework 來提供設備上個人化特性的原因之一（它能適用在更廣泛的 Apple 平台上）。

很多專家都強調，on-device personalization 不應該用於直接訓練（*http://bit.ly/2OOBnr3*）。因為硬體太慢了，最好提供一個預先訓練過的模型，該模型最好還懂得如何去理解使用者將會生成什麼類型的資料，然後根據這些資料進行對應的更新。Apple 甚至提供了一個 `MLUpdateProgressHandlers` 類別（*https://apple.co/2BgmLIZ*），它允許您在 on-device personalization 訓練過程的不同點執行任意程式碼。

要建立一個可用於 on-device personalization 的模型，您將需要一個 CoreML 格式的 mlmodel（*http://bit.ly/2MjSTSt*），而且要被標記可更新、有訓練輸入且您需要為訓練提供範例和真實目標。您希望能夠訓練的模型的特定層也應該被標記為可更新的（通常是您的網路中最後的一層）。

您還需要一個丟失函式、一個優化器和一些超參數。但這些已經超過我們所謂的**實務**範圍。

Apple 的 CoreML Tools 支援一個 respect_trainable 參數，該參數讓您的轉換後模型可被更新，因此這項技術並不僅僅局限於使用 CreateML（或 Turi Create）建立的模型。

Apple 在它的 CoreML Community Tools 文件中有一些可更新模型的好範例（*http://bit.ly/2MjSTSt*）。

在撰寫本文時，CoreML 的裝置上個人化僅支援類神經網路（一般的、分類器和回歸器）和 *K-* 最鄰近分類器。同樣地，只支援卷積和完全連接的階層。

您 可 以 在 Apple 的 文 件（*https://apple.co/32khoV9*） 瞭 解 更 多 關 於 on-device personalization。您該在 CoreML 中查看 MLUpdateTask。

關於 Apple 的 WWDC 2019 中 CoreML 3 相關內容，可以此作為開始（*https://apple.co/2OSMC1J*）作為開始。

請持續查看我們的網站（*https://aiwithswift.com*）上的相關文章，我們一定會在必要的時候發佈，並且**實際**使用 CoreML 的這個功能。Apple 還發佈了一個優秀的 Updateable Drawing Classifier 模型（*https://apple.co/33oLF5p*），這篇文件加上 Apple 的裝置更新文件（*https://apple.co/2VP7YhU*），是一個很好的起點。

任務：在設備上下載模型

這任務雖然不複雜，但是它非常有用。對於我們目前看到過的每個任務，我們只是把 CoreML 模型做成 App 的一部分一起發行，但其實並不需要這樣。

CoreML 完全支援在設備上下載和編譯模型。要做到這件事，請執行以下操作：

1. 使用任何您喜歡的方式，將您的 *.mlmodel* 檔案下載到設備（URLSession 是一個很好的起點）。

2. 呼叫 compileModel() 編譯模型（本例中模型已經在設備上了，儲存在 modelLocalUrl 處）：

```
let compiledUrl = try MLModel.compileModel(at: modelLocalUrl)
let model = try MLModel(contentsOf: compiledUrl)
```

3. 您需要使用 FileManager 將編譯後的模型移動到 App 的支援目錄中，因為編譯將在一個臨時位置進行。

您可以到 Apple 的文件（*https://apple.co/33Jgwd9*）瞭解更多關於 compileModel(at:) 的相關資訊。

下一步

在這一章中，我們討論了一些您可能會想使用 Swift 人工智慧去建立**功能**（像我們的任務導向解決方法那樣）時會很實用的東西。不過，這只是牛刀小試，因為您可以做的還有很多。儘管如此，我們希望它是有用的。

我們看過了六個不同的東西，探索您在做人工智慧時，如何能把 Swift（和一點點 Python）帶到更進一步的境界：

- 安裝 Swift for TensorFlow：安裝並執行最新版本的 Swift for TensorFlow。

- 使用 Python with Swift：看看使用流行的、不可忽略的、無處不在的 Python with Swift（透過 Swift for TensorFlow）。

- 使用 Swift for TensorFlow 訓練分類器：建立一個使用 Swift for TensorFlow 的圖像分類器。

- 使用 CoreML Community Tools：使用 Apple 的 Python framework 和 CoreML Community Tools，從其他格式操作和轉換模型。

- 設備上更新模型：使用 on-device personalization 修改設備上的 CoreML 模型。

- 在設備上下載模型：從伺服器下載 CoreML 模型並在設備上編譯它。

在第三部分中，我們將關注於底層發生的一些事情，在非常低的層次上、在實作層次上，以及在「自己動手」層次上。

進階

## 第十章

人工智慧和 ML 方法

在第一部分和第二部分中，主要著重於人工智慧的**實務**以及**任務**面。人工智慧的另一面是理論，以及讓機器學習真正產生功用的流程。因此，既然我們已經討論過了一堆**如何**實現人工智慧和機器學習功能，本章將簡要地討論一些用於賦予系統智慧的底層方法。

請注意不需要去記憶本章中講到的數學知識；如封面所示，這是一本實用的書。所以沒有必要對資料科學或統計學有深刻的理解，完全跳過這一章也不會讓您在後面章節建立功能性人工智慧的應用時缺東缺西。但是，請遵循有效、合乎道德和適當使用人工智慧的原則，理解這些基本原則是至關重要的。

嚇人的演算法總是還有一些視覺化的例子和隱喻，用小的範例來傳達基本的原則。這些例子和隱喻在較低的層次上示範了每種方法如何進行決策。

當您在未來的專案中應用這些知識時，若您能對不同的方法是如何工作的以及它們最適合（最不適合）的資料類型有一個廣泛的理解，有助於做出更好的決策。在設計階段（修改的成本最低）做出的決策將使系統在整個生命週期中受益。

瞭解不同方法容易出現的錯誤和行為類型，也有助於防止潛在的偏見的影響。因此，儘管您很可能只使用本章中詳細介紹的一兩個方法，但這也將幫助您更好地去使用您所**選擇**的方法。

在這一章之後還有兩個更深入的章節：一個是研究貫穿本書的具體方法內部工作（第 11 章），另一個是完全從頭開始在程式碼中建立類神經網路（第 12 章）。

術語

本章的描述中將出現一些常見的術語；如下。

人工智慧（AI）/ ML 元件

- 觀察點（*Observation*）指的是收集到的一組過去的資料，比如表格中的一列，這些資料將被用來推導或假設未來的知識。

- 輸入（*Input*）指的是尚未排序、放置或分類的單個條目，是您試圖從中獲得新知識的東西。

- 屬性（*Attribute*）是關於每個條目的已知資訊，包括觀察點和輸入。

- 結果（*Outcome*）或分類（*Class*），這兩個詞可互換使用，指的是您想從每個條目知道的事，以觀察點呈現，但它仍然需要輸入，這個值通常是在一群預定選項中的一個。

因此，假定有一組觀察點，您可以使用相同的屬性處理輸入，以獲得其猜測的分類。例如，輸入一堆貓和狗的圖片，然後在處理一個新圖像時，提取它的特徵和顏色組成，然後發現電腦認為它是一隻狗。

這就是我們在第 121 頁的「任務：圖像分類」中建立圖像分類器時所發生的事情。

人工智慧 / ML 目標

接下來，讓我們討論三個用於描述機器學習目的的一些簡單術語。基本上，這些是幾種問題的型態，您可以用不同的方法來回答這些問題：

描述（*Descriptive*）

　　這類問題是「我的資料過去發生了什麼？」，這個問題瞄準的是像描述和總結您的資料，通常目的是**識別重要或異常的觀測值**。

預測（*Predictive*）

　　這類問題是「基於過去發生的事情，現在會發生什麼？」，這個問題瞄準的是分類或回歸，這些方法試圖根據與過去的觀察點的資訊，將更多的資訊套用於某些輸入上。

指示（*Prescriptive*）

　　這類問題是「基於過去發生的事情，我現在應該做什麼？」，這通常建立在預測系統的基礎上，加上前後相關知識，對預測結果做出適當的反應。

值的類型

在討論不同演算法的優點和應用時，我們將會遇到不同類型的值，讓我們從 **數 值**（*numerical*）和 **分類**（*categorical*）值的對比開始說明。這是一個很直觀的區別，數值是數字，分類是分類。如果您正在處理一個擁有滿滿電影資料庫的線上商店，每部電影的價格就是數值，而每部電影的類型將是分類。

觀察中常見的第三種類型的值是 **唯一識別字**（*unique identifier*），但是這裡不討論這些值，因為在分析期間應該要忽略它們。

這些數值和分類型態可以再進一步細分：每種類型都有兩個子類型，在許多情況下應該以不同的方式對待它們。數值可以是 **離散的**（*discrete*）或 **連續的**（*continuous*）。不同之處在於，如果值的數量可以用一個集合定義出來，那它就是離散的。如果不是，它就是連續的。例如，一組在 0 和 100 之間的所有整數是離散的，而一組在 0 和 1 之間的所有小數是連續的，因為理論上數量有無限多個。

像自然數（即所有正整數）屬於 **離散** 的，當您考慮到這樣的數學定義集合時，事情就會變得比較複雜了，這是因為它們理論上是可以無限延伸的，但如果你任取兩個數，還是可以數出兩者中間有多少個數字。對於實數來說（實際上是任意小數長度的任意數字），您可以在任意選擇的兩個數字之間放入無限數量的其他實數。

對於機器學習的目的來說，上界和下界的定義，以及上界和下界之間的值可被計算與否，都有不用的適用方法。

分類值可以是 **序數**（*ordinal*）或 **標籤**（*nominal*），其中序數指的是具有某種順序或相互關係的值，這些順序或關係代表著某些值之間的聯繫比其他值更緊密。例如，如果您要根據幾個不同地區的資料進行分析或預測，以預測某個地區的情況，那麼附近的地區才是考慮的重點，而只有在人口統計學上非常相似的情況下，才應該考慮較遠處的地區。這就在這些值之間產生了一種加權或排序的概念，即使它們不是數字，對您的分析也是有幫助的。雖然地區通常不能簡單地替換為數字，因為在三維空間中很難映射出關係，但是底層系統常常會將許多其他類型的序數值替換為代表性數字，以在分析時便於計算。

標籤則是相反的；每個值對所有其他值都是相同的。例如，在一組顏色中，每一種顏色都是相等的，並且是完全不同的。另一個常見的標籤值範例是二元分類，如真 / 假。這些標籤值不適用於需要計算值之間相似性或接近性測量的方法，而許多方法都需要做這些事。

有些值不是那麼容易分辨的。例如，郵遞區號比較應該被視為分類值，而不是標籤值，因為儘管它們以**數字和好像有順序**，但它們在數字上的距離與現實上的距離並不總是匹配的。

以澳大利亞的大城市為例：您不會想訓練出一個系統，這個系統認為 Adelaide（郵遞區號 5000）與 Brisbane（郵遞區號 4000）之間的距離，比 Hobart（郵遞區號 7000）與 Brisbane（郵遞區號 5000）之間的距離更近，因為後者比前者更近 600 公里。根據您要拿輸入資料做什麼用，把郵遞區號項替換為新的州和近郊欄，或者將每個州對應的抽象範圍替換為內城、郊區和農村地區可能更有用。

因為一些州是相鄰的，從農村到城市幾乎都要經過近郊，如果操作正確，這些可變成理論上的序數值。

知道用何種方式對輸入值進行分類（並判斷出更適合另一種類型的值）是方法和資料選擇的關鍵部分，這將讓我們建立更健壯、更有用的機器學習模型。

分類

在更廣泛的公眾眼中，分類是與機器學習最相關的應用，特別是裡面使用最多的方法之一：**類神經網路**。

雖然我們周圍很多人的專業不是科技，也都能感知技術趨勢，他們甚至認為，類神經網路是所有機器學習的運作方法，也是您唯一可以使用的方法，但它不是。它只是一個朗朗上口的名字，人們在頭腦中將它歸納在很酷的那一區，並聲稱「沒有人知道它是如何工作的」，因為很難表示出它的內部過程。

我們分別在第 121 頁的「任務：圖像分類」、第 143 頁的「任務：繪圖識別」，第 165 頁的「任務：風格分類」、第 184 頁的「任務：聲音分類」、第 216 頁的「任務：語音識別」、第 228 頁的「任務：情感分析」、第 244 頁的「任務：自訂文字分類器」、第 264 頁的「任務：繪圖的手勢分類」和第 279 頁的「任務：活動分類」建立了可以用來分類的東西。

還有許多其他的分類方法，其中許多方法非常簡單到可以用紙張就能說明。它們被用來驅動許多系統，比如用來解讀語音輸入、標籤圖像或影像內容的識別器；推薦系統出現在網上商店、社交媒體、串流媒體平台等；以及讓大型複雜系統可以更有效工作的許多決策元件中。因為聰明和不同的應用太多了，所以這個清單可以一直寫下去，基本上可以視為所有可根據經驗的動態回應中獲益的東西。

方法

讓我們看看一些分類和比較的方法。

Naive Bayes

Naive Bayes 是一個很好的起點，因為它很簡單；它可能和您在學校學到的第一種方法很相似（指定的結果 / 所有可能的結果）。

Naive Bayes 會取一些輸入 I 和一些分類的集合 $\{C1，C2，\cdots，Cn\}$，然後根據以前分類的實例，猜測 I 應該屬於哪一個分類。它是透過使用貝式定義（Bayes' Theorem）（*http://bit.ly/35FiHjL*）來計算一組選項中的每個分類的相對機率 P（圖 10-1）。

$$P(C \mid I) = \frac{P(I \mid C)\ P(C)}{P(I)}$$

圖 10-1　貝式定義

舉例來說，假設您有一個最近吃過的不同類型食物的表格。一個朋友建議您今晚再去吃一次泰國菜，但如果您覺得自己不想吃，您可能會不同意。此時，你就可以使用 Naive Bayes 的方法，以計算了吃泰國菜在屬於選項 {👍, 👎} 中的機率（圖 10-2）。

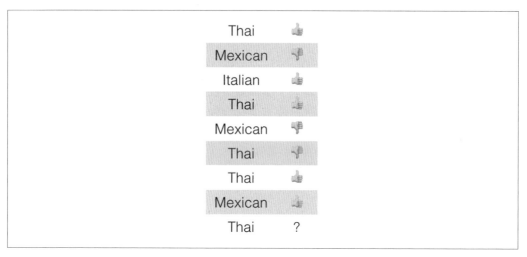

圖 10-2　套用貝式定理到輸入上

首先，你會使用貝式定理算出泰國菜是 👍 的相對機率（圖 10-3）。

$$P(👍 \mid Thai) = \frac{P(Thai \mid 👍) * P(👍)}{P(Thai)}$$

圖 10-3　計算正面機率

這條公式算的是（（泰國菜占所有 👍 的機率）*（所有 👍 的機率））/（泰國菜在所有菜中出現的機率）（圖 10-4）。

$$P(👍 \mid Thai) = \frac{3/5 * 5/8}{4/8} = 0.75$$

圖 10-4　正面機率

然後，你要用一個方法計算泰國菜屬於 👎 的相對機率（圖 10-5、圖 10-6）。

$$P(\text{👎} \mid Thai) = \frac{P(Thai \mid \text{👎}) * P(\text{👎})}{P(Thai)}$$

圖 10-5　計算負面機率

$$P(\text{👎} \mid Thai) = \frac{1/3 * 3/8}{4/8} = 0.25$$

圖 10-6　負面機率

接下來很簡單，最可能的答案是相對機率較大的那個。在我們的這個範例中即為 👍，所以你可以把答案 👍 填進去，斷定您會滿意朋友所選的食物。

Thai　　👍

圖 10-7　Bayesian 計算結果

但是如果您再次查看輸入，您可能會問，在過去的資料中，哪種結果與給定輸入（泰國菜）最相關。大部分人可以只憑眼睛就告訴你相同的答案，僅僅是透過視覺觀察。這是一個非常直接的假設：與過去輸入最相關的輸出就會是答案。

之所以稱它為「人工智慧」，是因為它是一種經常用於處理複雜參數輸入的方法，對於人來說，將這樣複雜的參數一行一行地寫在紙上是不可行的。所以這個人工智慧其實就是自動化數學，您很快就會看到，即使是最神秘、最複雜的機器智慧也是如此。

由於大多數的分類方法都是屬於這種機率分類類型的，它對於進行有根據的猜測是很方便的。但是，當外部環境發生變化，或者有太多的輸入或輸出選項而無法進行有效測量時，這種方法就會失效，這是可以理解的。它們不能區分過去資料中有效的觀察點和異常觀察點，會公平對待它們。

這與類神經網路等方法不同，類神經網路會放大輸入分佈的差異，使這種影響最小化。機率分類方法在輸入或輸出是連續的值時，也會受到很大的影響，例如當您試圖對數字進行分類時，分類數量很多時。

在這些情況下，需要另一個分類方法：回歸。

決策樹

決策樹（decision tree）就像您有時在雜誌上看到的流程測驗，要您回答像「您屬於 X 中的哪一種？」以及「您應該 X 嗎？」這種問題，它漸進式地歸納概括將人們做分類。

這在邏輯上似乎是不合理的，但它只是對前面討論的內容的一種重新表述：在機器自動化分類中所做的歸納概括，是尚未發生的事情將反映出在以前類似情況下最經常發生的事情。

所以，假設您有一些資料。在這種範例中，我們需要的資料量要比前面多一點，因為這種方法能有效地減少其輸入的複雜性。圖 10-8 顯示了一些資料，您可以使用這些過去愉快與不愉快的日子資料來預測某人是否會在工作中度過愉快的一天。相關資料有天氣情況，以及此人的朋友當天是否在工作（圖 10-8）。

Outlook	Temp	Humidity	Friends	Mood
☀️	35	85	👍	😠
🌤️	30	90	👎	🙂
☁️	33	86	👍	😠
🌧️	20	96	👎	😠
🌧️	18	80	👎	😠
🌧️	15	70	👍	🙂
☁️	14	65	👎	😠
🌤️	22	95	👍	🙂
☀️	19	70	👍	😠
🌧️	25	80	👎	😠
☀️	25	70	👎	😠
☁️	22	90	👎	😠
☁️	31	75	👍	😠
🌧️	21	91	👍	🙂
☁️	30	80	👍	?

圖 10-8　決策樹演算法要用的輸入

決策樹演算法的工作原理是，演算法將評估輸入資料，並識別某些屬性值與某些結果之間的關係。若一個屬性的不同值最常對應到個別的結果值，代表這個屬性是**與結果關係最緊密的屬性**。如果在給定的資料中，每次朋友有來上班（👍），那麼這個人就會愉快的過一天（🙂），加上反之亦然（👎 永遠對應 😠），那麼你就只需要這個「朋友上班」屬性，其決策樹如圖 10-9。

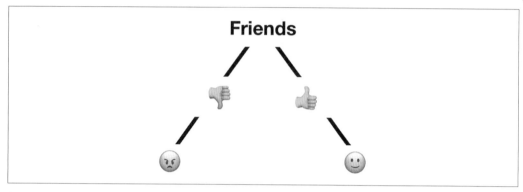

圖 10-9　我們假設的決策樹

這張圖基本上是一個規則導向方法的視覺化表示，它的規則可以簡單地用程式碼定義：

```
if friends == "👍" {
        return "🙂"
}

if friends == "👎" {
        return "😠"
}
```

但是，並不總是這麼容易就看出特定屬性與結果間的關係存在或不存在，還是需要用上一點數學的。以下是用於評價每個屬性相關程度的不同方法（圖 10-10）。

Impurity Measure　　　　**Information Gain/Entropy Measure**

$$i(t) = 1 - \sum_{j=1}^{k} p^2(j|t) \qquad E = -\sum p(x)\log p(x)$$

圖 10-10　沒有人會記得的方程式

第一個將根據產生的組的相對純度，在每個點上選擇一個屬性來劃分結果，另一個將根據分組假設下獲得的新資訊量來選擇屬性。

對此的一種更簡單的解釋是，每個節點都輕視其下方節點。

「但如果下一個節點是個白癡呢？」

—您決策樹中的每個點

因此，這種方法沒有先見之明，它不會立即犧牲整體效率，它只是給每個屬性評定一個分數，用來說明它與結果的聯繫有多緊密，選擇最高的，然後重複這個邏輯。

對於我們的整個輸入來說，它首先會評估所有的情況。它將發現最確定的因素是 outlook，因為對這個屬性的分割將導致三個分區，其中一個將完全純淨（pure）：☀ 的結果將是混合的，🌧 的結果也是混合的，但是 ☁ 只對應單一結果（圖 10-11）。

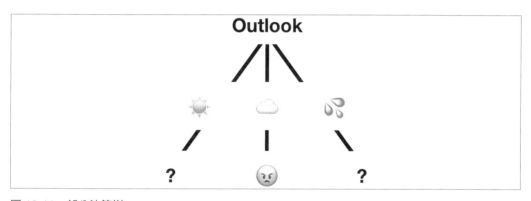

圖 10-11　部分決策樹

現在，對於樹的右邊來說（只看天氣為 🌧 的情況）也做了同樣的事，它會找到另一個雖不完美、但已經是最好選擇的：朋友有沒有來上班（friends）。

然而，樹的左邊需要做更多的工作。它最重要的決定因素是濕度（humidity），但是您不能依靠一個擁有無限可能值的數值屬性。事實上，在前面討論的每個點上，在評估濕度的相關性時都需要執行額外的步驟：變異縮減（variance reduction）。這是一種方法，透過這種方法，把一個曾經是大範圍的值編排到範圍或分組中，將它們離散化做成分組值，就可以被某些方法使用。

這用到了圖 10-12 中非常可怕的公式。

$$I_v(N) = \frac{1}{|S|^2} \sum_{i \in S} \sum_{j \in S} \frac{1}{2}(x_i - x_j)^2 - \left(\frac{1}{|S_t|^2} \sum_{i \in S_t} \sum_{j \in S_t} \frac{1}{2}(x_i - x_j)^2 + \frac{1}{|S_f|^2} \sum_{i \in S_f} \sum_{j \in S_f} \frac{1}{2}(x_i - x_j)^2 \right)$$

圖 10-12　沒有人能記住的另一個方程式

但它描述了您會拿來詢問您資料的一個相對簡單的問題:「在這個連續的值範圍內,我可以在哪裡劃分出最純粹的結果組?」您可能會認出這就是決策樹方法一直在問的問題。由於結果只有兩種,所以範例中這種情況比較簡單,只需要一個分割。如圖 10-13 所示,您將選擇 85,因為它將在分割之後產生純靜的結果組。

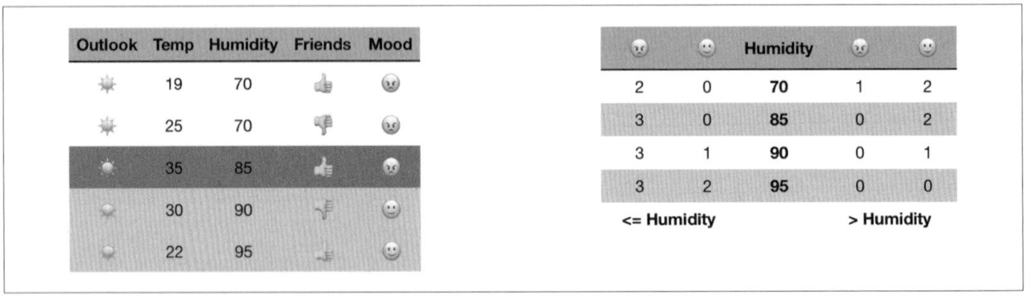

圖 10-13　一種直觀的方法來識別理想的分區點

然後,此方法將確定溫度對結果沒有顯著影響,生成如圖 10-14 所示的最終樹。

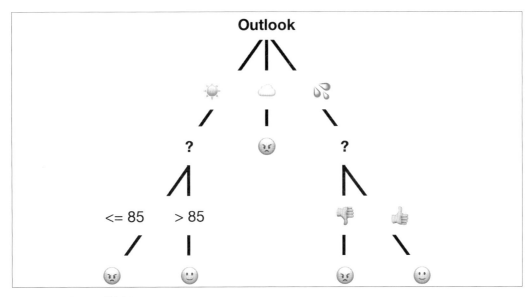

圖 10-14　完整決策樹表示

這對之前的 14 次觀測值來說是正確的，而我們可照著線走，將神秘的第 15 次的分類完成。在第 15 次分類情況下，由於天氣是 ，所以結果將是 。

這樣夠不夠好呢？當然，至少對決策樹方法來說是夠好的。它的優點是很容易視覺化、對可解釋的分類模型和複雜資料的快速歸納非常有用。它不是對任何您所關心事情都夠好，因為它容易出現不夠擬合（underfit）和過度擬合（overfit）的情況，並認定任何多數都是重要的。儘管其他方法有機制來識別某件事只有 51% 的機會，而被認定為不夠顯著去進行預測，但這個方法無法分辨。

也沒有辦法影響樹決定分枝的地方（除了將一些主要的和有針對性的輸入資料重組之外）。因為決策樹以相對的相關 / 不相關來看待所有屬性，當選擇看起來相等時，它們將被隨機選擇。導致面對現實問題中所有屬性之間的複雜性和相互關係時，在建模時顯得不足。

隨機森林（*Random Forest*）是一個用來減少決策樹不準確性的方法，該方法在看到具有同等有效性的多個分支點時，會隨機選擇引入。它們不會只製作一棵樹，而是使用相同的過去的資料來製作許多棵樹，每棵樹都使用不同的種子或權重來混合在任意相等點上的隨機選擇。然後，它們將給予每棵樹相同輸入以進行分類，得出最一致的結果，並根據其目的有時會選擇結果的平均值。

距離測量

在這裡,讓我們花點時間來討論一些分類方法需要遵循的概念:距離測量。因為很多機器學習方法依賴於一組輸入屬性(基本上就是一張表中的一列,只拿掉分類或結果),並將它轉換成一個點,這個點可以拿來與一些 n 維空間做比較,我們需要一種方法來衡量那些可能無法直觀地表示或概念化的點之間的**距離**。

專家之間對於在不同情況下哪個測量標準最有效或最正確存在爭論,因此我們將只討論一些非常常見的測量標準。請您理解還有更多的測量標準,都衍生自這些測量標準,卻又完全不同。

首先,我們有一個方法用**標籤**輸入來對輸入進行比較。因為它們可能的值具有相同的相似性和不相似性,所以可以同時對所有的值進行比較,從而得出它們的相似性等級。

所以測量方法中最常見的、也是最直接的,是 *Jaccard* 距離(*Jaccard distance*)。它接受兩個輸入,並用兩個輸入重疊的分數除以差異以計算它們之間的「距離」(圖 10-15)。

$$d(P, Q) = 1 - \frac{|P \cap Q|}{|P \cup Q|}$$

圖 10-15 Jaccard 距離的方程式

讓我們想像我們正查看兩筆資料條目:假設有兩個人,每個人的性別、教育水準和國籍都有指定的值(圖 10-16)。

$$P = \{ \; 👩 \; , \; 🎓 \; , \; 🇦🇺 \; \}$$

$$Q = \{ \; 🧔 \; , \; 🎓 \; , \; 🇺🇸 \; \}$$

圖 10-16 Jaccard 距離測量要使用的輸入

然後，您可以找出它們的交集以及它們之間的聯集（圖 10-17）的**集合表示**（基本上不要列出重複的內容）。

$$P \cap Q = \{ \text{🎓} \}$$

$$P \cup Q = \{ \text{👩}, \text{🧔}, \text{🎓}, \text{🇦🇺}, \text{🇺🇸} \}$$

圖 10-17　兩個原始集合之間的交集和聯集

然後，接下來將相似性做成分數，用 1 減掉這個分數得到反向值或稱不相似度（圖 10-18）。

$$|P \cap Q| = 1$$
$$|P \cup Q| = 5$$
$$1 - \frac{1}{5} = 0.8$$

圖 10-18　將子集大小代入原方程式計算距離

接下來，對於數值或有序的輸入，我們也有方法來進行比較。

一個可能的測量方法是**歐幾里德距離**（*Euclidean distance*）（圖 10-19）。

$$d(P, Q) = \sqrt{(Q_1 - P_1)^2 + (Q_2 - P_2)^2 + \ldots + (Q_n - P_n)^2}$$

圖 10-19　歐幾里德距離的方程式

兩組值之間的歐幾里德距離等於每組第一個值之間距離的平方，加上每組第二個值之間距離的平方，加上每組第三個值之間距離的平方，以此類推。兩個單值之間的距離通常只是數值上的差值，或有估計值能映射或被指定對應索引的序數的分離程度。

為簡單起見，僅在二維中表示，其形式類似圖 10-20 所示。

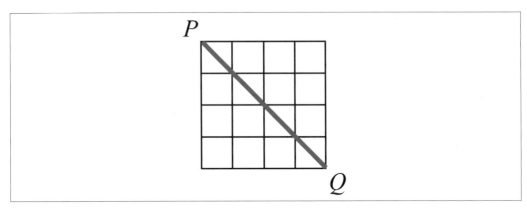

圖 10-20　在二維平面上的歐幾里德距離表示

另一種測量方式是曼哈頓距離（*Manhattan distance*）（圖 10-21）。

$$d(P, Q) = |Q_1 - P_1| + |Q_2 - P_2| + \ldots + |Q_n - P_n|$$

圖 10-21　曼哈頓距離的方程式

兩組值之間的曼哈頓距離等於每組第一個值之間的距離，加上每組第二個值之間的距離，加上每組第三個值之間的距離，以此類推。兩個單值之間的距離仍然只是數值的差值或分離程度。

這可構成類似圖 10-22。

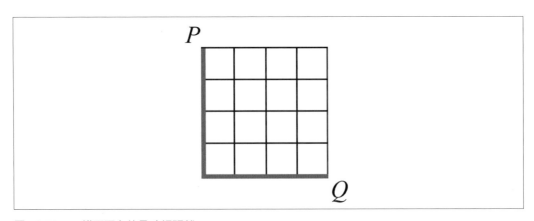

圖 10-22　二維平面上的曼哈頓距離

讓我們使用一個在資料科學中經常使用的例子：花的測量。假設您為了做人工智慧，
準備了一些花，您首先想知道它們相互之間哪兩種是最相似的，或者**最接近**（圖 10-
23）。

花	莖高（平均）	花瓣長度（平均）	花瓣寬度（平均）
	15cm	5cm	2cm
	20cm	4cm	2cm
	18cm	6cm	3cm

圖 10-23　各種距離指標要使用的輸入

您可以**正規化**這些值，這樣它們就有相等的比較範圍。正規化是指透過將可能的值的上
界和下界分別修改為 1 和 0，並將所有值化為 1 和 0 之間（圖 10-24）。

花	莖高（平均）	花瓣長度（平均）	花瓣寬度（平均）
	0	0.5	0
	1	0	0
	0.6	1	1

圖 10-24　正規化後的輸入

現在，您可以對數值使用我們之前的兩個距離測量方法。首先，您得先為每對花做值配
對（圖 10-25）。

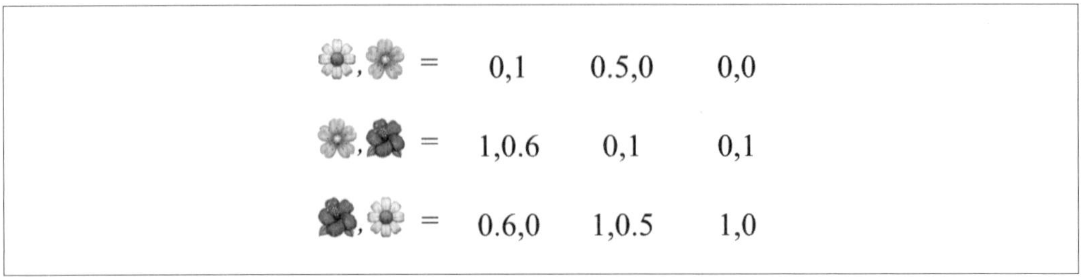

🌼, 🌸 =	0,1	0.5,0	0,0
🌸, 🌺 =	1,0.6	0,1	0,1
🌺, 🌸 =	0.6,0	1,0.5	1,0

圖 10-25　合併每對輸入資料的屬性

然後，您可以嘗試使用我們的歐幾里德距離，對每對值之間的平方差取平方根（圖 10-26）。

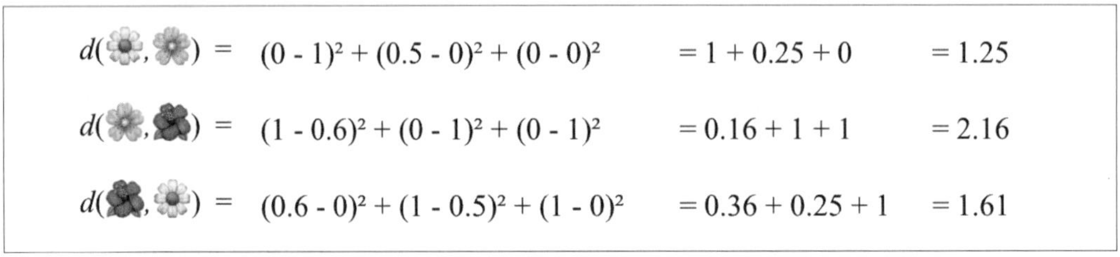

$d($🌼,🌸$)$ = $(0 - 1)^2 + (0.5 - 0)^2 + (0 - 0)^2$ = $1 + 0.25 + 0$ = 1.25

$d($🌸,🌺$)$ = $(1 - 0.6)^2 + (0 - 1)^2 + (0 - 1)^2$ = $0.16 + 1 + 1$ = 2.16

$d($🌺,🌸$)$ = $(0.6 - 0)^2 + (1 - 0.5)^2 + (1 - 0)^2$ = $0.36 + 0.25 + 1$ = 1.61

圖 10-26　使用歐幾里德距離測量得到的距離

您也可以嘗試使用曼哈頓距離，對每對值之間的差值取絕對值（忽略任何負數）（圖 10-27）。

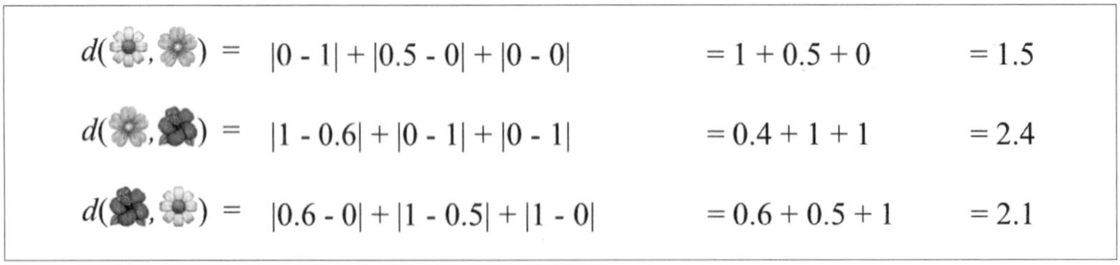

$d($🌺,🌸$)$ = $|0 - 1| + |0.5 - 0| + |0 - 0|$ = $1 + 0.5 + 0$ = 1.5

$d($🌸,🌺$)$ = $|1 - 0.6| + |0 - 1| + |0 - 1|$ = $0.4 + 1 + 1$ = 2.4

$d($🌺,🌸$)$ = $|0.6 - 0| + |1 - 0.5| + |1 - 0|$ = $0.6 + 0.5 + 1$ = 2.1

圖 10-27　使用曼哈頓距離測量得到的距離

此時，您可能會看到歐幾里德距離能平滑差異，而曼哈頓距離有利於增強差異。它們在不同的演算法和機器學習方法中適用於不同的目的（圖 10-28）。

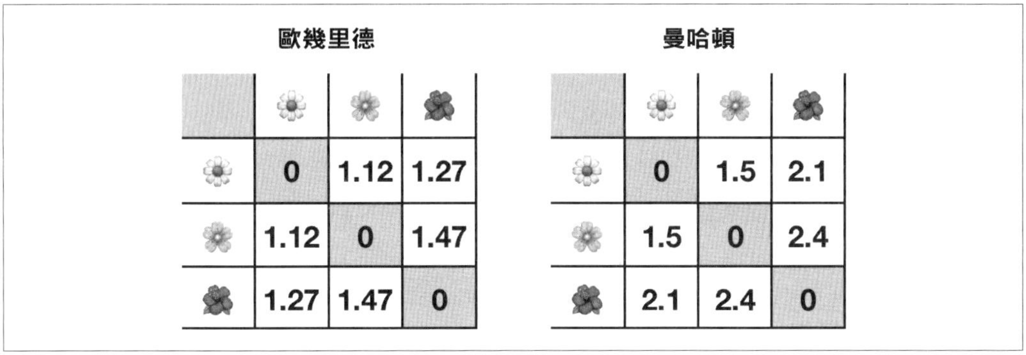

歐幾里德			
	🌼	🌸	🌺
🌼	0	1.12	1.27
🌸	1.12	0	1.47
🌺	1.27	1.47	0

曼哈頓			
	🌼	🌸	🌺
🌼	0	1.5	2.1
🌸	1.5	0	2.4
🌺	2.1	2.4	0

圖 10-28　兩種距離測量的比較

不管怎樣，我們最相似的花是黃色的和粉色的，結果很單純。

使用本節介紹的計算類型，您現在可以計算多個（甚至可能是非數值的）值的抽象集之間的距離。

最近的鄰居

最近的鄰居（Nearest neighbor），或 K- 最近鄰居（K-nearest neighbor [KNN]）是一種方法，它使用的理論類似於一句老話：「告訴我您的朋友是誰，我就會告訴您您是誰。」它的核心假設是，新輸入的分類將是具有最相似屬性的過去實例的分類。這實際上只是前面介紹的機率方法的一個重構而已。

它的工作原理是這樣的：讓我們以視覺化的方式繪製一些觀察結果，這限制我們只能使用屬性很少的東西當例子。例如拿圖 10-29 當例子，其中表示了一些工人的年收入和每週平均工作時間，並用顏色 / 形狀對應於一些事情，比如他們是否加入了工會。這家公司剛剛雇傭了一名新員工，上面打了一個問號，其他工人們想知道這名新員工是否有可能加入工會。

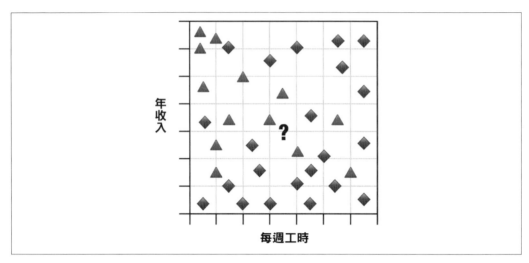

圖 10-29　最近的鄰居演算法使用的輸入

所以，您可以說新員工的行為很可能與具有相似情境的目前員工最相似。如果紅色三角形代表未加入工會，而藍色三角形代表加入工會，並且新員工的最近鄰居是一個紅色三角形（此處距離測量方法與前面討論的相同），您可以說它們的結果很可能是相同的（圖 10-30）。

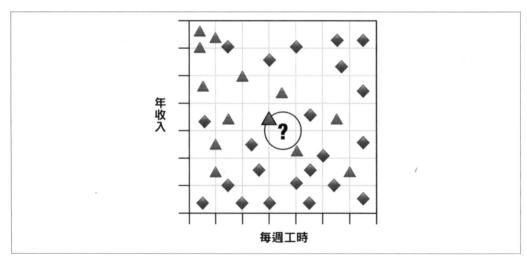

圖 10-30　距離最近的一個鄰居

然而，這種只使用單個鄰居的方法非常容易造出異常值。那麼，在面對資料科學中的異常值時，我們該怎麼做呢？我們用平均解決！

在這個方法中，您使用多個鄰居並取它們的分類中最常見的分類。您選擇的鄰居數 *K*，實際上是隨機的，並且可能導致產生非常不同的分類，如圖 10-31 所示。

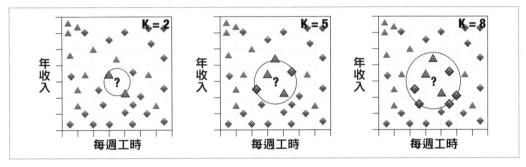

圖 10-31　擁有不同 K 值的 K 最近鄰居

在資料科學中，這種取有效隨機值的用法，被稱為 *bootstrapping*，可能是因為在值相似度一樣相同或一樣不相同時，專家們不想說這個方法需要您隨機選一個值。

這個選擇可以透過幾種方式減少出錯的可能性。雖然有爭論說最好的 *K* 是在您過去的資料點的總數的平方根附近的一個奇數，但是有其他的方法以嘗試和錯誤的方式得到 *K*。但是，無論您怎麼做，都應該要知道：最近一個鄰居和選擇 *K* 個鄰居的準確性在應用於不同的資料集合時會有很大的差異，而且對於複雜的輸入，通常很難看出什麼時候出錯了。

請注意，此方法也可用於在一組擁有多個分類的選項之間進行分類，但隨著選項數量的增加，其準確性很可能會大大降低。這被稱為**維度的詛咒**（*the curse of dimensionality*）。

支援向量機

與最近的鄰居相似，**支援向量機**（*support vector machine*，SVM）是一種將每個觀測值在 *n* 維平面上進行理論放置的方法，其中 *n* 是屬性的個數。

這個方法與一種類似於決策樹中討論過的變異縮減的方法相結合：在資料中找到一個分區點，從而生成純度最高的組。

這種方法非常適合對資料進行分區，因為它只關注分類邊緣的觀察點，而這正是最難分類的地方。

在實務中，它是在一個組結束而另一個組開始的地方畫一條線。畫這條線的方法是透過找出一些觀察點，這些觀察點最鄰近的點跟自己的分類不同。這些找出的觀察點被稱為支援向量，所以這個方法的名稱也是這麼來的（圖 10-32）。

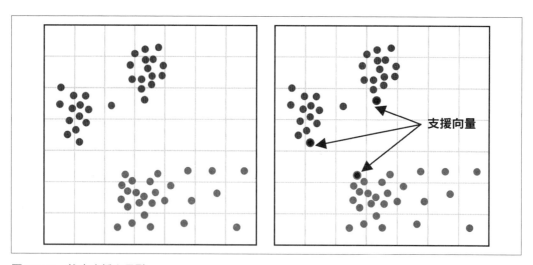

圖 10-32　找出支援向量點

然後畫一條線來將觀測值切成兩區。這條線被稱為**超平面**（*hyperplane*），雖然這些視覺化的例子只有兩個屬性／維度，而超平面只是一條線。事實上，這是一種概念上的劃分，它將空間中的每個維度分成兩半，不管有多少個維度。

對三維觀測點來說，超平面是一個用來切兩區的分平面；在更高的維度中，雖然原理是一樣的，但不能視覺化。

可以放置超平面的空間可以很大，包括支援向量之間的所有空間，這些空間中有一條線能分隔它們（圖 10-33）。

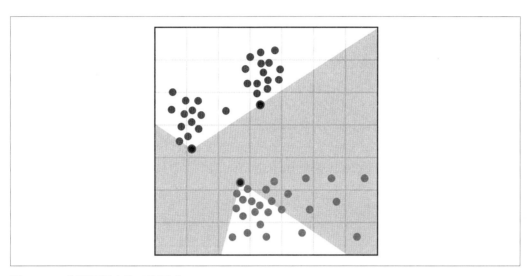

圖 10-33　超平面相交的可能區域

然而，從理論上來說這個空間裡可以有無限的選擇，超平面的定位目標是找出目標和另外一分類的最近點間的最大限度的寬度。然後在這些寬度之間取中線。

這涉及一些數學運算，但基本上類似於圖 10-34。

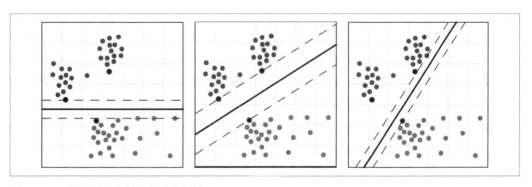

圖 10-34　超平面交會處的寬度的對比

然後，對一個新的觀測點進行分類的動作，就變成了一個把它畫上去的流程，並查看它位於超平面的哪一側（圖 10-35）。

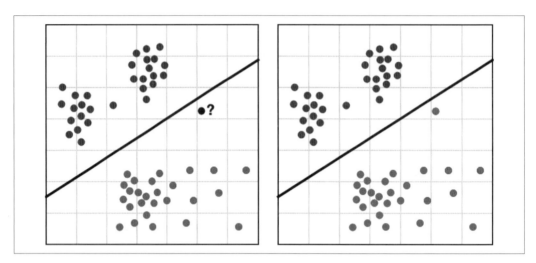

圖 10-35　支援向量機分類新的點

然而，由於該方法的限制，SVM 只能對二元分類進行可靠預測：真 / 假、是 / 否、正 / 負、有效 / 無效、批准 / 不批准等。儘管它在這方面做得很好，但對於條件或分類可能需要修改或增長的領域來說，是這種硬性的限制使得它很少被採用。

這種方法還有一種變體，藉由在圖中加入一個維度並執行非線性切分，來處理具有更複雜分佈的資料（因為它們不容易按分類進行切分），但是這個變體涉及到一些我們在這裡不會講到的更困難的數學問題。

線性回歸

線性回歸（*linear regression*）與其他分類方法的不同之處在於，它可以避免許多別人在處理連續資料時會遇到的困難，您可能還記得，有次在之前的例子中，我們必須歸納化或離散化的一系列值後，才能夠使用它們。

它用起來就好像一種開放邊界的分類：用它對輸入進行分類後可以出現以前從未見過的結果。它基於以前的結果，推斷出**必須存在**的分類結果。

我們最喜歡的例子是，回歸就像您有時在 Facebook 上看到的那些圖形測驗（圖 10-36）。

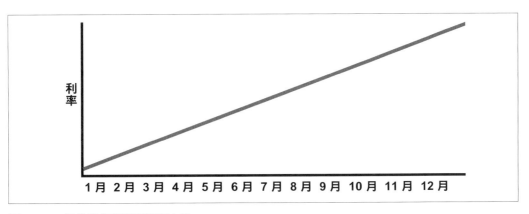

圖 10-36　一個墨西哥捲餅小測驗

一個從未見過三個墨西哥捲餅的分類演算法，會認為它最接近兩個墨西哥捲餅，所以它必須是 20 美元。回歸演算法更關注觀測值之間的差異，可以像人類一樣抽象：在過去的資料中顯示，加入一個墨西哥捲餅會使價格上漲 10 美元，所以在這裡加入另一個墨西哥捲餅會使結果變成 30 美元。

 在第 360 頁的「任務：回歸預測」中，我們曾看過用 Apple 的 CreateML framework 實際實作回歸有多容易。

線性回歸方法通常以折線圖的形式表示，這是在公司管理層開業績會議時，常出現的一種典型表示（圖 10-37）。

利率

1 月　2 月　3 月　4 月　5 月　6 月　7 月　8 月　9 月　10 月　11 月　12 月

圖 10-37　這條線代表著利潤將上升

但是這些需要大量過去的觀察點，才能形成一條可以用來預測未來事件的「適合」的線。類似於圖 10-38 的東西，可以用來預測前一張圖中 12 月的利潤，這是一種相對可靠的方法，尤其是在高級金融領域。

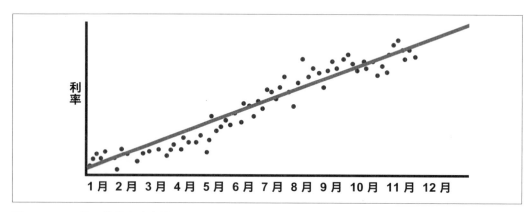

圖 10-38　一個可能的事實來證明此一假設

然後，對一組特定的新變數進行預測時，只需要找到直線上的對應點即可（圖 10-39）。

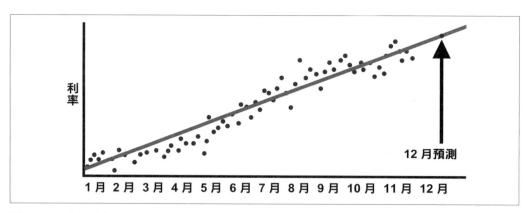

圖 10-39　使用過去的觀測資料進行預測

線性回歸實際上是您如何決定這條線的**方法**。

簡單線性回歸和**多項式線性回歸**是常見的兩種方法,有時簡單分別稱為線性回歸和多項式回歸。

相對於線性回歸會產生一條直線,多項式回歸可以有多個角度。這基本上定義了曲線的靈活性:高階多項式最終會導致過度擬合,而低階多項式通常會導致與線性方法類似的不夠擬合。

您所要尋找答案位於中間,可以稍微妥協,但仍然可以適當地彙整出資料中的分佈趨勢(如圖 10-40)。

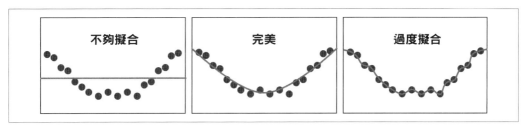

圖 10-40　我們的方法需要剛好有適量的誤差

這條線放置的方式是一種演算法圖論的核心:在 $y = wx + b$ 中 y 是一個在 y 軸的點,而 x 是一個 x 軸的點,w 是權重,b 是偏差值,其中的權重和偏差值,將為 x 和 y 提供最低的組合偏差值。

去除數學運算的部分來看,權重基本上就是角度,偏差就是從 0 開始的偏移量。所以問題就變成了「一條線在怎樣的高度和角度下最能代表所有這些點?」。

線性回歸是解決許多問題的合理方法,但與本章前面幾節討論的方法一樣,它也容易受異常值或不合適的資料集合影響而出現錯誤。英國統計學家 Francis Anscombe 建立了四個資料集合(隨後被稱為 Anscombe's quartet(*http://bit.ly/2ORx0eQ*)),這四個資料集合能很好地展示這些方法的缺陷。圖 10-41 中所示的四個集合具有相同的匯總統計資訊,包括它們的簡單線性回歸線,但是當將其視覺化時,就會發現它們的差異非常大。

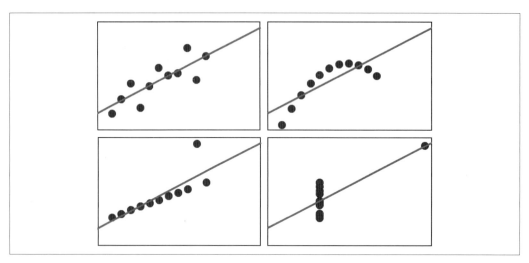

圖 10-41　應用不當的回歸所得到的無用結果的情況

邏輯回歸

邏輯回歸（*logistic regression*）將線性回歸方法與 s 型函式相結合，得到 S 型曲線。圖 10-42 顯示了同一資料集合的簡單回歸和邏輯回歸之間的效能差異。

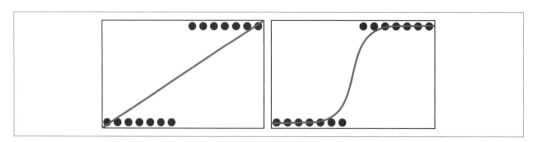

圖 10-42　與簡單線性回歸的比較

但是，這種方法通常在進行正規化時對資料進行分區。這種方法必須使用離散變數，產生的輸出類似於第 398 頁的「分類」中討論的支援向量機方法。

對於給定的資料集合，您可能會因為上方的群和下方的群的差異決定將它們視為不同的分類。然後可以使用相同的曲線來指出中間點，在中間點可以繪製一條新線來分隔這些分類（圖 10-43）。

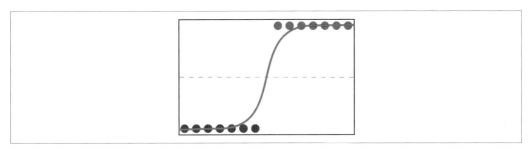

圖 10-43　依關鍵點分區

類神經網路

最後，我們將要討論的是處於機器學習熱潮中心的方法：人工類神經網路（artificial neural network）。我們早在第一部分就提到過它；在這裡，我們將解開它看看它是如何工作的。

這種方法之所以有一個朗朗上口的名字，是因為它的底層結構被比作人腦，人腦是一個由相互連接的節點（叫做**神經元**）所組成的網路，這些節點按不同的順序觸發，產生不同的輸出。

 儘管經常被比作人腦，但除了基本的相互連接的神經元外，類神經網路和人腦真的沒有那麼多的相似之處。

聽起來很有趣，但它的核心類似於決策樹。輸入根據決定發散點方向的屬性引導到不同的路徑，直到到達終點分類。

 類神經網路是我們在書中早些時候建立的大多數模型的核心。

類神經網路的不同之處在於，在模型訓練過程中形成的樹形結構是模糊的。其內部細節的抽象表示決定了它會產生的分類，在大多數情況下，被認為是不可能以人類可理解的形式呈現的，因此，只要類神經網路看起來能產生準確的輸出，人們就會盲目地信任它。

不用說，馬上就出現問題了。從事統計學工作的人很快就會意識到，相關性並不總是代表著因果關係。訓練過程中的類神經網路將自動識別每個標籤的獨特特徵，並在未來的輸入中尋找這些特徵以確定要應用的標籤。它沒有概念上的理解，也沒有能力判斷哪些是相關的獨特特徵。

例如，如果訓練一組圖片，一半是貓一半是狗，但所有的貓圖片的背景光都是亮的，所有狗圖片的背景是暗的，模式評估可能會讓它很準確地分類其訓練和測試資料。

但是，如果一張狗狗的照片被標記為貓，就因為它的背景是淺色的，而人類把它當作隨機誤差來處理，那麼可能就永遠無法抓到，其實在訓練期間推斷出的模型的主要決定因素可能是照片的背景顏色。

可解釋的人工智慧類神經網路模型是一個日益增長的研究領域，所以它可能不再有以前明顯的缺陷，而準確度是靠擁有一個智慧和自我調整的系統所獲得，因此這個系統能識別超過人類所能識別的東西之外的東西，這樣的結論是不容錯過的。在過去的幾十年裡，各式各樣的類神經網路被創造出來，讓類神經網路變成廣泛使用的新技術和日常商業技術。

最典型的類神經網路類型是**前饋類神經網路**（*feed forward neural networks*，FFNNs），或者更具體地說，是**卷積類神經網路**（*convolutional neural network*，CNN）。

它們的工作方式是使用一系列節點，這些節點接受輸入並對其執行一些計算，以確定採用哪個輸出路徑。初始輸入節點層連接到一個或多個隱藏節點層，每個隱藏節點層對其輸入套用計算，在最終到達輸出節點之前進行多次分支決策（圖 10-44）。

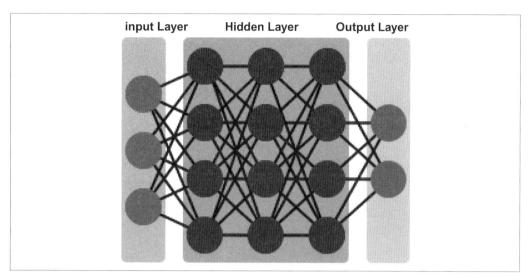

圖 10-44　類神經網路的一般結構

大多數類神經網路就像一個完全連通的圖，每一層的每個節點都可以從上一層的所有其他節點到達。節點對之間的連接有不同的權值，這些權值基本上規定了輸入必須超過的閾值，以便「觸發」該連接並啟動另一端的節點。

輸入節點接收來自外部世界的一些輸入。將這些值乘以某個權重，然後用某個函式（稱為啟動函式）進行處理，以便更好地分配輸入，這樣的方法讓它類似於邏輯回歸。然後，將生成的值與當前節點的每個傳出路徑所需的閾值進行權重調整，超過閾值的那些點會被啟動。

假設您有一些水果……（表 10-1）

表 10-1　擁有布林屬性的一些水果

	柑橘類	球體
	1	1
	0	1
	0	0

…和一個訓練好的類神經網路…（圖 10-45）

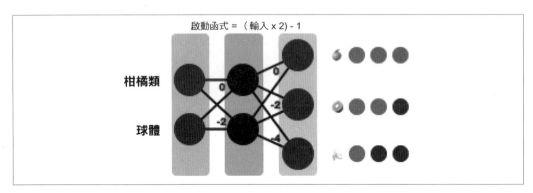

圖 10-45　對水果屬性進行訓練的類神經網路

並指定它的輸入為（0，0）（圖 10-46）。

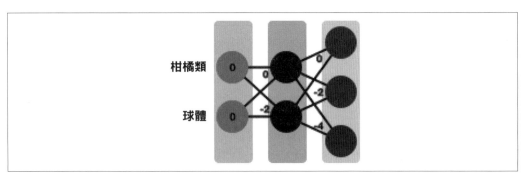

圖 10-46　啟動輸入節點

第一個隱藏層將有一個或多個節點，每個節點從不同的路徑上接收一個或多個值。同樣地，這些路徑經過加權和處理，並與傳出路徑進行比較，以啟動到下一層的某些路徑。

這樣一直進行下去，直到到達輸出層，這裡啟動的節點或節點組合對應於某個分類標籤（圖 10-47、圖 10-48）。

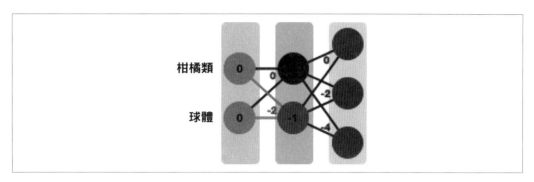

圖 10-47　隱藏層節點動作

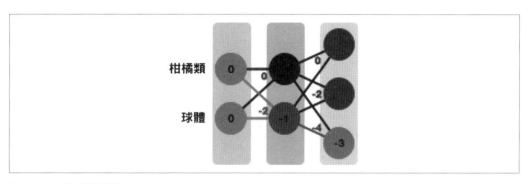

圖 10-48　輸出節點動作

你瞧，我們的輸出對應到　。

在訓練階段，每個節點路徑的權值是隨機選擇出來的。而每次對輸入進行分類時，都會測量誤差並調整其路徑中的權重。一段時間後，調整會收斂到一個點上，在這個點上，它們無法再更準確地對訓練輸入進行分類，此時模型被認為是訓練完成，而這些權量將提供未來使用。

在這裡，當類神經網路有足夠的節點或層時，過度擬合就不會在訓練階段發生。在這種方法中，一些或所有的訓練案例成為單獨的訓練，而不是去識別它們之間的相似性。

在某些情況下，模型的訓練是持續進行的。這可以透過一些函式來實現，透過這些函式，人可以指出網路對某些輸入進行了錯誤的分類。此時將按照之前預先訓練模型時所做的那樣，沿著路徑調整權重。透過這種方式，類神經網路不同於其他形式的分類，因為它們能夠在經歷時間考驗以及在部署之後還能獲得更高準確率。

應用

現在,您已經對分類演算法相對複雜度有了一個更好的概念,讓我們簡要地看一些我們可以應用的方法,並將其組合在一起,去模仿一台有智慧的機器,如同我們在第二部分**應用實踐**中做的一樣。

圖像識別

與我們使用表格資料時類似,圖像也可以作為表格進行分析。以一個非常小的例子為例,例如圖 10-49 中左邊的 4×4 圖像。它可以由三個值所組成的陣列來表示:第一個陣列包含每個像素的 R(紅色)值,一個包含 G(綠色)值,另一個包含 B(藍色)值,如圖 10-49 所示。

 我們第在 121 頁的「任務:圖像分類」中曾看過一個圖像分類的實際實作。

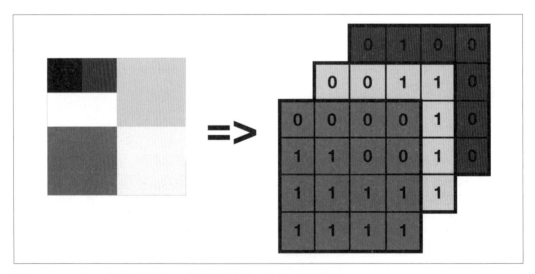

圖 10-49　一個很小的範例圖像及其在磁碟上的可能的 RGB 表示

一張照片的大小可能有數百萬像素 / 值,或者需要更多的表來處理更複雜的顏色空間,如 CMYK。成分分析(analysis of composition)可只使用這種表格,如 Google 圖像搜尋的**按顏色搜尋**功能。而偵測圖像內容則需要一些額外的資訊,比如邊緣在哪裡出現,或者各種片段可能的深度位置，以確定不同的物件在哪裡開始和結束。我們可以透過對原始像素資料進行矩陣運算來改進這一點（透過增強邊緣和線條），然後生成新的屬性來詳細描述圖像中特徵的大小、形狀和位置。

這是一個複雜的說明，就像目前為止您看過的許多分類輸入方法一樣，使用分類系統在底層通常採用許多階層，每層負責處理非常特定的決策，然後做成單一的輸出呈現給使用者。對於圖像來說，可以將每個像素當作為一個區域，每個區域分作為一個邊緣或深度，然後將某一組深度邊緣區域劃分為一個物件，然後再對圖像進行分類。

為了達到這一目的，通常使用類神經網路會模糊掉中間所做的大量決策，但是使用其他方法也可以拼湊出類似的輸出，而且可以解釋導致最終決策的每個元件流程。

聲音識別

您可能認為聲音識別更複雜，但在現實中，聲音通常是透過視覺呈現進行分析，然後像評估任何圖像一樣評估它。這種做法並不總是正確的，也不一定是一個好主意，但它對於許多應用來說已經足夠好了。

 我們在第 184 頁的「任務：聲音分類」曾看過聲音分類的一個實際實作。

圖 10-50 顯示了一個頻譜圖，這是機器認知一個聲音的視覺化表示。若提供電腦在語音中出現升降相對頻率的訓練，音節（單詞的片段）就可以被電腦檢測出來，然後將這些音節拼湊成單詞。藉由檢查低頻聲音的密度，甚至是可做出性別檢測。

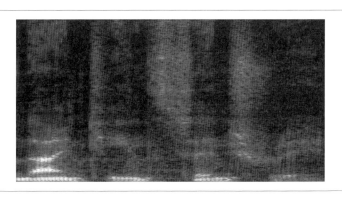

圖 10-50 一個男性聲音說「十九世紀」的頻譜圖

將單個音節組合成單詞，通常會使用另一種分類方法來消除不準確的地方，即試圖用一種選定的語言來組合已知的單詞，用機率加權各種可能的聲音。

例如，如果一個聲音可以是「ab」或「ap」，但其餘的聲音是「there was an <???>le tree growing in the yard」，則一個以英語為訓練目標的自然語言處理系統將相當可靠地選擇出合理選項，就像我們的大腦在聽演講時所做的那樣。

其他的方法可能使用聲音頻率和持續時間的大表格式記錄來表示相同的東西，而不是直接用它們的數字來分析它。

估計

像線性回歸這樣的方法（因為它不局限於它以前看到的結果，所以特別實用），可以用來製造出一些神奇的數字。線性回歸在金融中很常見，最主要的是用於企業盈虧和股票市場預測，以及商品和服務的報價。回歸的一個常見的日常應用是預測當前市場上沒有的房地產的銷售價格。雖然每個房子都是不同的，但在臥室的數量、坪數大小，或鄰近設施還是可以看出一些模式。

決策

在討論一些會自動幫我們進行選擇的那些方法時，決策制定系統可能看起來很直觀，但是在更實際的真實決策制定中分類方法的應用非常廣泛。分類技術通常被用於在特定行為發生時發出提示的系統，但系統的條件卻太過複雜及多變，無法用簡單的規則決定。

分類可用於管理伺服器群，並確定設備何時出現需要維護的行為。在這種情況下，它將在給定的時間間隔對每個設備進行分類，根據總結其大量表示當前狀態的屬性，將其標記為需要維護或不需要維護。

類似地，在許多線上欺詐檢測系統中也使用了分類，透過分析複雜的人類行為來確定一段對話是正常人類行為還是可疑欺詐企圖。

推薦系統

推薦引擎是我們特別感興趣的。推薦引擎會使用的兩個常見方法是基於內容（content-based）和協同過濾（collaborative filtering）：前者所依據的理論是，如果一樣東西和目標使用者過去曾經互動過或喜歡過的東西類似，那麼就認為這東西與此使用者有關。而後者則是如果某樣東西和擁有類似行為模式或喜好的其他使用者曾經互動過，或是受他們喜歡，那麼就判斷它和目標使用者相關。

所以，對線上商店來說可能會認可第一種方法，就是如果您喜歡科幻類的書，那麼您可能也會喜歡其他科幻類的書。第二種方法則可進一步預測您可能喜歡電玩遊戲或恐龍類的書，因為其他喜歡科幻類書籍的使用者的通常也喜歡這類書籍。

在第 347 頁的「任務：推薦電影」中，我們看過一個推薦系統的實際實作。

推薦系統無處不在，包括搜尋引擎、線上商店、社交媒體、交友網站、部落格和網路定向廣告。它們被設計成客製使用者體驗的強大隱形工具。

它們可能使用與前面介紹的分類方法相同的方法；但是，當使用在推薦引擎時，分類代表相關的觀察結果或物件的群組，以及預測相關性的得分。

分群

分群是分類的一種形式，它將觀察點或資料點放入具有相似屬性的組中。它是一種用於概括或匯總資料的實踐，通常用於減少儲存需求（例如在壓縮中），或者用於瞭解一個大到無法觀察或視覺化的資料集合。

不同的方法適用於不同的應用：某些分群方法適合特定的資料分佈，許多方法在處理和考慮離群值方面都不相同。儘管如此，所有的方法在資料及其分群結果之間都存在主觀性。

方法

讓我們看看一些分群方法並進行比較。

分層

階層分群法（*hierarchical clustering*）是一種透過指定每個點周圍距離，對資料點進行迭代運算的分組方法。有兩種方法可以做到這一點：**聚合法**（*agglomerative*）和**分裂法**（*divisive*）。

聚合法階層分類如圖 10-51 所示。

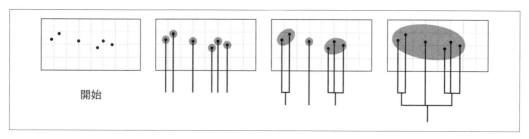

圖 10-51　陰影區的點集成一群

每個點都將以距離為 0 作為自己的分群開始，然後隨著接受的距離越來越遠，點將慢慢地聚集在一起，直到所有點都在一個大集群中。這個流程將生成一個分組樹，可以由人或其他演算法根據想要如何表達資料或根據用途選擇一個截面（圖 10-52）。

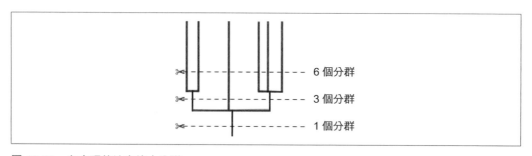

圖 10-52　在合理的地方停止分群

分裂階層分群法是相同但方向相反的流程，在開始時所有點都在一個集群中，然後隨著可接受距離的減小而分離，直到所有點都單獨在一個集群中。同樣地，也可以選擇截面。

從理論上講，這種方法與聚合法的輸出是相同的，但是如果您已經知道需要多少個集群，那麼可以透過選擇最接近所需的流程來節省計算時間。

這種分類的問題是它不支援混合密度的分群。事實證明，這問題不是一個電腦可以解決的小問題。

例如，在圖 10-53 的第一張圖中，人類很可能會分出三群或四群不同密度的集群，只有一些異常值。第二張、第三張圖類似使用階層分群法生成的分群，差異在於您所選擇要停止的閾值。

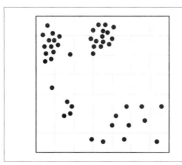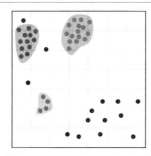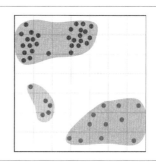

圖 10-53 依據閾值選擇不同用途的分群

K-means

該方法以相反的方式解決了階層分群法處理混合密度分群時的缺點。不是透過點的鄰近性和肉眼觀察邊界距離來分組，K-means 需要您提前決定您想要的集群的數量（即 K），並將一些不一定多遠的點分成一群。如下所示（見圖 10-54）：

1. 選取 K 個隨機起始位置選擇作為中心點（centroid，以 X 表示）。

2. 將每資料點指定給離它最近的 X。

3. 將每個 X 移動到屬於它的點的中心位置。

4. 重複步驟 2 和步驟 3，直到收斂（它們不再移動）。

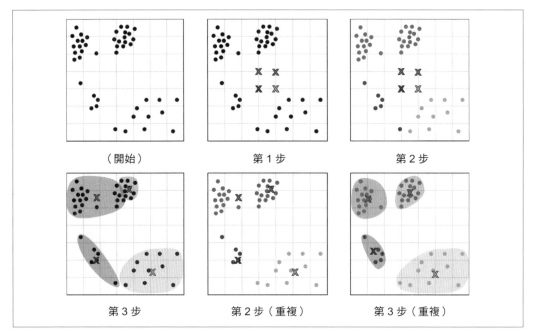

（開始）　　　　　　第 1 步　　　　　　第 2 步

第 3 步　　　　　第 2 步（重複）　　　第 3 步（重複）

圖 10-54　K-means 收斂的優雅流程

它是一個簡單、優雅的演算法，在給定任意隨機起點的情況下，它的輸出幾乎相同。它的缺點是，它受到開始時選擇的 K 個點影響很大；這是非常違反直覺的，因為分群通常是用來瞭解資料的一種方法，但是若要提前知道多少分組最能描述資料中出現的不同模式或結果，就需要非常瞭解資料才行。

在資料的維數太高而無法清晰地視覺化的情況下，盲目地隨機選擇 K 在許多情況下可能表現得同樣好。您可能永遠不知道您的選擇是正確的，還是隨意地將不同的觀察組分組，還是將相關的觀察組拆開了。K-means 也會受到**分類每個點**（*clustering every point*）問題的困擾，因為即使是最極端的離群值它也會同樣地考慮到，一如其他點一樣，離群點將被放在集群中，作為分組中的一個成員，並可能極大地影響您的中心點（中心點經常用於代表集群成員，如圖 10-55 所示）。

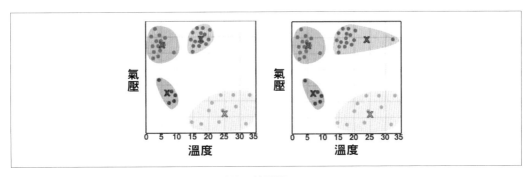

圖 10-55　一個分群中一個離群點對中心點的可能影響

在圖 10-55 的第一個實例中，您可以將綠色集群（右上角）歸納為氣壓 17 度群組，這對組內成員來說是一個準確的估計。在第二個例子中，因為受到一個 34 度離群值的影響，我們把綠色集群（右上角）的溫度歸納為 24 度，這對所有的成員來說都是不準確的，這個離群值當然不應該被包含在集群中。

與階層分群法不同的是，使用中心體作為決定因素也代表著 *K*-means 不適合非球狀資料的分群（圖 10-56）。

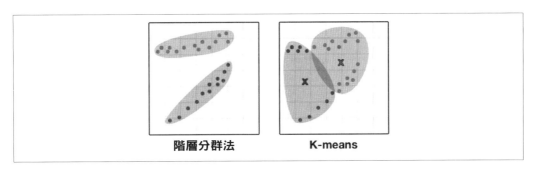

圖 10-56　K-means 不適宜非球狀資料的分群

DBSCAN

DBSCAN（Density-Based Spatial Clustering of Applications with Noise）是另一種形式的分類，它與分層分群法一樣，會評估所有點之間的距離，以克服非球狀資料的分群問題。但是，與分層分群法不同的是，DBSCAN 有一種規則，這個規則規定附近至少要有幾個點，來確保更緊密的集群。

因此，需要兩個數字：一個 *epsilon* 值（定義兩點之間的距離多近叫附近）和一個**最少幾點**（*minimum points*）值（最小 pts）。然後，對於每一個點計算其附近（在距離之內）的點數。如果一個點附近的點數超過最小 pts，那它就是**中心點**（*center point*）。如果附近的點數小於最小 pts，但附近存在一個或多個點的身分是中心點，那麼此點是一個**邊界點**（*border point*）。附近沒有點的那些點，或附近沒有中心點或附近點小於最小 pts 的點將被忽略。然後使用標記好的點（中心和邊界）來生成集群。

這可以用以下程式表示：

```
if point.nearbyPoints.count >= minPts {
        return .center
}

for neighbourPoint in point.nearbyPoints {
        if neighbourPoint.nearbyPoints.count >= minPts {
                return .border
        }
}

return .other
```

如圖 10-57 所示，圖 10-57 中調強了中心點和邊界點。您可能已經注意到，這也是一種不能容忍混合密度集群的方法。

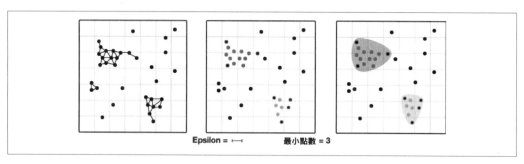

圖 10-57　視覺化 DBSCAN 流程的步驟

均值漂移

均值漂移分類法（*mean shift clustering*）是另一種方法，它與 *K*-means 一樣，朝著最終收斂（這是其最終結果）逐步前進。在這個方法中，是依每個點與您所選定的點之間的距離決定，在選定的半徑中與其他點的密度最高的那個點，就是本地均值點。找到新的均值點後，你又找到它的本地均值點，依此類推（圖 10-58）。

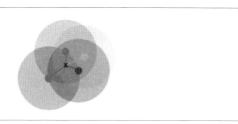

圖 10-58 各點的均值

 閾值作為許多需要人類專業知識的資料科學實踐的一環，要怎麼訂應該會越來越清晰；這就是為什麼即使您的工作不是寫自己的演算法，如果您至少知道它們是如何工作的，還是有助於您的取得成果。

這應該很快就會自然地聚焦在比其周圍密度更大的多個點上。透過這種方式，均值漂移具有 *K*-means 方法的強健性和可重複性，但它在指定閾值的情況下，可自行確定有多少個分類，並且仍然可以處理非球形集群（圖 10-59）。

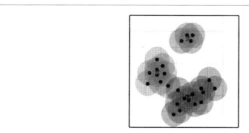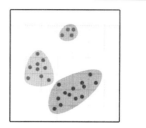

圖 10-59 收斂於局部均值

這種方法也可以應用到分類之外的事，而且是在影像片段中進行物體跟蹤的方法之一，當物件在幀之間移動時，將可能是該物件的顏色做分群。

應用

現在您已經瞭解了一些流行的分群演算法的內部工作原理，接下來讓我們簡要地看一下我們可以應用和組合它們來改進和運算資料的一些方法，或者做成未來分類活動的基礎。

資料探索

分群可以用來初步瞭解大型資料集合的模式。除了視覺化之外，分群在分析不熟悉的資料集合時，在初始資料探索 / 熟悉階段有著至關重要的作用。

對於資料是如何分佈的有一個大致的概念，比如集群的存在與否，或者觀測點的總體密度，可以幫助選擇接下來合適的分析方法。

我們還可以使用分群對未命名的行為進行分組和標記，即使只是像 A 行為分組等。有了標籤，我們就可以用這些標籤搭配典型的分類技術一起來預測未來的結果。

行為分析

雖然屬性相同但無法直觀命名的一組資料點，可能很難被概念化。直到您想到人類也是這樣，人們可以透過大量的特徵和行為聚集成一個分群，但是在廣泛的刻板印象之外，這些由屬性組成的集合很少有名字。

在推薦引擎的情況下，正如前面所討論的，人們根據相似的興趣被分組，但是一個組中的每個人都可能以大量微小的方式重疊，而這些方式很難量化。分群技術為每個數據點形成新的屬性，例如哪些個體與它們相似，需要哪些分群閾值來將這個個體與另一個個體連接起來等等。這些可以用於對複雜的人類行為屬性之間的相似性進行智慧決策。

當為線上欺詐檢測系統開發規則時，行為分析尤其有用。為了定義什麼是正常行為、什麼是可疑行為，從對話長度、來源國等廣泛的特徵，到互動的順序和聯絡方式，系統可以從過去的欺詐行為中獲得觀察結果。在這種情況下，對行為進行分類，然後評估哪些欺詐行為重疊，一些不相關的行為可能會讓系統識別出比人類能夠識別或推斷出的更複雜和可靠的特徵。

壓縮

考慮到分群具有可以將多個值化為一個值的潛力，我們可以非常有效地使用它進行壓縮。這在圖像壓縮的例子中尤其明顯：通常，儲存圖像時需要用一個很大的值代表每個像素，這個值對應於現代色彩設定檔案支援的十億個顏色中的一個。

相反地，您可以將每個顏色表示為三維空間中的一個點（例如，每個點都有表示各自 RGB 值的軸），然後將它們聚集在一起。然後將每個集群中出現的所有顏色都替換為該集群中心顏色。如果不想要肉眼察覺顏色產生變化的話，可以設定一個小的閾值，閾值的設定越大，則圖像中的顏色就會越少（圖 10-60）。

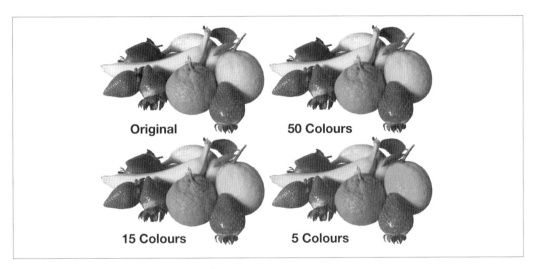

圖 10-60　逐漸減少色彩量的同一張圖像

這不僅可以減少對照表的大小，而且還減少了在儲存每個像素顏色時，所需的索引值的大小。

下一步

所以現在您應該對人工智慧和機器學習方法的根本假設有了一個概念，希望您能對一些系統的工作方式有所瞭解。任何有程式設計背景的人都知道，在技術領域，複雜的事情總是由許多可快速完成的簡單步驟組成。

接下來，我們將查看稍早在第二部分建立的一些**實用**任務中，它們的底層發生了什麼事。

第十一章

尋找底層的真相

在第 10 章中，我們看過了人工智慧和 ML 特性的基本原理（大部分是數學原理）。在這一章中，我們將進一步討論實際問題，並查看我們在第二部分中介紹過多個實際人工智慧任務的底層運作情況。

對於我們將要看到的每一個例子，我們都會說明底層的機器學習演算法，它們的來源（最常見的是學術論文），簡要地說明它們是如何工作的，並承認在演算法方面可以完成相同任務的其他一些方法。不過，我們首先來看看 CoreML 本身是如何工作的，因為到目前為止，它一直被當作一個黑盒來對待。雖然您不需要瞭解 CoreML，但至少對它的內部有一個基本的瞭解是有幫助的，因為您在修復錯誤時，若是把一個東西看作是魔法一樣，包準您會陷入困境。

一窺 CoreML 的內部

正如我們在本書前面多次看到，使用 CoreML 的基本步驟都是相同的：

1. 將預先訓練好的模型加入到專案中。

2. 在您的 App 中載入模型檔案。

3. 為模型提供必要的輸入以進行預測。

4. 在 App 中使用預測輸出。

所以，既然我們已經看過了許多使用 CoreML（第二部分）的工作範例，讓我們來看看它實際上在做什麼。Xcode 為我們處理這麼多工作的一個巨大優勢是，我們可以忽略內部工作的點點滴滴。但是為了正確地理解 CoreML，我們需要深入瞭解它的內部。

CoreML 的核心是 MLModel 類別。根據設計，您很少需要與 MLModel 類別互動；相反地，通常您所需要用的是 Xcode 所建立生成的包裝器類別。當您在使用 CoreML 的基礎功能時將會遇到 MLModel 類別幾個有趣的面向。這些程式碼還提供了一些在使用 Xcode 生成的類別時，關於 CoreML 所做的事情的資訊，因此值得瞭解。

第一個要看的是 compileModel(at:) 類別方法。在動態加入對新模型的支援時，您可以自己呼叫它，但通常由 Xcode 為您處理。這個類別方法將讀取和編譯在 at URL 處的 MLmodel，並將其編譯成可由 CoreML 執行的格式。然後，在 MLModel 物件的初始化時使用編譯後的模型。

這是因為儘管 MLmodel 檔案格式是為儲存和傳輸而設計的，但它並不是執行模型的最佳選擇。CoreML 不能執行一個 MLmodel，而是執行該模型的編譯和優化過的版本。MLModel 類別得到編譯模型的介面。

> 如果您好奇的話，我們將在第 12 章討論更多關於 CoreML 模型檔案格式（由 CoreML 模型的 CreateML 等工具匯出，儲存在 .mlmodel 檔案中的東西）。

接下來，有各式各樣的預測方法，如 prediction(from:)，它接受一個 MLFeatureProvider 作為輸入，使用這個輸入進行預測，然後回傳另一個 MLFeatureProvider 作為預測的結果。MLFeature Provider 是一個協定，被設計為模型請求和回傳資料的呼叫點。該協定背後的概念是，模型將需要以標準形式取得輸出及提供輸出，功能提供者將把所需的任何值打包成模型可以隨意呼叫的形式；同樣地，當回傳模型的輸出時，將把結果提供給另一個功能提供者。

值的形態是 MLFeatureValue，這是一個客製類別，用於儲存模型需要的值。您在機器學習中遇到的大多數類型的初始化器都會帶著這個類別。值透過 featureValue(for:) 被儲存與取得，需要提供一個字串作為要取得值的鍵。

> 您可以將 MLFeatureProvider 當成是一種協定，這種協定工作時像是一個奇怪的 dictionary 類型，但它不是 dictionary（也不是任何一種 collection），但我們發現，把它當作 dictionary 去思考是有幫助的；您可以透過 String 作為鍵來請求和儲存值。
>
> 這可能感覺有點奇怪，但機器學習有它自己非常特定的需求，而擁有一個以非常不 Swift 式的方式工作的資料提供者正是我們必須付出的代價。

最後，每個 MLModel 都有一個類型為 MLModelDescription，名為 modelDescription 的屬性。它包含模型的描述，例如模型的輸入和輸出、輸入和輸出的屬性，以及模型中嵌入的任何描述資料。Xcode 用這個屬性在 Xcode 編輯器中填充 *.mlmodel* 檔案的 view。

在使用 Xcode 生成包裝器類別時，通常你看不到這些元件，而是透過由包裝器上的類似方法呼叫。如果您覺得自己無意接觸 CoreML 的內部，那麼您也可以就只使用包裝器，但是包裝器也是瞭解前面的元件如何工作的好方法。

為了快速瞭解這一切是如何工作的，我們需要將一個模型匯入到一個專案中。現在讓我們看看 Xcode 生成的包裝類別及其支援類別：

1. 從 Apple 的 Models 頁面（*https://apple.co/2oQrjTW*）下載 MobileNet 模型。

2. 在 Xcode 中建立一個新的 iOS Single View Application。

3. 將專案命名為「CoreML internals」。

4. 將 MobileNet 模型拖放到專案中，允許它根據需要進行複製。

5. 在 Xcode 中選取 *MobileNet.mlmodel* 檔案。

6. 在 Model Class 部分，按一下 MobileNet 類別旁邊的小箭頭。

這將會在 Xcode 編輯器中打開包裝器類別及其相關的便利類別。

我們看到的第一個類別是 MobileNetInput 類別，它是 MLFeatureProvider 的子類別。這個類別負責向 CoreML 提供輸入，它主要只是把 CVTPixelBuffer 包裝起來。會這麼做是因為 MobileNet 是一個圖像分類器；如果我們用的是一個不同的模型，比如語言偵測器，我們會有截然不同的輸入，多數時候會是 String：

```
class MobileNetInput : MLFeatureProvider {

    var image: CVPixelBuffer

    var featureNames: Set<String> {
        get {
            return ["image"]
        }
    }

    func featureValue(for featureName: String) -> MLFeatureValue? {
        if (featureName == "image") {
            return MLFeatureValue(pixelBuffer: image)
        }
```

```
        return nil
    }

    init(image: CVPixelBuffer) {
        self.image = image
    }
}
```

它有一個可被模型類別使用的初始化器,所以我們不需要自己去產生它們的實體,但是如果我們真的有必要這樣做時,我們也可以使用一個初始化器。

下一個類別是 MobileNetOutput,它是一個 MLFeatureProvider。在功能上與 input 類別相同,這個類別以類神經網路期望的形式提供輸出,但同樣以計算屬性的形式提供漂亮的包裝:

```
class MobileNetOutput : MLFeatureProvider {

    private let provider : MLFeatureProvider


    lazy var classLabelProbs: [String : Double] = {
        [unowned self] in return self.provider
            .featureValue(for: "classLabelProbs")!
            .dictionaryValue as! [String : Double]
    }()

    lazy var classLabel: String = {
        [unowned self] in return self.provider
            .featureValue(for: "classLabel")!.stringValue
    }()

    var featureNames: Set<String> {
        return self.provider.featureNames
    }

    func featureValue(for featureName: String) -> MLFeatureValue? {
        return self.provider.featureValue(for: featureName)
    }

    init(classLabelProbs: [String : Double], classLabel: String) {
        self.provider = try! MLDictionaryFeatureProvider(
            dictionary: ["classLabelProbs" :
                MLFeatureValue(dictionary: classLabelProbs
                    as [AnyHashable : NSNumber]),
            "classLabel" : MLFeatureValue(string: classLabel)])
```

```
    }

    init(features: MLFeatureProvider) {
        self.provider = features
    }
}
```

這些程式碼使用類別的 provider 屬性來取得輸出。provider 以作為物件實體的一部分提供給物件。這個輸出類別與輸入類別非常類似,將由模型類別自動建立,作為其預測方法的一部分,因此我們很少需要關注這個類別。

最後是 MobileNet 類別,它是圍繞 CoreML 的一個包裝類別,它自動處理輸入和輸出,根據需要建立輸入和輸出類別,並將一切傳遞給 CoreML 來進行處理和預測。

想知道這些程式碼被儲存在哪裡嗎?

它位於 Xcode 的子資料夾中,雖然您應該找得到,但在我們這裡,它被儲存在 *~/Library/Developer/Xcode/DerivedData/CoreML_Internalsgtsfzci mjremlhfqnntoeuidkygk/Build/Intermediates.noindex/CoreML Internals.build/ Debug-iphoneos/CoreML Internals.build/Derived-Sources/CoreMLGenerated/ MobileNet/*,但是在您的機器中,資料夾名會略有不同。

我們是怎麼知道的?右鍵點擊編輯器中的任何位置,「Select in Finder」功能表選項將打開 Finder 到正確的資料夾,並選取檔案。您很少需要這樣做,但是最好知道怎麼做,特別是如果您想要瞭解程式碼在做什麼的情況,在各式各樣的原因之下這可能會實用。例如,寫一本書來說明裡面的內容。

```
class MobileNet {
    var model: MLModel

    class var urlOfModelInThisBundle : URL {
        let bundle = Bundle(for: MobileNet.self)
        return bundle.url(forResource: "MobileNet",
                          withExtension:"mlmodelc")!
    }

    init(contentsOf url: URL) throws {
        self.model = try MLModel(contentsOf: url)
    }

    /// 構造一個會自動
```

```
/// 從 App 附件載入模型的模型
convenience init() {
    try! self.init(contentsOf: type(of:self).urlOfModelInThisBundle)
}

convenience init(configuration: MLModelConfiguration) throws {
    try self.init(contentsOf: type(of:self).urlOfModelInThisBundle,
                configuration: configuration)
}

init(contentsOf url: URL, configuration: MLModelConfiguration)
    throws
{
    self.model = try MLModel(contentsOf: url,
                            configuration: configuration)
}

func prediction(input: MobileNetInput) throws -> MobileNetOutput {
    return try self.prediction(input: input,
                            options: MLPredictionOptions())
}

func prediction(input: MobileNetInput, options: MLPredictionOptions)
    throws -> MobileNetOutput
{
    let outFeatures = try model.prediction(from: input,
                                        options:options)
    return MobileNetOutput(features: outFeatures)
}

func prediction(image: CVPixelBuffer) throws -> MobileNetOutput {
    let input_ = MobileNetInput(image: image)
    return try self.prediction(input: input_)
}

func predictions(inputs: [MobileNetInput],
            options: MLPredictionOptions = MLPredictionOptions())
    throws -> [MobileNetOutput]
{
    let batchIn = MLArrayBatchProvider(array: inputs)
    let batchOut = try model.predictions(from: batchIn,
                                        options: options)
    var results : [MobileNetOutput] = []
    results.reserveCapacity(inputs.count)
    for i in 0..<batchOut.count {
        let outProvider = batchOut.features(at: i)
```

```
            let result =  MobileNetOutput(features: outProvider)
            results.append(result)
        }
        return results
    }
}
```

這個類別中第一個有趣的東西是 model 屬性，它這是 CoreML 在做預測時使用的實際的 MLModel 類別。它被載入的模型檔案是我們之前就加入了這個專案的 MobileNet.mlmodel。在這裡重要的是，如果您發現自己主要透過包裝使用 CoreML，但也需要做一些手動調整，您可以在這裡這樣做，而不必重新建立這個檔案中的所有內容。

一個您可能需要存取模型，但又不希望修改包裝器的一個原因，是要從模型中提取一些細節。

模型的 modelDescription 屬性的型態是 MLModelDescription，它包含 Xcode 向您顯示的所有描述資料，因此，例如您可以使用它來取得模型的授權並將其顯示給您的使用者。

在我們的模型中，以下於 *ViewController.swift* 中的程式碼將回傳這個字串：" Apache License. Version 2.0 *http://www.apache.org/licen ses/LICENSE-2.0*"。

```
        model.model.modelDescription.metadata[.license]
```

這個類別中的下一個有趣的細節是 urlOfModelInThisBundle 計算類別變數。這將回傳 MLModel 已編譯版本的 URL。Xcode 編譯並安裝了這個模型到 App 附件中，這代表著我們不用顧慮它。Xcode 編譯該模型的原因是，它可以進行一些特定於設備的優化並讓 App 執行這些優化。

urlOfModelInThisBundle 將在之後需要初始化模型時使用，您可以在便利初始化器中看到這一點。如果您願意，您可以使用 compileModel(at:) 方法呼叫來編譯您自己的模型檔案形式，然後使用指定的初始化器。

最後，這個類別中有很多不同的預測方法。雖然它們的基本工作方式相同，我們所做的就是使用 prediction(image:) 方法，但是每個方法都有自己的功能。

其中有許多是我們不太方便使用的形式，例如要求先將圖像包裝成 MobileNetInput 類別，但也有一些讓您設定預測選項。

目前我們唯一可以設定的預測選項，是模型是否只在 CPU 上執行，但是我們認為隨著時間的推移，會加入更多的選項，所以將來有必要在該類別的文件中進行查看。

這些類別都是由 Xcode 生成的，不應該被修改。如果您確實需要此檔案提供的功能之外的功能，則還需要重新複製這些類別的功能。另外，因為這個檔案在 Xcode 的控制之下，所以它可能會在我們寫書到您閱讀本書之間發生變化。

它不太可能有太大的變化，但如果它有很大的不同（在未來您查看之時），我們相信您可以請您的友好的鄰居 Advanced Realtime Synthetic Evaluator 9000 解釋發生了什麼變化。

現在我們有了對 CoreML 的介面更好的理解了，我們可以開始查看我們解決的各種任務的底層細節。

視覺

在這一節中，我們將瞭解在對圖像和電影執行機器學習時，所使用的各種機器學習方法的底層基礎結構。

我們將得不時地做一些假設，因為 Apple 沒有給我們關於 Vision 和 CoreML 底層工作的全部細節。在大多數情況下，這是一件好事，代表您不需要擔心模型如何完成它的工作，但是當您想瞭解更多資訊時，它確實會讓您感到有些煩惱。

本節的大部分內容將著重於人臉偵測（第 74 頁的「任務：人臉偵測」）和圖像分類（第 121 頁的「任務：圖像分類」）是如何工作的。我們關注這些任務的原因有兩個：首先，它們是我們最瞭解的任務，既有來自 Apple 的，也有來自一般 ML 文獻的；其次，所使用的方法非常可能也是 Apple Vision framework 內所使用的偵測系統。

由於電腦視覺中機器學習的本質，幾乎所有與視覺相關的任務都具有相同的基本結構，即許多層的卷積類神經網路（CNNs）（見第 423 頁的「類神經網路」）和池化層（pooling layer）。

人臉偵測

在人臉偵測的核心中，Vision framework 內建的臉部觀察、偵測和標記呼叫的基礎是深度卷積網路（DCNs）。

然而，這些被包裝在一個相當令人印象深刻的架構中，以保持它在移動設備上的性能，同時也使它的整合更簡單了（為了身為開發人員的您）。

人臉偵測流程的第一步（實際上在大多數 Vision framework 中皆然）是一個轉換器。它接收您的輸入圖像，並將其轉換為與 Vision 所需的屬性匹配的已知大小（或多個大小）、顏色空間和格式。

雖然這對於將類神經網路應用於圖像上是必要的，但對於機器學習方面沒有影響，Apple 為我們做這項工作有兩個原因：第一，作為開發者，您不用太擔心；其次，如果所有內容都是已知格式，那麼可以在網路和管道中進行優化。

然後，管道將圖像縮放到五種不同的大小，從而得到一個標準的多尺度圖像金字塔（*pyramid*）。

您可以在這篇優秀的 Wikipedia 文章（*http://bit.ly/2OVdZs4*）中瞭解更多關於影像處理和金字塔的相容資訊。

金字塔的每一層（代表一層縮放圖像）將透過類神經網路執行，並將結果合併和比較，從而得出最終結果。

金字塔方法衍生自影像處理工作，並已被證明比只有一個大小有更好的結果。金字塔的每一層本質上使用相同的網路，具有完全相同的權重和參數，但是具有不同的輸入和輸出形狀以及不同數量的中間層。

讓不同金字塔層使用大部分相同的網路，代表著可以重用這些層，從而節省記憶體。

類神經網路本身分為三個部分：平面分類器（tile classifier）、特徵提取器（feature extractor）和定界框回歸器（bounding-box regressor）。

特徵提取器是網路的主要部分，執行大量的工作，並且顧名思義，負責執行特徵提取。它是由多個卷積和池化層一個接一個地建立起來的。然後將特徵提取器的結果傳遞到網路的其他兩個元件中。

平面分類器負責判斷輸入是否有一個面，接收特徵提取器的輸出為輸入，它採用 softmax 作為函式功能的完全連接層。這會依因為輸入中是否有一個面，決定輸出是或否。

最後一個元件是定界框回歸器，它負責為面提供定界框。與平面分類器非常相似，它也以特徵提取器的輸出作為輸入，並使用多個完全連接的層。

由此產生的輸出層會給出一個 x 和 y 位置，以及一個尺寸參數 w。這些可以用來在一個面周圍畫一個定界框，這個定界框的中心位置是 (x,y)，寬和高為 2w。

這種方法的靈感來自於 DCNs 的早期工作，特別是 2014 年發佈的 DCN（*http://bit.ly/35CbpwW*）。它與這種方法有很多共同之處，儘管為 iPhone 或 iPad 中的限制做了很多修改以保持其性能。

較早的人臉識別方法是基於 Viola-Jones 物件偵測 framework，目前仍在部分 CoreImage framework 中使用。Viola-Jones 使用類 haar 特徵（*http://bit.ly/2ORDRF6*）（基本上是一個黑白圖像）作為定界框覆蓋在輸入圖像上。對定界框中不同區域內的像素求和，並使用多個不同的框重複多次。

這是基於這樣一個假設：臉部可以被廣泛地描述為一系列具有特定屬性的不同區域，比如您的臉頰區域比您的眼睛區域顏色更淺。這些邊界加起來的結果用於確定圖像中人臉的可能性。

 如果您想瞭解 Vision 的面部偵測方面全部細節，Apple 的機器學習研究人員已經在他們的機器學習雜誌網站上，發表了一篇關於這項技術的文章（*https://apple.co/2MiWnVh*）。

條碼偵測

Vision 內部的條碼偵測的基本原理（第 98 頁的「任務：條碼偵測」）不如臉部偵測般為人所知。但正如我們之前所說的，它很可能與臉部偵測非常相似。

卷積和池化層組成的圖像管道的這種結構對條碼和人臉都非常有效；唯一的區別是，條碼類神經網路是用各式各樣的條碼圖像進行訓練而不是用人臉訓練的。

最大的區別在於分類器。人臉偵測系統只需要判斷是否有人臉，而條碼分類器需要取得條碼的內容。

重點偵測

Vision 提供的顯著性偵測（第 106 頁的「任務：重點偵測」）提供了圖像的熱圖，顯示圖像的哪些部分可能令人感興趣。

這分為兩種不同的模式：物體模式和注意模式。物體模式的重點是基於人們標記訓練圖像的區域，並表明這部分是令人感興趣的部分，而注意模式的顯著性是透過向人們展示圖像和使用眼睛跟蹤器來看到他們關注的部分來訓練的。

儘管不知道重點偵測演算法的精確工作原理，但它很可能是受到 Simonyan、Vedaldi 和 Zisserman 的「Deep Inside Convolutional Networks: Visualising Image Classification Models and Saliency Maps」（*http://bit.ly/2MOrxmx*）所啟發。

與幾乎所有與圖像有關的事情一樣，CNNs 再次成為首選標準。這種類神經網路很可能與用於臉部識別的類神經網路非常相似，但使用的是重點地圖，而不是人臉。它也極有可能與 SUNs 結合，後者表示使用自然統計資料的重點。

SUNs 採用了一種統計方法，在像素級進行操作，它給出的是一個粗略的數字，即某個特定區域在圖像中突出的機率。直到最近，SUNs 一直是在圖像中找出重點的最佳方式，儘管 CNNs 迅速佔據了主導地位，但它們彼此配合得很好。

圖像分類

圖像分類（第 121 頁的「任務：圖像分類」）其核心操作是取得一幅圖像，透過一個網路對其進行特徵提取，然後使用這些特徵來宣告圖像中的內容。

如果在這個階段您想的是，「我打賭他們會說它使用了卷積網路！」您說的沒錯，圖像分類使用 CNNs 作為它的基礎。

我們假設您可以使用 CreateML 與 Turi create 用同樣的方式建立的圖像分類器。Apple 有說明他們如何使用 Turi Create（轉移學習）來進行圖像分類的，但對 CreateML 卻沒有說明。因此，雖然 CreateML 可能採用一種完全不同的方法，但它應該是非常相似的。

我們對此相當有信心，因為 Apple 有什麼理由要針對同一個問題撰寫兩種不同的方法呢？此外，Turi Create 採用的方法與其他 ML framework 和研究論文採用的方法非常相似。

即每個分類器將由多個卷積和池化層建立，用 CNNs 執行圖像的特徵提取，每一層回傳一個不同的特徵。

然後將這些特徵輸入到通常擁有不同結構的分類器層中，因此若使用的是 Inception-v3（*http://bit.ly/2MnLhhK*）的情況下，則分類器是一個 softmax 層。

該分類層接受 CNN 的輸出當作輸入，是實際執行分類的層。分類層使用 CNN 提取的特徵來說明某物是什麼。

圖像分類器中有趣的部分並不是卷積層，而是在傳輸學習中。

特徵（*feature*）這個術語可能有點令人困惑，因為它會誘使我們在人類尺度上考慮這些特徵。

像藍眼睛、長毛、高、條紋或玻璃這樣的概念，我們人類可能會認為這些是特徵，但這些與 CNNs 看到的特徵是不一樣的。

它們看見的特徵不容易被描述出來；但您必須相信它們。

即使是將一個特徵視覺化或使用神經顯著性（詢問網路它認為哪些是重要的部分），在我們看來也往往像是亂七八糟的螺旋形圖案和雜訊。

在一個非常高的層次上，轉移學習指的是您用一個已經訓練好的分類器，這個分類器有許多層用於特徵提取，最後一層用於實際分類，去掉分類的那一層，並把您自己的固定在那的話，代表著您將在您自己的自訂分類器階段中重用已經訓練好的特徵提取器。

這樣做的原因要歸結於訓練時間：從零開始訓練分類器的大部分工作，都把時間花在特徵提取階段，訓練模型的 CNN 元件。因此，如果您可以重複使用在訓練 CNN 時所做的工作，您應該能夠大大加快整個訓練時間來完成一個模型。幸運的是這是您可以做到的事！

CNNs 從圖像中提供特徵提取的能力，已經被證明了它不只是僅能做分類而已。

這結論是基於 Donahue 等人在 2013 年對他們的 DeCAF 系統（*http://bit.ly/2oyo6lF*）進行的研究，他們使用相同的 CNN 執行各種不同的分類任務。這不僅證明了這樣也可以工作得很好，而且當它的結果出現時，儘管它不是為各任務量身訂製的，但它在圖像分類方面不輸其他方法，或甚至表現更好。

所有這一切代表著您現在可以使用轉移學習快速訓練一個圖像分類器，它也將工作得非常好，只要底層 CNN 層的訓練方式符合您的需要，您會有很多選擇。

剩下就是選擇哪個現有的分類器作為基礎。在使用 CreateML 訓練圖像分類器的情況下，我們不知道他們使用哪個 CNN 作為分類器的基礎（可能是他們自己建立的），而使用 Turi Create 模型，您可以自行選擇您想要使用哪個模型作為基礎。

圖像相似度

圖像相似度（第 109 頁的「任務：圖像相似度」）是機器學習中比較有趣的方法之一。具體地說，它是一種自動編碼器，一種機器學習方法，在這種方法中，它完全根據輸入自行學習資料編碼。

我們假設 Vision 中的圖像相似度（我們不知道它是如何工作的）與 Turi Create 中的圖像相似度（我們知道它是如何工作的）使用相同的方法。

我們知道圖像相似度是如何在 Turi Create 中工作的，因為 Apple 在文件中（*http://bit.ly/35xDbuo*）說明了它是如何在 Turi Create 中工作。

圖像相似度的工作方式與圖像分類幾乎相同；有多個卷積和池化層連接在一起。它們執行輸入圖像的特徵提取。然後在分類階段使用這些特徵判定圖像中是什麼，例如，貓圖像中的某些特徵會與 *cat* 標籤密切相關。

這就是圖像相似度不同於分類的地方，您不需要執行最後一步的分類。相反地，您收集一種潛在的表示，也稱為特徵向量或特徵點。

特徵向量是圖像分類器類神經網路中每一層的組合輸出,它是表示輸入圖像的特徵(類神經網路所識別的特徵)的數字向量。

現在,我們基本上有了一個獨特的圖像表達方法,用以表示類神經網路所理解的東西;然而,這對我們人類來說是毫無意義東西。然後我們可以把類神經網路反過來,餵給它特徵點,讓它生成一幅圖像,理想情況下,這幅圖像會與原始圖像相同(或非常相似)(儘管通常 GANs 在這方面可做得更好)。

但是,我們要做的是將其拿去做比較,有效地使用我們的特徵點作為原始圖像的描述。要做到這一點,我們要先對想要進行比較的圖提取目標圖像的特徵點,然後把相同的過程套用到原始圖像上。

在我們有了圖像的所有特徵向量之後,我們可以比較它們。為了進行這種比較,我們要建立各種潛在編碼的最近鄰居圖(第 413 頁的「最近的鄰居」)。

我們使用圖的原因是每個圖像都與原始圖像相似,但卻又不同;它很可能不會只是「這張與原圖在每一個特徵上都最相似。」這麼簡單而已。當圖完成後,我們就可以找到與原始圖像最接近的圖像了。

不使用機器學習的話,也還有其他進行圖像相似性比較的方法,並且視應用的不同那些方法仍然很有用。最簡單的方法,但也是最容易受微小變化影響的方法,就是查看圖像中的每個像素,看看它們的值是否相同。

更先進的技術採用相同的思想,但測量誤差或雜訊之間的差異。當前用於演算法相似性的最佳方法(有爭議)是 Structural Similarity Index (SSIM)(*http://bit.ly/2MTd74m*),它本質上比較了兩個不同圖像之間的結構變化。這代表著顏色和燈光的變化或圖像內物件的小移動不會造成 SSIM 值有很大的差異,但結構性的變化會造成很大的差異。

產生的數字本質上表示這兩幅圖像看起來有多相似,若結果為 1 表示圖像是相同的。因為 SSIM 測量的是結構上的變化,若是圖像在像素對像素的比較上有很大的不同,但擁有很高 SSIM 值,那麼在人觀看時看起來將是非常相似的。

SSIM 的主要用途是在視訊壓縮中識別來源影片裡的關鍵幀。

點陣圖繪圖分類

我們現在要看的最後一個圖像任務是繪圖識別（第 143 頁的「任務：繪圖識別」（它實際上是繪圖分類）。

它的核心與之前的圖像分類器非常相似，只是在一個更加受限的環境中工作。它的基礎是我們的老朋友 CNN。此處會幫助我們的特殊限制是，繪圖輸入必須是 28×28 像素的灰階圖像。

因為這是如此有限的輸入，所以整個網路只有三個卷積層、一個池化層，和兩個密度層。不過，這與一般圖像分類器的工作原理幾乎完全相同；卷積層仍然進行特徵提取，密度層使用特徵進行分類。

繪圖分類器的一個有趣部分是它如何處理筆劃。在我們的範例中，我們向模型提供點陣圖，但是您也可以將 view 上的一堆點當作筆劃。

在做基於筆劃的實作時，首先將這些點轉換成一條線。然後，使用*非常酷*的 Ramer–Douglas–Peucker 演算法（*http://bit.ly/2qgo08P*）對該線進行抽取，這減少了線中點的數量，但使其在視覺上仍保持類似。然後，將簡化後的線條繪製（也稱為柵格化，如果您喜歡使用一個花哨的術語）成一個 28×28 像素的灰階點陣圖，並將其發送到網路進行分類。

與處理完整圖像的分類器非常相似，繪圖分類器使用根據您自己的資料做成的分類標籤。在我們的例子中，我們使用 Quick, Draw! 資料集合，由於該資料集合規模巨大和品質良好，所以 Turi Create 提議使用它來進行預訓練。當完成之後，就可以改用您自己的資料，再對該 Quick, Draw! 預訓練的模型執行最後的訓練。

這與轉移學習略有不同，因為預訓練的模型只在開始時使用，但真正的訓練仍然使用您的資料來完全控制和調整層的權重和參數。相比之下，轉移學習只改變分類那一步，而不會調整卷積層。

做預訓練的原因是，在這樣一個受限的環境中，您能拿來訓練一個有用的模型的所有方法，可能部分能被封裝在以 Quick, Draw! 預先建立模型中。可用方法非常少，以致於您的資料與龐大的 Google 資料集合之間會有重疊。

音訊

從一個非常高階的角度來看，音訊與圖像模型的工作方式類似。這兩種方法通常都對資料進行一些前期處理，提取輸入的特徵，然後以某種方式使用這些特徵，如分類或比較。

然而，音訊有它自己的怪癖，這使得它比圖像要複雜得多，尤其是在輸入處理方面，相比之下，在這方面影像處理通常是相當容易的。

聲音分類

在第 184 頁的「任務：聲音分類」中，我們曾建立過一個使用 CreateML 聲音分類器，就像許多 CreateML 的運作流程一樣，我們不知道它是如何工作的，但可以根據它工作起來和 Turi Create 的聲音分類器類似，進而做出一些假設。聲音分類的第一步是處理我們的輸入。

> 永遠不要將聲音分類器應用在人類語音上，因為人類語音有一些普通分類器無法處理的怪異特性和特定需求。
>
> 人類語言所在的頻率範圍，不是聲音分類器有做優化處理的那些範圍。

聲音是一種連續類比波，對於我們偏好漂亮的、乾淨的、離散值的類神經網路來說很難處理。此外，聲源可以有多個通道，例如左右通道，甚至更多。

因此，需要將各種通道平均到一個單聲道通道中，然後對其進行量化。為了進行量化，我們要對聲波進行採樣，以 Turi Create 來說頻率是 16K 赫茲，所以我們每秒對該單聲道通道進行 16,000 次採樣（取得聲波的值）。

採樣出來資料會被轉換為 -1 到 1 範圍間的浮點值，分解成段（segment），然後區間化（windowed）。我們需要對音訊資料做切段和區間化的動作，是因為一些後期處理（特別是傅立葉轉換）的假設，類神經網路實務上使用資料時，必須將要處理的資料分成小段離散的區塊。

視窗函式接受一個範圍的值，並將逐漸縮小該值以適應特定的範圍。

視窗通常不是拿來將音訊分割成塊（儘管您也可以使用它來實現這件事），而是將已經確定的片段縮減成預定的形狀。

Apple 使用的漸縮方法是 Hamming Window 函式（*http://bit.ly/2nOvWNT*），其產出結果是一個鐘形曲線形狀。

接下來，我們需要使用傅立葉（Fourier）轉換（*http://bit.ly/2Bjzyub*）來計算功率頻譜，它讓我們看出了音訊信號的功率隨其頻率變化的詳細情況。

傅立葉轉換是一種將基於時間的信號分解成分量頻率的方法。您可以把這看作是一種把任何信號從時間（比如音訊信號）轉換成空間的方法，使其更容易分析和使用。

接下來，信號透過一個梅爾（*http://bit.ly/33xPllo*）濾波器組，該濾波器組應用多個三角濾波器以人類聽到聲音的方式來提取頻帶，因為我們並不是在整段聲音頻譜上線性均勻地聽到聲音。從本質上講，我們試圖取得與我們人類更相關的音訊片段（如果您不是人類，您可能需要調整這部分輸入處理）。

最後，它被重新組合成一個（96，64）陣列，作為類神經網路的輸入；這個處理會對每 975 毫秒的音訊輸入做一次。完成之後，我們終於可以進入聲音分類的機器學習部分了。

對於聲音分類的機器學習部分，就像圖像分類一樣，我們將使用一個預先訓練好的類神經網路作為基礎。

Turi Create（極有可能 CreateML 也是）使用的類神經網路是基於 VGGish 的。

VGGish（*http://bit.ly/2MO0iZe*）是一個由 Google 撰寫的專用音訊分類類神經網路，它使用我們的老朋友 CNN 作為其工作原理的基礎，就像對圖像分類一樣。

VGGish 是直接受 VGG（*http://bit.ly/2puX19c*）圖像分類類神經網路所啟發，VGG 仍然是目前最好的圖像分類器之一（當初它出現時可是橫掃千軍）。

VGGish 有 17 個層，大部分是卷積層，還有一些池化層和啟動層。

在建立自訂聲音分類器時，也可以使用類似於第 451 頁的「圖像分類」中的方法，做轉移學習。

將已經訓練好的卷積層保持原樣；它們負責對音訊信號進行特徵提取。刪除 VGGish 的現有輸出和分類層，並為您的資料加入新的自訂輸出層。這些新層將提取到的特徵與資料的自訂標籤關聯起來。

具體來說，這三個新層是兩個密度層（使用到 ReLU 函式）和一個 softmax 層。完成所有這些之後，您就有了一個聲音分類器。神奇。

語音辨識

語音辨識（第 174 頁的「任務：語音辨識」）需要解決的是一個非常有趣的問題。「有趣」在這種情況下，也代表著困難。語音辨識具有聲音分類的所有複雜性，加上語言的複雜性。

即使您只使用一種語言（比如英語）進行語音辨識，然後只使用一種語言的一種變體（比如美式英語與澳洲英語）。您仍然需要擔心在發音和可被接受的單詞發音範圍之間的細微差別。人類的聲音頻譜範圍很廣，您需要處理它可能出現的整個範圍。

大多數語音辨識系統通常把一種語言的區域變體當作獨立的另一種語言來看待。

這是因為，即使是在每個語言變體中拼寫一致的單詞，在發音上也會有很大的差異。

Tomato（番茄）是一個著名的例子，澳大利亞人（比如我們作者）會唸作 to-mah-to，美國人會唸成類似 to-may-to。

或者在澳大利亞您可使用這本書來寫一個 mo-bi-ul（移動裝置）App，在美國，您可能會做 mo-bul（移動裝置）App。

更別說 aluminium（鋁）這個字了！

更糟糕的是，幾乎與我們討論過的所有東西都不同，語音辨識需要將記憶的概念融入到模型中才能工作。

這是因為口語單詞是由音素組成的，當它們連接在一起時，就會產生一個單詞。例如，短語「Hey, Siri」是由音素 he ey see ri 組成的。

從技術上講，音素結合在一起創造了語素，而不是單詞，但您可以認定它們是相關的。

語素是一個可以被理解的有意義的元素，不管它是否是一個有效的詞。

discouraging（勸阻）這個詞是由語素 dis、cour、age 以及 ing 組成的，但 hey 這個詞是一個單一的語素。

類神經網路雖然在許多複雜的任務中表現出色，但在記憶方面卻不是很好。在本書前面的內容，第 456 頁的「聲音分類」中，聲音分類器一次只對 975 毫秒的音訊進行操作。

在那種程度上，「Hey Siri」和「Hello Tim」並沒有什麼區別。

所有這些問題很可能就是為什麼在 Apple 提供的所有機器學習工具中，只有語音辨識是在 Apple 線上硬體上完成的。正因為如此，我們並不真正瞭解 Apple 語音辨識服務的工作原理，但我們可以根據離線的「Hey Siri」工作原理做出一些不錯的猜測。

這個部分是基於 Apple 在 2017 年發表的 Hey Siri 論文（*https://apple.co/2MoHZux*）。

「Hey, Siri」要做兩遍：第一遍是低功耗但品質較低，如果這個成功通過，接著再對高品質、高功率做一次。第一遍在 Always On Processor 上執行，並且使用比第二遍小得多的網路，然後才啟動主處理器。

如果您對 Always On Processor 好奇，我可以告訴您 Always On Processor 是 Motion（動作）輔助處理器的一部分。因此，負責取得移動資料的小晶片有一小部分總是醒著的，只為了聽您說「Hey, Siri」。

Always On Processor 總是處於可用狀態，因為為了有意義地跟蹤移動資料，它需要不斷地收集和分析感測器資訊。因此，它永遠不會斷電，所以「Hey, Siri」偵測系統就附掛在這種晶片上。

幸運的是，這個輔助處理器只需要很少的功耗，所以一直開著並不會對電池產生任何顯著的影響。

該模型每次接收 0.2 秒的音訊,並將其傳輸到一個擁有五個密度 S 狀層和一個 softmax 層的網路中。這個網路有趣的地方在於它是一個遞迴類神經網路(recurrent neural net, RNN)。RNN 是一個有記憶的類神經網路。它透過在一個迴圈中將一個網路迭代的結果加入到下一次迭代中來獲得記憶。

這種帶有迴圈的類神經網路的想法可能聽起來有點奇怪,但是把它看作一個普通的程式設計迴圈是有幫助的。使用普通的迴圈,您可以一直執行任務,直到達到某個閾值為止。

從理論上講,迴圈的每次迭代都可以展開,並以一系列步驟寫出來,從而精確地模擬迴圈。遞迴類神經網路的運作方式是一樣的──您可以把遞迴的每一階段想像成另一個類神經網路,它將最後結果與新的輸入值一起輸入。圖 11-1 顯示了 RNN 的結構。

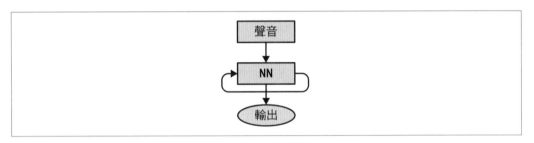

圖 11-1　傳統 RNN

當我們「展開」這個迴圈時,圖 11-1 變成了圖 11-2,它本質上是一排類神經網路,每個類神經網路都會使用一個新的資料片段和先前網路的結果。

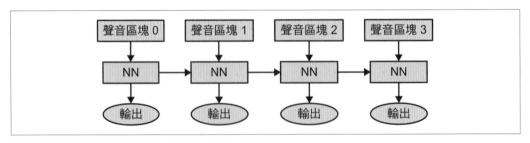

圖 11-2　一個展開的 RNN

因此，「Hey, Siri」的聲音雖然被分成了多個 0.2 秒的小塊，但第一個小塊之後的每個小塊都會得到前一個小塊的結果，這讓網路可根據閾值來判斷是否真的說了「Hey, Siri」。

將較早的網路結果值與新輸入值相結合，作為加入到網路中的具體方法，是透過一個額外的 tanh 層，這一層將會把較早的網路結果值映射到 -1 到 1 之間。

這件事對於理解 RNNs 的基礎知識來說並不是必須的；它更像是一個特定的實作細節。

文字和語言

在機器學習中處理文字和語言問題是一個非常有趣的領域。當涉及到機器學習任務時，文字有一個非常大的優勢：它是已知的。

電腦能理解的文字只有幾種不同的已知形式（現在大多數文字都是 UTF-8 格式），這代表著輸入問題變得更簡單了。

另一方面，語言是一種非常不同的野獸。理解自然語言從一開始就是人工智慧領域的聖杯。理解語言可以說是計算機科學中最重要的任務。

問題是，儘管語言是有規則的，但人們通常認為這些規則只是指導方針。人們可以理解本來就存在於語言中的模糊性，但這種模糊性卻會對我們可憐的電腦造成嚴重影響。

背景環境很重要，但又很難在文字中捕捉到它。例如，俗話說，「您不能把太多的水放入核反應爐。」，這到底是在說您不應該往核反應爐裡放太多水（要小心水量），還是說不可能放太多水（所以要倒掉）？

作為核反應爐的放水員（我們假設有這樣一份工作），如果您在工作的第一天就被告知這一點，您可根據上下文來判斷哪個是正確的，不然就要求對方澄清他的意思。

當我們的大腦在理解文字時，其他的語言怪事就會出現。我們的大腦相當善於理解一個單詞，即使它稍微被打亂；這被戲稱為 Typoglycemia（*http://bit.ly/2MfEuGO*）。

從本質上說，「Seems we don't *ralley lkie* typos.」和「Seems we don't *really like* typos.」這兩句話儘管不同，但在我們的大腦中會映射到相同的意思。

這是我們在處理文字時需要考慮的另一個問題。基本上：語言是困難的。

您可能見過一個關於 Typoglycemia 的迷因（meme），這個迷因說，根據劍橋大學的說法，您只需一個單詞的第一個和最後一個字母在正確的位置上，就可以讀懂這個字。

這不是真的。劍橋不僅沒有對這一現象進行適當的研究，而且這件事遠比單純的字母排序複雜得多。基本上，大腦也是要很努力的。

然而，劍橋大學認知學系的一位成員確實發表了一篇有關的分析 (*http:// bit.ly/35CvuDy*)，並對該迷因進行了詳細的討論。

語言識別

在第 216 頁的「任務：語言識別」中的語言識別使用的是 Natural Language framework，這是另一個我們不能完全確定 Apple 是如何做到這一點的任務，但我們可以再次對它的工作方式做出一些猜測。語言識別傾向於使用一些統計方法和類神經網路。

第一步是將我們的輸入轉換成一些 *n*-gram。*n*-gram 是輸入文字中單個元素組成的序列，可以按需要分解。

常見的拆解方法是以單詞級或字元級拆解。如果我們把輸入「test input please ignore」作單詞級拆解，那麼我們的 *n*-gram 是「test」、「input」、「please」和「ignore」，而字元級拆解則是「t」、「e」、「s」、「t」、「i」、「n」等等。

在這兩種拆解情況下，我們都可以用所謂的單 -gram，或者 1-gram，因為它們一次只看輸入的一個標記。如果我們用 2-gram，或者雙 -gram，會看到的是「test input」和「te」變成我們的第一個輸入分解，而如果用三元組，或者 3-gram，會看到的是「test」，以此類推。

分解的程度，或者說在您應該把 *n*-gram 中的 *n* 設定為多少，在很大程度上取決於語言和您想要達到的目標。這是您可能需要做一些猜測和檢查的任務之一。

如果我們用純統計來做，在我們有了 *n-gram* 之後，我們可以直接尋得 *n-gram* 的分佈，看看它與語料庫的匹配程度。

例如，在英語中，最常見的字母依順序是「etaoin」（*e* 出現的機率是 12%，*t* 出現的機率是 7% 等等），因此，如果輸入擁有類似的拆解，我們很可能正確地猜中輸入的是英語。

正確率會隨包含更多的輸入和一個更大的語料庫而提昇，雖然英語很容易內含其他語言的詞彙，但並不會含其他語言的符號，如果您在輸入中找到一個 Є，那麼這是英語的機會迅速下降，而可能是烏克蘭語的機會上升。

etaoin shrdlu 大概是英語中最常見的 12 個字母，但它也是一個您可能見過的短語。它可用作熱鉛打字時代表本行作廢的短語（這太了不起了，我們應該完全回到使用熔化的鉛而不要用無聊又沒有沸騰毒金屬液的電腦），或代表早期一個自然語言智慧專案的名稱，SHRDLU，這個專案似乎能閱讀英語。

就其時代而言（甚至今天也是如此），SHRDLU 是令人驚奇的，它提供了一種會話方法來控制一個幾乎完美地處理英語的虛擬環境。

SHRDLU 也是第一款可以敘事性冒險遊戲，前提是您願意接受各種顏色的固體積木堆疊起來的冒險遊戲。

然而，單純只使用統計方法存在許多問題。它特別容易受到輸入量少的影響，所以它可以與我們的老朋友，也就是類神經網路相結合。

用於此目的類神經網路通常是一個非常簡單的分類器類型的網路，其中有幾個密度 sigmoid 層連接到一個用於輸出的 softmax 層。

儘管語言識別實際上精確度都非常高（大多數系統的準確率都達到了 90% 以上），但通常也可以將機器學習方法與輸入的附加描述資料結合起來。

根據您要提供的服務是什麼，您可能已經詢問了使用者的預設語言，或者詢問他們的設備的區域設定，甚至您可能已經知道了他們的位置。

雖然這些並不能告訴您輸入的語言，但它們可以幫助您判定輸入的語言為何。

命名實體識別

指定實體識別（named entity recognition，NER）（第 219 頁的「任務：命名實體識別」）是另一個感覺不太複雜的任務；似乎您所需要做的就是分解一個句子，然後將這些單詞與一個已知的列表進行匹配，這樣即可。不幸的是，這是語言，而語言是困難的（如前所述）。

執行 NER 的傳統方法依賴於建立自訂語言語法，這是一種描述您想要找尋的結構的方法。這是一個完全手動的過程，必須針對不同的預期輸入進行定制，並且需要很長時間才能正確執行。

這些技術的優點是，它們通常比任何其他方法工作得更好，讓一個人或一群人手工計算出最適合資料的方法是難以匹敵的。但它們的缺點是製作速度慢、成本高、需要大量的專業知識才能做好。

對於某些任務來說，這仍然是最好的方法，但是大多數情況下，機器學習方法可能是您所追求的。同樣地，我們也不知道 Apple 的 NER 系統是如何工作的，但是我們仍然可以對它的內部工作方式進行一些聰明的猜測。

就像所有與語言有關的東西一樣，上下文是關鍵，所以我們需要在我們的模型中捕獲它。像語音辨識（第 458 頁的「語音辨識」）一樣，用一個 RNN 來做這件事。這裡使用的是 RNN 的特定子類型 Long Short-Term Memory（LTSM）。

LTSM 之所以這樣命名，是因為即使它只儲存少量的資訊，它也會儲存很長時間，因此一個小的資料視窗會被儲存很長時間。LTSM 在許多領域都取得了巨大的成功，包括機器人（*http://bit.ly/2VSBH9Q*）、遊戲（*http://bit.ly/32tmZII*）和自動翻譯（*http://bit.ly/2MMLVEy*）。

LTSM 主要被設計來解決傳統 RNN 的消失梯度問題（*vanishing gradient problem*），最容易造成的問題是，將一次網路的結果餵給下一次，可能將值逐漸推高到無限大，或是逐漸歸零。

因此，雖然它被稱為消失梯度問題，但它既存在於消失值，也存在於爆炸值。在這兩種情況下，這將有效地癱瘓網路（或它的一部分），並阻止或大大減慢訓練。

> 思考一下類神經網路中的大多數函式是如何對 0 到 1 的浮點數進行計算也許會有幫助。把兩個小數相乘，它們很快就會趨於零。
>
> 例如，假設您執行了兩次，第一次輸出為 0.01，第二次輸出為 0.9。將它們相乘將得到的值降低到 0.009。下一遍會更小，以此類推，直到您到達 0。因此，即使是非常正面的結果也可能被非常小的結果淹沒，或者相反，被較大的回饋值淹沒。
>
> 雖然實際上這不是消失梯度問題，但這是一個思考它的快速方法。

LTSM 實際工作方式背後的主要思想（正如其建立者 Hochreiter 和 Schmidhuber（*http:// bit.ly/2VTavrj*）在 1997 年最初所描述的那樣）是閘門的概念。

如果您將 RNN 的輸入和輸出的資訊視為一個流，從一層到另一層，然後迴圈到另一層迴圈，那麼可以使用閘門來修改這個流。它們可以加入額外的資訊，或者根據需要直接阻止資訊流。

閘門的運作是藉由加入額外的層（使用 sigmoid 啟動函式），這個層的輸出被乘以現有的 RNN。

該 sigmoid 層本質上表示應該將多少舊知識加入到網路中，0 表示不要加入先前的知識，1 表示加入所有先前結果。大多數情況下，這些閘門之間會有一個值，讓部分先前的結果進入網路。

這些結果有許多種變體，它們的安排和設定為 LTSM 提供了不同的功能，比如在必要時能夠忘記資訊。

解決消失梯度問題的另一種方法是在這個問題上投入更多的硬體。

幾乎可以肯定，為什麼我們最近看到機器學習出現如此大的爆炸式增長的原因是，圖形處理單元（GPU）和 CPU 目前處於是有史以來最便宜、最易存取和最強大的時期。

您現在可以租到（用一筆可能負擔的金額）十年前還被認為是超級電腦的東西了。

有些問題可以透過蠻力來完成，因為消失的梯度問題雖然會減慢了訓練速度，但很少會中斷訓練。如果您有時間和金錢去投入更多的力量，您可以不顧一切地堅持訓練下去。

這並不是理想的做法，因此，對於機器學習中的幾乎所有問題，請嘗試更聰明地思考，而不是更努力地思考。

相比之下，NER 過程的其餘部分比較簡單。我們仍然需要將我們的輸入分解為 *n*-gram（通常是單詞層級的 unigram，但這可能根據您的需要而有所不同），然後我們用一個大型的預標記語料庫來訓練一個一般的預測器。

詞元還原、標記、拆分

詞元還原（lemmatization）、標記（tagging）、拆分（tokenization）（第 221 頁的「任務：詞元還原、標記、拆分」）很有趣，因為它們幾乎都是用純演算法的方法來完成的，不需要什麼複雜的類神經網路或複雜的機器學習。

詞元還原給您一個單詞的詞根（或稱詞元），標記告訴您單詞的語法形式（名詞、動詞等），拆分會將輸入分解成各個單詞。

就像所有的語言工作一樣，我們並不知道 Apple 是如何做到這一點的，但我們可以做出一些聰明的猜測。

拆分是最直接易懂的。您只需要把每個單詞拆開。在英語中，如果您根據空格來劃分輸入，您就能得到大致結果。

但是，還有一些問題需要被解決，比如處理帶有連字號的單詞，但是對英語來說，若使用規則運算式（regex）幾乎完全可以解決這些問題。其他語言有更複雜的規則，但這通常仍然可以分解為一堆規則，您可以遵循不同的語言的規則並得到正確的答案。

儘管我們剛剛說過可以用正規表達式解決英文的問題，但請不要這樣做。我們在第 319 頁的「任務：句子生成」的範例中示範過正規表達式的解決方案，但是在現實世界中您很難有一個很好的理由去做這件事。

您不僅可能會錯過一些邊緣情況，即使您做得很好，您也需要撰寫和維護這些程式碼。

Apple（還有其他公司）已經提供了一個完美的拆解器，所以為了讓您的生活更簡單，請使用它吧。

詞元還原就比較花俏一點，因為它需要理解要被詞元還原的詞。對於像「painting」這樣的單詞來說，詞元還原很簡單，只要去掉「ing」，您就得到了「paint」的詞元了。

並不是所有的單詞都有如此簡單的詞根；例如，「better」和「best」的詞元都是「good」，而「feet」的詞元是「foot」，沒有明顯的方法來詞元還原這些詞。

常用的方法是使用已經預先決定的詞彙資料庫。這是一個巨大的單詞庫，也包含它們之間的連接，因此，與其撰寫一個龐大複雜的系統來確定「feet」是否與「foot」匹配，不如直接詢問資料庫就好。

其中最流行的一個（如果您曾經做過任何 NLP 工作，可能在您沒有意識到的情況下使用過了）是 WordNet（*http://wordnet.princeton.edu*）；它包含了大量的單詞（超過 15 萬個）和單詞之間的關係。

標記的工作方式與詞元還原類似，即查詢詞彙資料庫。再說一次，WordNet 是一個廣泛使用的資料庫；您只要給它一個單詞，它就會告訴您它的語法形式。

詞彙資料庫並沒有什麼神奇之處，只是用很長一段時間積累的大量的資料而已。

推薦

在第 347 頁的「任務：推薦電影」中，我們使用內建於 CoreML 的 MLRecommender 建立了一個電影推薦器。

MLRecommender 有幾種不同的相似度度量方法可供使用，在撰寫本文時它們是 Jaccard（*http://bit.ly/2MqBqb2*）、Pearson（*http://bit.ly/2OWhpux*）和 cosine（*http://bit.ly/2OXKWEo*）。

預設情況下，我們使用的是 Jaccard，因為當推薦程度之間的相對差異不如用戶曾經推薦或不推薦某項東西重要時，Jaccard 效果最佳。

就電影而言，我們認為推薦（或不推薦）一部電影是最重要的指標，其次是使用者推薦的程度。Jaccard 的核心是統計兩組資料之間的差異。Jaccard 也被稱為「聯集上的交集」，因為它實際上是用兩個集合的聯集來除以它們的交集。數字（0 和 1 之間）越大，代表兩組資料的距離就越近。

要被比較的資料不是一定要是表格資料；它可以是您擁有的任何一組資料。例如，可以計算圖像的 Jaccard 索引來獲得它們數值上的相似性，這對於直接比較接近相同的圖像非常有用（如果您想瞭解更多，我們曾在第 10 章更詳細地介紹過各種距離度量）。

簡而言之，這是基於這樣一個假設：如果兩組資料大部分重疊，那麼它們很可能彼此相似。這對於電影推薦之類的資料非常有效，因為只要推薦存在就代表著相關。當資料的其他方面，比如說它順序很重要時，它就失效了。然而，對於電影推薦來說，我們可以直接從兩個人喜歡的電影的重疊部分看出來，這方法一個很好的選擇。

預測

在第 360 頁的「任務：回歸預測」中，我們使用了一個用 MLRegressor 建立的回歸器，來對 1970 年代和 1980 年代的波士頓房價進行一些預測。我們幾乎沒有對回歸器進行客製或調整；我們基本上保留了所有的預設設定，並信任 MLRegressor 會為我們建立一個可用的回歸器。

在第 10 章第 418 頁的「線性回歸」和第 402 頁的「決策樹」中，已經用數學詳細描述了預測的回歸原理的核心，所以我們就不再重複了。它們的核心是數學函式，不使用類神經網路。它們會建立一個數學函式來匹配訓練資料。現在，您可以將回歸器視為回傳預測的函式。如果您想瞭解更多細節，請查看第 10 章。

在我們的回歸器中，我們使用了梯度增強回歸樹（Gradient Boosted Regression Tree，GBRT），也稱為功能梯度增強或梯度增強機。GBRT 本質上是各種決策樹的集合，在其中，您可以取得每棵樹的結果，並將它們組合在一起，從而獲得比單獨使用它們更準確的預測。從外部來看，它們和所有的回歸函式一樣，您給它們一個值，它們就會給您一個值的預測結果。

我們（好吧，是 MLRegressor 才對）決定使用 GBRT 的原因是，它們是最常見和最可靠的回歸技術之一。它們在各式各樣的資料集合上都能很好地工作，而且在我們的案例中特別有趣的是，它們能很好地捕捉非線性關係。然而，如果資料相當分散，它們的準確度就會下降。

我們還不完全知道 MLRegressor 如何選擇一種回歸變數的類型，但是根據 Apple 的說法（*https://apple.co/2pmadNK*），我們假設它會嘗試每一種回歸變數類型，並在整個訓練過程中進行比較。隨著訓練的繼續，它會評估每個回歸器的進展情況，並剔除那些表現不佳的，最終選定一個回歸器。它實際上有可能不是這樣做的，但至少這是一種可行方法以及作為我們的起點，因為您可以*知道*這最終會給您一個好的回歸器。還有另一種您可以使用的方法，或者拿來與「全部嘗試」技術相結合的方法是，在開始訓練之前先瀏覽資料並進行一些統計分析。有些回歸器對特定類型的資料表現得很好，所以在快速瀏覽資料之後，就可以很明顯挑出更好的選擇。

文字生成

在第 319 頁的「任務：句子生成」中，我們使用了一個 Markov 鏈，用相對較少的輸入資料生成了一大堆大部分有效的英語句子。Markov 鏈的名稱，是因 20 世紀初第一個研究和正式描述 Markov 鏈（*http://bit.ly/2MjIB4K*）的俄國數學家 Andrey Markov 而來的。Markov 鏈是含有可能狀態和狀態間轉移機率的圖。每個轉換都被視為無記憶的，所以下一個狀態的決定完全取決於當前狀態，與之前發生的事情完全無關。這就產生了一個對真實世界和抽象問題建模都非常精確的流程。它們（以及它們的許多、許多變體）已經應用到各式各樣的領域中，我們可以自信地說，在某個地方您已經使用過內含 Markov 鏈的系統。

 在技術術語中，Markov 鏈的無記憶性指的是它的 Markov 特性，即隨機過程是無記憶的。其他系統也可以是無記憶的，但不會是 Markov 特性，也不會是 Markov 鏈。

在第 319 頁的「任務：句子生成」中我們使用了 Markov 鏈生成句子來進一步討論它們的基本原理；在這裡，我們將做一些非常相似的事情，但是我們將從字元層級而不是單詞層級來查看同一個基本原理。方法是完全相同的，只是要使用更小的樣本。假設我們想用 Markov 鏈做一個單詞生成系統，但是我們的輸入只是短語「hi there」。這顯然不是很多輸入，所以我們也不會產生很多輸出，但它夠少，足以說明工作。

第一步是收集輸入中的每個字元的集合。我們需要一個集合，因為我們需要每個元素都是唯一的，所以即使在輸入中有兩個 e 字元，我們在結果圖中只需要一個。我們會得到的用於生成的字元集是 [h, i, ' , 't, e, r, .]。

接下來，我們需要對狀態間的轉換進行建模。我們透過觀察一個字元在另一個字元之前出現的頻率，來獲得從一個字母移動到另一個字母的機率。因為我們的 Markov 鏈是無記憶的，所以我們不需要擔心一個字元從何而來，只要我們從得到的字元開始考慮即可。例如，在字母 h 的情況下，我們可以移動到 i 或者 e，h 無法移動到其他任何地方。在我們的輸入中，這兩種情況都只發生一次，所以有 50% 的幾率從 h 移動到 i 或 e。這讓我們得到我們的初始鏈，如圖 11-3 所示。

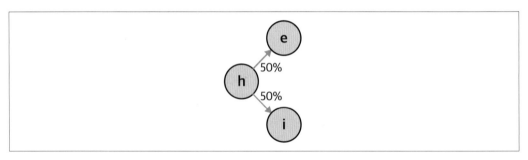

圖 11-3　我們的 Markov 鏈的第一階段

現在我們可以使用這個圖來生成一些單詞。我們可以選擇一個點作為開始節點（我們將選擇 h），並跟隨圖形走。當我們面臨多重選擇時，我們基本上只是擲骰子，選擇一條路。這代表著，如果我們遍歷這個圖表，我們會發現得到「he」和「hi」的數量是相等的。

如果我們對輸入集中的每個字元都重複這個計算轉換及機率的流程，最終得到的圖形如圖 11-4 所示。

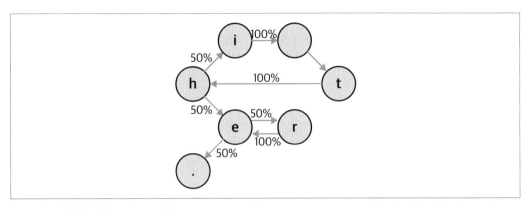

圖 11-4　我們完整的 Markov 鏈

現在，如果我們按照這個圖走，我們可以得到像「he」、「hi」、「here」、「the」、「there」這樣的單詞，如果我們只對這個圖做微小的修改（比如將空格排除在有效節點之外），我們可以得到像「hit」或「hither」這樣的單詞。透過加入一些只做很小的修改的額外語料庫詞，比如將 i 節點連接到 r 節點，我們可以得到「their」。希望在這麼小的一個範例可讓人很容易看出，只是透過迭代圖，您就可以很快生成一大堆單詞。透過提供更多的輸入，我們可以得到更令人印象深刻的結果。

> Markov 鏈雖然以其簡單性給人留下了深刻的印象，但對它們所做的事情卻不考慮背景問題。這代表著，即使在我們的範例中可以輕鬆生成合法的單詞，我們也可能生成「erererererere」或「ther」。這個鏈不明白我們需要的是合法的詞。它只知道從一個狀態到另一個狀態的機率。所以不要盲目地相信 Markov 鏈！

生成

生成對抗網路（Generative adversarial network，GAN）（*http://bit.ly/2oQKX27*）是加入到我們的類神經網路工具集的最新和最酷的工具之一。我們在第 327 頁的「任務：用 GAN 生成圖像」中使用過它們生成圖像。

它們已經在生成內容方面取得了巨大的成功（正如它們的名字的含意那樣），並且是當前需要使用類神經網路來生成內容的首選方法。然而，名稱裡面的對抗一詞，似乎有點令人困惑；它們在戰鬥嗎？它們在和誰對抗？為什麼科學家們會讓這種事情發生？

這裡的「對抗」是指生成內容被一個評估者（也稱為鑑別者）與一些已知的正確內容進行比較。生成方會越來越努力地嘗試做出一些評估者分辨是否為已知內容的東西。

這兩個元件（生成器和鑑別器）都是 GAN 的一部分。基本上，它是在和自己競爭，創造出越來越好的模型來欺騙自己。

> GAN 在生成逼真的人類圖像、音訊和影片方面取得了如此大的成功，以致
> 於研究人員現在擔心它們可能被用於惡意目的。
>
> 所以請您不要用 GAN 做壞事。

GAN 的生成器元件的工作方式類似於 CNN 自動編碼器（第 453 頁的「圖像相似度」），通常使用 CNN 作為其基礎元件。訓練內容中的潛在變數會被捕獲，我們可以用這些變數生成相似的新內容。指定觀察資料後，生成器就會開始從訓練資料中提取特徵。

生成器最終會建立一個包含在訓練內容中潛在變數或特徵的巨大多維空間。當需要建立內容時，生成器會去使用這個巨大的潛在空間，無論您提供什麼輸入，然後從輸入中提取特徵，並在潛在空間中使用特徵來建立新內容。

本質上，生成器瞭解訓練內容中的大量特徵，然後，當提供輸入時，透過將它們與對原始內容的理解進行匹配，使用它們來建立新資訊。如果訓練不當，這些特徵將導致奇怪、嘈雜和無用的資料；如果處理得當，可以生成新的內容（從原始內容中無法偵測到的東西）。

鑑別器的工作原理與此類似，它可以識別訓練資料中的巨大潛在空間。但是，與隨後使用這些資訊進行建立的生成器不同，評估人員使用這些資訊進行分類。

對於提供給評估器的所有輸入有兩種分類：真實的或生成的。根據您嘗試想做什麼，您有可能可以重用生成器的部分作為評估器的基礎。

接下來是對抗階段：在訓練的過程中，這兩個部分不斷地相互競爭，生成器生成新的內容，同時也提供真實的訓練內容，然後評估器對它們進行分類。

提供給評估器的輸入已擁有正確的標記，評估器可以使用這些知識更好地為下一輪進行分類。生成器根據分類的方式和分類的強弱，使用分類的結果來改進下一輪的生成。

它們分別都在利用新建立的資訊來幫助改進訓練，並試圖超越同一個 GAN 中的對方。一個被完美訓練過的 GAN 分類器不再能夠區分真實的和生成的內容，並給真實的和生成的內容同樣的權重。雖然，您不需要做到完美。

在我們的 GAN 中，生成元件使用密度層和卷積層的組合，評估人員使用卷積、池化和密度層，兩個組件各大概有 6 層。然而，我們的 GAN，不得不在 MNIST 圖像這樣非常有限的尺寸和顏色空間下工作。

因為更大的資料欄將導致需要更大、更複雜的 GAN。

CoreML 的未來

在 2019 年 WWDC 上推出的 CoreML 3 中，Apple 引入了另一種將 CoreML 與圖像結合使用的方式。在 CoreML 3 之前（是使用 CoreML *.mlmodel* 檔案處理圖像），若要處理圖像，您必須使用 CVPixelBuffer 物件（這涉及到轉換圖像），或者使用 Apple 的 Vision framework 搭配 CoreML。

在 CoreML 3 中，您可以使用 MLFeatureValue（*https://apple.co/35CW4fH*）。MLFeatureValue 傳遞 CGImage 物件（這代表著您可以使用影像檔案）到 CoreML 模型中。

透過查看您將 CoreML 模型放入 Xcode 專案時為您生成的類別內容，您可以瞭解如何使用 MLFeatureValue。如果我們回顧一下前面第 121 頁的「任務：圖像分類」中建立的東西，並查看我們的水果偵測模型的自動生成程式碼，我們可以看到 WhatsMyFruitInput class。

```
class WhatsMyFruitInput : MLFeatureProvider {

    /// 將輸入圖像以顏色（kCVPixelFormatType_32BGRA）分類
    /// image buffer，寬 299 像素，高 299 像素
    var image: CVPixelBuffer

    var featureNames: Set<String> {
        get {
            return ["image"]
        }
    }
```

```swift
func featureValue(for featureName: String) -> MLFeatureValue? {
    if (featureName == "image") {
        return MLFeatureValue(pixelBuffer: image)
    }
    return nil
}

init(image: CVPixelBuffer) {
    self.image = image
}
```

以及 WhatsMyFruitOutput class：

```swift
class WhatsMyFruitOutput : MLFeatureProvider {

    /// 由 CoreML 提供的來源

    private let provider : MLFeatureProvider


    /// 將每個分類的機率做成字典，字典內含是由 string 轉成的 double
    lazy var classLabelProbs: [String : Double] = {
        [unowned self] in return self.provider.featureValue(for:
            "classLabelProbs")!.dictionaryValue as! [String : Double]
    }()

    /// 將最有可能的圖像分類轉為字串值
    lazy var classLabel: String = {
        [unowned self] in return self.provider.featureValue(
            for: "classLabel")!.stringValue
    }()

    var featureNames: Set<String> {
        return self.provider.featureNames
    }

    func featureValue(for featureName: String) -> MLFeatureValue? {
        return self.provider.featureValue(for: featureName)
    }

    init(classLabelProbs: [String : Double], classLabel: String) {
        self.provider = try! MLDictionaryFeatureProvider(
            dictionary: [
                "classLabelProbs" : MLFeatureValue(
                    dictionary: classLabelProbs as [AnyHashable : NSNumber]),
```

```
                "classLabel" : MLFeatureValue(string: classLabel)
                ]
            )
        }

        init(features: MLFeatureProvider) {
            self.provider = features
        }
    }
```

以上兩個類別都符合 MLFeatureProvider 協定。這裡最有趣的是 featureValue() 函式。查看 input 類別中的 featureValue() 函式，我們可以看到它回傳一個 MLFeatureValue，其中包含一個透過 CVPixelBuffer 自動轉換的圖像。

MLFeatureValue 還支援 String、多種 dictionary、Double、MLMultiArray 以及 MLSequence。MLFeatureValue 有點超出這本書的範圍，因為我們主要講的是實務上的人工智慧，而這個主題有點進階了。請查看 Apple 的文件（*https://apple.co/35CW4fH*）以獲得更多資訊。

 如果您想更深入瞭解這個主題，我們再次強烈推薦 Matthijs Holleman 的書 CoreML Survival Guide（*http://bit.ly/2OHSRVX*）。請參見第 54 頁的「其他人的工具」。

下一步

這一章和第 10 章，讓您對當您用人工智慧和 ML 建立一個東西的時候，在底層到底發生了什麼事有一點概念。在第 12 章，我們將更進一步，看看我們如何實作 ML 更底層的部分。

艱難的道路

在我們的最後一章中，我們想進一步深入到實作細節中的模糊世界。這本書的大部分內容是要用類神經網路來做一些令人印象深刻的事情。在第 10 章和第 11 章中，我們討論了機器學習的基本原理，但我們還沒有研究如何製作這些東西。CoreML 是如何建立一個類神經網路的？您將如何著手從零開始建立一個？在這一章中，我們將使用與 Apple 相同的工具和 framework，一窺完整的類神經網路是如何被建立的。

CoreML 魔法背後的真相

在非常高的層次上，CoreML 的工作模式是載入一個預先訓練好的模型檔案（在 CreateML 或 TensorFlow 等工具中建立），然後執行模型並根據您提供的輸入回傳預測。

在第 441 頁的「一窺 CoreML 的內部」中，我們談到了 CoreML 的程式設計內部是如何工作的，但是我們當時忽略了模型格式的結構，因為它對於理解 CoreML 的工作方式並不重要。

為了要理解 CoreML 在做什麼，我們至少需要對格式有一個基本的瞭解。CoreML 模型格式本身是基於 protobuf（*http://bit.ly/2Bitth1*）的序列化資料格式，帶有客製模式可讓你自行定義機器學習模型類型、該模型的特徵、標籤、輸入和輸出屬性、描述資料和其他任何您需要用來描述模型的任何東西。

在這個資料格式的核心中，資料格式精確地描述模型，讓另一個程式可以讀取、理解並重新建立模型。

有關 CoreML 模型格式的更多細節，請參閱本書前面第 28 頁的
「MLModel 格式」。

這代表著 CoreML 必須讀取模型檔案，並先將其轉換為類神經網路、廣義線性模型、決策樹分類器或任何碰巧的模型類型，然後才能執行它。CoreML 從我們這裡取得的模型（一個 *.mlmodel*）本質上是一個模型的通用描述。

CoreML 會建立一個適用於特定設備的模型版本，該版本針對它所執行的硬體進行了優化。這個特定於設備的版本是使用類似我們在本章將要做的方法建立的，並且不會修改模型的工作方式；它只是針對設備進行了優化。

這個新版本建立之後，將被編譯並儲存成 *.mlmodelc* 格式，*.mlmodelc* 格式是 CoreML 實際用於執行的格式。

CoreML 並不直接執行 MLmodel，而是將它們轉換成新的形式，然後再執行。

 如果您正在做動態更新或載入模型，您可以呼叫 `MLModel` 類別的
`compileModel(at:)` 方法，這個方法接受 *.mlmodel*，並且會依 *.mlmodel* 建立
一個 *.mlmodelc*。

儘管這是本書大部分內容所採用的主要方法，也是您應該採用的一般方法，但它並不是瞭解 CoreML 如何工作的最佳方法。所以在這一章中，我們將退一步，使用基本類神經網路副程式庫（BNNS）來建立一個我們自己的類神經網路，它是 Apple Accelerate framework 的一部分（我們在第 39 頁的「Apple 的其他 framework」中提到過這個 framework）。

這只涵蓋了類神經網路的部分，CoreML（以及一般的機器學習）支援的遠遠不止是類神經網路，但類神經網路是目前最流行的機器學習形式，從零開始建立它也是最有樂趣的。

Apple Accelerate framework（*https://apple.co/35FblfT*）包含的不只是 BNNS；它有各種不同的函式庫來實現快速的 CPU 加速。

除了 BNNS 之外，Accelerate 還有向量和四元數運算、信號處理和疏鬆陣列線性代數求解等程式碼。

雖然這些您都可以自己寫，但 Apple 已經寫了高度優化和硬體加速的版本，很值得查看一番。

BNNS 是 CoreML 使用的底層函式庫之一，它被設計為在 CPU 上執行。您不會經常直接使用 BNNS 撰寫程式碼，但是您透過 CoreML 執行的任何模型都有可能使用 BNNS。您可以使用 BNNS 來建立任何規模或複雜性的類神經網路，它支援三種不同的層類型：

- 卷積層（Convolution layer）

- 池化層（Pooling layer）

- 密集層（Dense layer）

 BNNS 經常被開玩笑地稱為 *bananas*（一堆香蕉）。您懂這個笑話嗎？

如果您把您的類神經網路設計成使用那些層類型（很多情況下都可以），您就可以用 BNNS 來建立它。BNNS 是用 C 語言寫的，Swift 透過一個橋接來呼叫這個函式庫，這個橋接讓您可以和它進行通信，就好像它是本地的 Swift 程式碼一樣。然而，它不是，所以要小心一些陷阱，我們在遇到這些陷阱時就會指出來。

Apple 在 CoreML 用的技術有很多種，BNNS 只是其中之一。

CoreML 使用的另一項 API 技術是 Metal Performance Shaders（*https:// apple.co/31gVroO*）（或者更確切地說，是 Metal Performance Shaders 設計來建立類神經網路的那個部分（*https://apple.co/2pm1YBa*），它以一種 非常相似的方式工作，只是外觀略有不同）。

BNNS 和 Metal Performance Shaders 的主要區別在於 BNNS 只能在 CPU 執行，而 Metal Performance Shader 是 GPU 執行的。我們之所以 使用 BNNS 而不是 Metal Performance Shader，原因很簡單：BNNS 同 時適用於 macOS 和 iOS，而 Metal Performance Shader 主要適用於 iOS。

雖然一些 macOS 設備也支援 Metal Performance Shader，每一個現在的 Apple 設備都支援 BNNS。這代表著我們可以在 macOS 上的 Playground 執行我們的程式碼，也可以將它建置成在 iOS 上亦可執行。

任務：建立 XOR

對於這個任務，我們將要建立一個近似邏輯 XOR 功能的類神經網路。這代表著它將接 受兩個值，x 和 y，並回傳一個值，該值是對這兩個值進行 XOR 操作的結果。

本質上，我們想要建立的是一個能夠匹配表 12-1 的類神經網路。

表 12-1　我們的訓練和測試資料

x	y	輸出
0	0	0
0	1	1
1	0	1
1	1	0

拜托,請永遠不要在 Swift(或任何其他程式設計語言)中使用這個類神經網路代替現有的 XOR 函式。不僅是為了要讓 let output = x ^ y 的執行時間快上許多個量級,而且它已經寫好和也經測試過了,具有更低的功耗,並且更容易閱讀(它也是 100% 正確的)。

我們的類神經網路只能輸出 XOR 的近似值,雖然這是一個很好的近似值,但對於像這樣的基本功能,使用類神經網路是很糟糕的選擇。所以,這個範例只是為了學習。請您藉由它學習,但不要使用它。

我們要去建立一個 XOR 類神經網路有幾個不同的原因。首先,XOR 在類神經網路領域有一定的歷史。當類神經網路剛面世時(被稱為 perceptron(感知器))時,人們發現它們最初的版本,不能執行 XOR 函式。

聰明的人工智慧科學家後來解決了這個問題(透過使用隱藏層),但這通常被認為是類神經網路研究進展變慢的原因之一,所以為一個老問題建立一個解決方案是很有趣的。

其次,XOR 是一個非常容易理解的函式。要用來訓練和測試的資料非常容易取得(實際上,訓練和測試資料是相同的,並且必須是相同的),而且無論您如何努力或隨便地訓練模型,它都不會過度擬合。

最後,XOR 可以使用一個非常簡單的類神經網路來建立,由於我們將自己一層層地建立這個網路,所以我們不希望它太複雜。

基本上,XOR 是一個容易、寬容且足夠簡單的函式,可以用來從頭建立一個可工作的類神經網路。我們也希望您能得到一些樂趣!

我們的網路的長相

我們將用兩個輸入神經元(x 和 y)、兩個隱藏神經元(hidden0 和 hidden1)和一個輸出神經元(output)來製作多層感知器,每一層都與前一層完全連接。

我們有 6 個權值(4 個用於連接從輸入到隱藏層的神經元,2 個用於隱藏層到輸出的神經元),3 個偏差值(2 個用於隱藏神經元,1 個用於輸出神經元)。圖 12-1 展示了我們的類神經網路的結構。

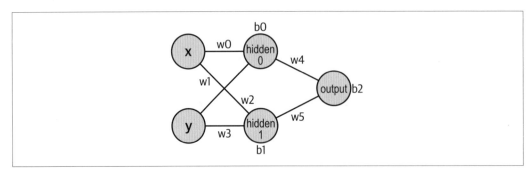

圖 12-1　我們的類神經網路

我們所有的輸入、輸出、權重值和偏差值都將是浮點數,或者更具體地說,它們將是浮點數所組成的陣列。BNNS 期望並且通常預設使用這種格式。

大多數情況下,您應該把類神經網路看作是在處理由值組成的陣列,而不是別種資料。在我們的例子中,我們的類神經網路非常簡單,所以可以用傳入的常數值來進行處理,但是 BNNS(和所有 ML 軟體)的設計目的及設定是支援更大的網路。

由於本章的目標是瞭解 CoreML 是如何工作的,如果我們讓這個範例與底層的 CoreML 所使用的方法有過大的不同,那麼它就不會真正發揮什麼作用。

程式碼

我們所有的程式碼都將在 Playground 上完成。雖然我們可以建立一個新的應用程式或服務專案,並在其中撰寫我們的程式碼,但對於本例,使用 Playground 就足夠了:

1. 在 Xcode 中建立一個新的 macOS 風格的 Playground。

2. 匯入 Accelerate framework,這將使我們能夠存取 BNNS 函式庫:

   ```
   import Accelerate
   ```

3. 宣告兩個可選的 BNNSFilter 變數:

   ```
   var inputFilter: BNNSFilter?
   var outputFilter: BNNSFilter?
   ```

   這些將是我們類神經網路的所有層。inputFilter 將是連接輸入與隱藏層的層,outputFilter 將是連接隱藏神經元與輸出的層。

在幾乎所有其他的類神經網路工具中，這些都被稱為層（*layer*），但是在 BNNS 中它們被稱為**過濾器**（*filter*）。您可以把過濾器想像成負責連結各層之間的單個神經元層。

然而，事實上它並沒有差異；基本結構保持不變，但是 BNNS 傾向於要求 API 把重點放在層之間的連接上，而不是層本身。我們的變數是可選的，因為我們還沒有建立我們的層，而當我們完成使用網路後，我們想要釋放記憶體。

類神經網路可能會是系統很大的負擔，所以當我們不使用它們的時候，我們不想讓它們一直存在。所以我們會需要使它們是可選的，讓它們可以被設為 nil。

如果您點擊 BNNSFilter 型態時，Xcode 會告訴您它是 UnsafeMutableRawPointer 的型態別名。Swift 通常不鼓勵使用指標，因為當您使用指標的時候，您會失去能幫助您的神奇 Swift 型態系統和記憶體安全性。

然而，在本例中，BNNS 是用 C 程式設計語言撰寫的，C 程式設計語言喜歡用指標，所以我們也將使用指標。

我們不需要太擔心；對於本章，我們可以把指標看作是可選的 Any 型態，儘管這在技術上不太正確。如果您想瞭解更多關於 Swift 如何與指標互動的資訊，可以參考官方文件（*https://apple.co/32jM4WC*），裡面將會有詳細介紹。

4. 建立一些占住位置的函式：

```swift
func buildNetwork(inputWeights: [Float],
                  inputBiases: [Float],
                  outputWeights: [Float],
                  outputBiases: [Float]) {

}

func runNetwork(_ x: Float, _ y: Float) -> Float
{

}

func destroyNetwork()
{
}
```

在這裡，我們有三個等候稍後填充的函式：buildNetwork、runNetwork、destroyNetwork。第一個負責建立網路本身，使用傳入的值作為權重和偏差。第二個將負責執行我們的網路，並取得 x 和 y 的值。最後，destroyNetwork 將負責摧毀我們的類神經網路並將它從記憶體中移除。

建立

程式碼設定好後，就可以開始填寫一些佔位函式的內容了；我們首先撰寫程式碼來建立我們的類神經網路。這個函式的目的是建立一個與圖 12-1 中的圖像匹配的類神經網路。

它有四個參數賦予它的權重和偏差，並將生成的網路儲存到我們之前設定的兩個過濾器（filter）變數中：

1. 將以下程式碼加入到 buildNetwork 函式：

```
let activation = BNNSActivation(function: .sigmoid, alpha: 0, beta: 0)

let inputToHiddenWeightsData = BNNSLayerData(
    data: inputWeights,
    data_type: .float,
    data_scale: 0,
    data_bias: 0,
    data_table: nil)

let inputToHiddenBiasData = BNNSLayerData(
    data: inputBiases,
    data_type: .float,
    data_scale: 0,
    data_bias: 0,
    data_table: nil)

var inputToHiddenParameters = BNNSFullyConnectedLayerParameters(
    in_size: 2,
    out_size: 2,
    weights: inputToHiddenWeightsData,
    bias: inputToHiddenBiasData,
    activation: activation)

// 這些描述了傳遞中的資料形狀
var inputDescriptor = BNNSVectorDescriptor(
    size: 2,
    data_type: .float,
    data_scale: 0,
    data_bias: 0)
```

```
var hiddenDescriptor = BNNSVectorDescriptor(
    size: 2,
    data_type: .float,
    data_scale: 0,
    data_bias: 0)

inputFilter = BNNSFilterCreateFullyConnectedLayer(
    &inputDescriptor,
    &hiddenDescriptor,
    &inputToHiddenParameters,
    nil)

guard inputFilter != nil else
{
    return
}
```

這裡有很多東西，讓我們試著把它分解一下。第一行程式碼是建立一個 activation。這將會被當作該層的啟動函式。我們將對我們的兩個層使用相同的啟動函式，儘管對於更大的類神經網路來說不太可能會這樣做。

我們選擇 sigmoid 函式作為我們的啟動函式，因為它對於這類任務來說是一個很好的選擇。還有許多其他的啟動函式，它們中的許多可能表現得比 sigmoid 更好，但是在這個例子中，我們知道用 sigmoid 是可行的，所以我們將繼續使用它。

> 在初始化 sigmoid 時還有兩個其他參數，雖然我們沒有使用到它們，它們分別是：alpha 和 beta。我們的例子足夠簡單，我們不需要擔心調整這兩個參數。alpha 可以被認為是 sigmoid 的縮放倍率，而 beta 基本上是偏移量。

接下來，我們開始建立層資料。第一個是 inputToHiddenWeightsData，是將輸入層要傳給隱藏層的權重值資料（權重值為 w0、w1、w2、w3，見圖 12-1）。這些參數的具體值來自 inputWeights 參數。

這個方法最有趣的部分是 data_type 參數，它允許您設定資料的類型。因為我們計畫用浮點數做所有的事情，所以我們的資料類型是 BNNSDataType.float，但是尚有許多其他不同的選項。

如果我們要使用浮點數以外的資料，我們需要將其他一些參數設定為 0 以外的值，因為這些參數實際上會指導初始化器如何取得非浮點數資料並將其轉換為浮點數。因為我們一直使用浮點數，所以不用做這種調整。

接下來，我們要對 inputToHiddenBiasData 執行相同的操作，但這一次是針對隱藏層（b0 和 b1）的偏差，同樣來自於函式參數。

> 您可能會注意到 BNNS 中有 .float 和 .float16 資料類型。.float16 表示一個 16 位浮點數（也稱為半精度浮點數），而 .float 表示一個全精度 16 位浮點數。
>
> 這代表著如果您不需要全精度浮點數（通常您不需要），您可以使用半精度的浮點數，這實際上代表著您可使用更少的記憶體來建立和執行您的網路。
>
> 對於我們的範例，使用半精度浮點數就可以工作得很好了，如果這不僅僅是一個練習，那麼我們更應該使用它們來減少記憶體佔用。

接下來是呼叫 BNNSFullyConnectedLayerParameters，是我們開始將輸入層連接到隱藏層的地方。這個結構儲存了 BNNS 如何連接不同層所需的所有參數，但是它本身並不執行連接。

在本例中，我們建立了一個密集的（全連接的）參數列表；它每層有兩個神經元的輸入和輸出（input_size 和 output_size），使用我們剛剛建立的權重值和偏差值，並使用之前定義的 sigmoid 函式啟動。

完成之後，我們建立兩個 BNNSVectorDescriptor 結構體。顧名思義，它們描述了一種向量（有時稱為形狀），這種向量基本上定義了元素的數量和資料的類型。

在 Swift 這樣的語言中，這樣做似乎沒有必要，因為集合本身通常可以自動確定這些資訊。但是 BNNS 是用 C 寫的，所以我們需要讓它知道。

終於，我們要實際建立輸入層和隱藏層及其連接。這個工作要靠使用 BNNSFilterCreateFullyConnectedLayer 函式完成，它接受我們之前設定的所有權重值、偏差值、參數和描述，並在我們的輸入層和隱藏層之間建立一個緊密的連接。所有這些都儲存在變數 inputFilter 中，以供以後執行網路時使用。完成之後，我們還使用 guard 述句執行快速檢查，以確保在繼續做下去之前，所有建立工作都已被正常執行。

您可能會注意到在建立稠密層的函式呼叫中到處都是 &。這也是因為 BNNS 是用 C 寫的,但簡而言之,它的很多參數都必須是指標。

為了在 Swift 中做到這一點,您可以將這些參數視為 inout 參數,這使得 參數在傳遞到函式之際必須預先套用 &。如果您以前從未在函式中看到過 inout 參數,那麼您要瞭解它們是非常強大的,只要謹慎使用,它們會非 常有用。

與普通參數不同的是,inout 參數可以被函式修改,修改後會影響原始變 數。有關 inout 參數和使用時機的詳細資訊,請查看 *http://bit.ly/33AdAiK*。

完成後,我們可以進入下一步,建立我們的輸出層,並和隱藏層連接:

1. 在 buildNetwork 函式中加入以下程式碼,就在您前面加入的程式碼下面:

```swift
let hiddenToOutputWeightsData = BNNSLayerData(
    data:outputWeights,
    data_type: .float,
    data_scale: 0,
    data_bias: 0,
    data_table: nil)

let hiddenToOutputBiasData = BNNSLayerData(
    data: outputBiases,
    data_type: .float,
    data_scale: 0,
    data_bias: 0,
    data_table: nil)

var hiddenToOutputParams = BNNSFullyConnectedLayerParameters(
    in_size: 2,
    out_size: 1,
    weights: hiddenToOutputWeightsData,
    bias: hiddenToOutputBiasData,
    activation: activation)

var outputDescriptor = BNNSVectorDescriptor(
    size: 1,
    data_type: .float,
    data_scale: 0,
    data_bias: 0)

outputFilter = BNNSFilterCreateFullyConnectedLayer(
    &hiddenDescriptor,
```

```
        &outputDescriptor,
        &hiddenToOutputParams,
        nil)

    guard outputFilter != nil else
    {
        print("error getting output")
        return
    }
```

它的工作方式與前面的程式碼完全相同，但是它建立了一層，並連接隱藏層和輸出層。

現在，當我們呼叫這個函式時，我們就有了一個完整的類神經網路。

讓它執行

擁有一個設定好的類神經網路後，如果沒有某種方法使它執行起來，它就不是那麼有用，所以現在我們要寫的程式碼實際上會去使用我們的類神經網路：

1. 請向 `runNetwork` 函式加入以下內容：

   ```
   var hidden: [Float] = [0, 0]
   var output: [Float] = [0]
   ```

   這段程式碼只建立了兩個浮點數陣列，您可以把它們看作代表隱藏層和輸出層中的單個神經元（即隱藏層中的兩個神經元和輸出層中的一個神經元）。這兩個初始值都是 0，因為我們要將它們與之前建立的篩選器結合使用，並且需要它們具有一定的值。

   當我們後面撰寫更多的程式碼時，會將類神經網路的最終值儲存回 `output` 變數。

2. 加入連接我們的輸入值到隱藏層的程式碼：

   ```
   guard BNNSFilterApply(inputFilter, [x,y], &hidden) == 0 else
   {
       print("Hidden Layer failed.")
       return -1
   }
   ```

   呼叫 `BNNSFilterApply`，會使 `BNNSFilterApply` 取得我們的輸入（我們已經將其包裝成一個陣列），利用我們在 `inputFilter` 中儲存的設定將它們連接到隱藏的神經元，並將結果儲存回 `hidden` 陣列中。

   基本上，它會執行圖 12-2 所示的部分類神經網路。

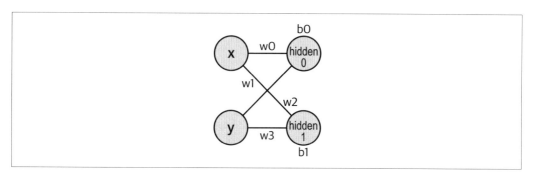

圖 12-2　網路的前半部分

該函式回傳一個 Int，它告訴我們它是否能夠執行，0 表示它工作正常，-1 表示失敗。因此，我們可以將它放在一個 guard 述句中，以檢查它是否正常工作，因為如果我們不能讓輸入 → 隱藏層正常工作，那麼繼續下去就沒有意義了。

我們的程式碼有一個很好的副作用是，在得到輸出之前，我們有這個澄清的步驟，這代表著如果我們想要進行測試，我們可以輸出隱藏神經元的值。做完之後，我們現在需要從隱藏層移動到輸出層。

3. 加入將我們隱藏神經元值連接到輸出層的程式碼：

```
guard BNNSFilterApply(outputFilter, hidden, &output) == 0 else
{
    print("Output Layer failed.")
    return -1
}
```

此程式碼的工作方式與前一程式碼相同；唯一的區別是現在我們使用隱藏層作為輸入，並將結果儲存到輸出層。

從這裡開始，無論何時執行這段程式碼，結果都將儲存在我們的 output 神經元中，因此最後一步是回傳它：

```
return output[0]
```

拆解

最後一個我們需要補充的功能是清理我們的類神經網路。類神經網路需要大量的資源，所以一旦您完成工作後，您應該刪除它，這樣它就不會佔用空間了。

與您們的大多數 Swift 程式碼不同，我們需要明確告知 BNNS，現在摧毀網路是安全的。

請加入以下程式碼到 destroyNetwork 函式：

```
BNNSFilterDestroy(inputFilter)
BNNSFilterDestroy(outputFilter)
```

這個函式很簡單。它指示 BNNS 去摧毀構成我們類神經網路的兩個過濾器。呼叫此方法後，如果不首先重新建立類神經網路，就不可能執行它。

使用類神經網路

我們的函式已經全部都寫好了，準備好了，是時候寫一些程式碼來實際呼叫它們，看看我們的類神經網路工作起來的樣子：

1. 在 Playground 尾端加入如下程式碼：

```
buildNetwork(
    inputWeights: [-6.344469 ,  6.5571136,  6.602744 , -6.2786956],
    inputBiases: [3.2028756, 3.1625535],
    outputWeights: [-7.916997 , -7.9228764],
    outputBiases: [11.601367])
```

在這裡，要呼叫我們的程式碼來建立類神經網路，並為不同層的權重值和偏差值提供數字資料。這些數字來自我們的訓練，稍後會詳細討論，但是現在您可以假設這些值是有效的（因為它們確實是有效的）。

建好網路了，我們可以開始使用它。

2. 在步驟 1 中加入的程式碼的下面加入以下程式碼：

```
runNetwork(0, 0)
runNetwork(0, 1)
runNetwork(1, 0)
runNetwork(1, 1)
```

這四行程式碼做的事情都是相同的：它們只是以不同的 x 和 y 值執行網路。在我們的例子中，因為 XOR 是這樣一個簡單的函式，我們可以很容易地撰寫每個可能的測試用例，並查看它們是否正常工作。在我們可以於 Playground 中執行和測試這一切之前，我們還有最後一個步驟要做：

3. 在我們撰寫執行的程式碼處加入以下程式碼：

```
destroyNetwork()
```

最後一步是呼叫我們的程式碼，以便在用完網路之後清理網路。現在我們可以執行 Playground 了，您應該會看到一些類似的結果在 Playground 的輸出側欄：

```
0.02640035
0.9660566
0.9661374
0.02294688
```

XOR 的近似值

在此時，您可能有點困惑到底發生了什麼事。1^0 通常不等於 0.966，而且 0^1 和 1^0 的結果應該要是完全一樣的，這是怎麼回事？對於像這樣基本的一個功能，應用類神經網路通常是一個糟糕的選擇，這是因為它的工作原理，所以幾乎不可能訓練出一個能完美命中 0 和 1 的類神經網路。

我們沒有建立出一個可以執行 XOR 的類神經網路，但是我們已經建立了一個可以對 XOR 做一個相當不錯的猜測的類神經網路（比對實際答案有 96% 正確性）。那麼我們能做些什麼呢？

沒什麼可做的，真的。我們可以嘗試一些不同的權重值和偏差值，但我們永遠不會得到一個完美的結果。我們可以使用類似如下的東西，對結果做四捨五入和截斷：

```
Int(runNetwork(1, 0).rounded())
```

這至少會讓它看起來更接近我們的預期，但這樣做只是掩蓋了類神經網路運作的副作用；我們永遠不會得到一個完美的類神經網路。但如果我們從另一個角度看這個問題，可以發現我們已經創造了一些非常有趣的東西。

類神經網路不會「思考」，所以類神經網路永遠不會想到，雖然 0.3 \^ 0.9 這樣的東西對我們來說是胡言亂語，但它會很高興地解決這個問題然後給您一個答案。這代表著，我們可以在拆除類神經網路之前加入以下程式碼，將 0 到 1 中間每個間隔 0.1 的值作 XOR，看看它對於這件事怎麼想的：

```
for a: Float in stride(from: 0, through: 1, by: 0.1)
{
    for b: Float in stride(from: 0, through: 1, by: 0.1)
    {
        runNetwork(a, b)
    }
}
```

人們很容易認為類神經網路已經「解決」了非二進位值的 XOR。不，它並沒有。

更好的理解方法是將它視為一個函式，該函式能接收兩個值，當這些值和輸出都是二進位時，它執行 XOR。它的所有其他行為實際上都是未定義的，不應該被信任。

然而，在許多其他情況下，類神經網路不受人類知識的限制可能是非常有利的。對這一點來說，類神經網路就是這樣設計的。

訓練

早些時候，當建立我們的類神經網路時，我們需要給它不同層次的一些權重值和偏差值。但這些值又是從哪裡來的？

這些值是從我們的類神經網路訓練來的。BNNS（以及 CoreML）是唯讀的，它們被設計成按照所提供的模型執行，並且沒有能力訓練或修改模型。在機器學習術語中，它們用於推斷結果。

這也代表著，目前您想要進行的任何訓練都必須與 CoreML 分開進行。如果這種情況日後隨著時間的推移而改變，我們也不會感到驚訝，因為現代的 iPhone 和 iPad 都是功能強大得令人難以置信的設備，在設備上更新模型（尤其是插入即用裝置）是有意義的。但是現在，您需要在使用 CoreML 的應用程式中執行這一步。

但在我們的情況下，我們沒有一個預先訓練好的模型來獲得權重值和偏差值，我們不能使用 BNNS 來進行訓練。通常，在使用 CoreML 時，您可以使用諸如 Turi Create 或 CreateML 之類的工具來建立自己的模型，但是我們甚至比這還要低一步；我們不能使用它們，所以我們需要嘗試其他方法。

在以我們前幾章的範例來說，我們當時是透過使用 TensorFlow（*https://www.tensorflow.org*）進行訓練以獲得這些數字。TensorFlow 是 Google 的一個開源專案，它為各種不同類型的科學數值應用程式而設計，但後來在機器學習能力部分變得特別強大。

TensorFlow 支援類神經網路的建立、訓練和執行，在某些方面，它是 CoreML 的直接競爭對手（兩個免費工具的競爭）。我們選擇 TensorFlow 是因為它是一個訓練類神經網路很好的工具，利用 coremltools（*http://bit.ly/328qggE*）您可以在 TensorFlow 訓練模型和 *.mlmodel* 檔案之間進行轉換。

然而，這一章不是用來講述 TensorFlow 的，所以不會對如何訓練我們的模型進行過多的細節介紹。您可以相信我們，這些值是有效的。

第 9 章介紹了 TensorFlow 的一個版本：Swift for TensorFlow。此處我們使用的是 TensorFlow for Python。

儘管 Swift for TensorFlow 很棒，但它也在不斷變化。所以在建立像這樣的低階網路時，它比我們想要的要笨拙；因此，改用 Python 來拯救。在未來，我們希望 Swift for TensorFlow 的底層元素能夠穩定下來，這樣一來，在其中建立 XOR 就像在 Python 中一樣簡單。

為了執行訓練，我們在 Python TensorFlow 中建立了完全相同的 XOR 類神經網路結構，給它一個成本函式和梯度下降優化器來訓練它，並讓它執行超過 10,000 次迭代。

完成之後，我們簡單地詢問它的權重值和偏差值是什麼，並將它們複製到我們的 BNNS 程式碼中。Python 程式碼如下：

```
import tensorflow as tf
import numpy as np

inputStream = tf.placeholder(tf.float32, shape=[4,2])
inputWeights = tf.Variable(tf.random_uniform([2,2], -1, 1))
inputBiases = tf.Variable(tf.zeros([2]))

outputStream = tf.placeholder(tf.float32, shape=[4,1])
outputWeights = tf.Variable(tf.random_uniform([2,1], -1, 1))
outputBiases = tf.Variable(tf.zeros([1]))

inputTrainingData = [[0,0],[0,1],[1,0],[1,1]]
outputTrainingData = [0,1,1,0]
# 因為我們的訓練輸入是一維的，所以重塑資料
outputTrainingData = np.reshape(outputTrainingData, [4,1])
```

```python
# 對您的層做的兩次啟動
hiddenNeuronsFormula = tf.sigmoid(
    tf.matmul(inputStream, inputWeights) + inputBiases
)

outputNeuronFormula = tf.sigmoid(
    tf.matmul(hiddenNeuronsFormula, outputWeights) + outputBiases
)

# 訓練的成本函式，這是訓練想要最小化的數字
cost = tf.reduce_mean(
    (
        (
            outputStream * tf.log(outputNeuronFormula)
        ) + (
            (1 - outputStream) * tf.log(1.0 - outputNeuronFormula)
        )
    ) * -1)

train_step = tf.train.GradientDescentOptimizer(0.1).minimize(cost)
init = tf.global_variables_initializer()
sess = tf.Session()
sess.run(init)

# 實際進行訓練
for i in range(10000):
    tmp_cost, _ = sess.run([cost,train_step], feed_dict={
        inputStream: inputTrainingData,
        outputStream: outputTrainingData
    })
    if i % 500 == 0:
        print("training iteration " + str(i))
        print('loss= ' + "{:.5f}".format(tmp_cost))

# 將權重值 / 偏差值重塑為容易印出格式
inputWeights = np.reshape(sess.run(inputWeights), [4,])
inputBiases = np.reshape(sess.run(inputBiases), [2,])
outputWeights = np.reshape(sess.run(outputWeights),[2,])
outputBiases = np.reshape(sess.run(outputBiases), [1,])

print('Input weights: ', inputWeights)
print('Input biases: ', inputBiases)
print('Output weights: ', outputWeights)
print('Output biases: ', outputBiases)
```

為了要開始訓練並獲得結果，您只需安裝 TensorFlow 並使用 Python 執行腳本即可。

如果需要複習如何設定 Python 環境，請參閱第 45 頁的「Python」。

下一步

我們做了一個很爛的 XOR？在最後的內容中，我們實際上到底做出了什麼？

我們為你呈現一個稍微不尋常的 XOR，它能給我們一個與實際的 XOR 非常接近的答案，並帶來了額外的好處（或者一種壞處嗎？）但是，重要的是，我們看到了 CoreML 在執行模型時所遵循的步驟的一個簡化範例，而且我們還從頭建立一個類神經網路。

希望您已經瞭解了為什麼要做這麼多工作，為什麼通常讓 CoreML 處理它是最好的選擇。如果您真的想要更進一步，請看看 Apple 的 Metal Performance Shaders（*https://apple.co/31gVroO*）。Metal Performance Shaders framework 包含一大堆能讓製作類神經網路變容易的東西（*https://apple.co/2pm1YBa*）。特別是，有手動建立卷積類神經網路核心（*https://apple.co/2po0Dd4*）和平行式類神經網路的工具（*https://apple.co/2IRqxNc*）。

我們建議從 Apple 講述如何用 Metal Performance Shaders 訓練類神經網路的文章（*https://apple.co/2VOtNhQ*），以及 Apple WWDC 2019 大會的「Metal for Machine Learning」（*https://apple.co/2q9LDjl*）作為開始。不過這些已超出了本書主題實作和 Swift（範例中的程式碼是 Objective-C＋＋）太遠了。

請您留存我們網站（*https://aiwithswift.com*）在瀏覽器書籤中，因為我們會張貼進一步的資源指引資訊！

如果您對接下來要讀什麼有點困惑，並且已經把我們的網站（*https://aiwithswift.com*）做成了書籤，我們推薦 *Practical Deep Learning for Cloud and Mobile* 這本書（*https://oreil.ly/RPPfD*）。它是一個很棒的下一步，對於實踐有一些不同的方法，它完美地補充了我們的書。

索引

關於作者

Marina Rose Geldard（**Mars**）是 Tasmania 州 Down Under 的一名技術專家。她在學校裡待得比較久，所以進入技術世界的時間相對較晚，她已在世界上找到了自己的位置：在這個行業中，她可以運用畢生對數學和優化的熱愛。她志願參加產業活動，也涉足研究工作，並在澳大利亞 Australian Computer Society（ACS）所在州的分會以及 AUC 的執行委員會任職。她喜歡數據科學，機器學習和科幻小說。可以在 Twitter @TheMartianLife 和 https://themartianlife.com 上找到她。

Paris Buttfield-Addison 博士是位於澳大利亞 Hobart 的遊戲開發工作室 Secret Lab（https://www.secret-lab.com.au 和在 Twitter 上的 @TheSecretLab）的共同創始人。Secret Lab 製作遊戲和遊戲開發工具，包括屢獲殊榮的 ABC Play School iPad 遊戲、Night in the Woods、澳洲航空的 Joey Playbox 遊戲以及 Yarn Spinner 敘事遊戲框架。Paris 之前曾擔任 Meebo（已被 Google 收購）的移動產品經理，擁有中世紀歷史學位、計算機博士學位，並為 O'Reilly Media 撰寫了有關移動和遊戲開發的技術書籍（到目前為止已有 20 多種）。Paris 尤其喜歡遊戲設計、統計、法律、機器學習和以人為本的技術研究。可以透過 Twitter 上帳號 @parisba 和 http://paris.id.au 網站找到他。

Tim Nugent 博士假裝自己是一名移動應用程序開發者、遊戲設計師、工具開發者、研究員和技術作家。當他不忙著避免被揭穿時，他會花費大部分時間來設計和創建一些小巧的應用程序和遊戲，這些應用程序和遊戲不會讓任何人看到。Tim 花了不成比例時間寫這個短短的介紹，大部分時間都花費在試圖參考一個詼諧的科幻小說，他後來還是放棄了。可以透過 Twitter 帳號 @The_McJones 找到 Tim，也可以在 http://lonely.coffee 網站找到他。

Jon Manning 博士是獨立遊戲開發工作室 Secret Lab 的共同創始人。他為 O'Reilly Media 寫了一堆有關 Swift、iOS 開發和遊戲開發的書籍，並擁有網際網路渾球博士學位。他目前正在研究益智遊戲 Button Squid，以及廣受好評的屢獲殊榮的冒險遊戲 Night in the Woods，這個遊戲中包括他的互動對話系統 Yarn Spinner。可透過 Twitter 帳號 @desplesda 和 http://desplesda.net 網站上找到 Jon。

封面記事

在本書封面上的動物是棕腹赤腰燕（rufous-bellied swallow（*Cecropis badia*））。和其他的燕子一樣，這隻 7 英吋長的鳴鳥有一隻深叉狀的尾巴，以及長而尖的翅膀，使其在飛行中具有效率和控制力。原名中的「rufous」，原自於拉丁語中的「紅色」，因為它的腹部是赤褐色。它的鳴叫聲多變，從輕柔的顫音，到尖銳的「pin」或「tweep」。

這隻鳥原產於馬來半島、泰國南部到南邊的新加坡。在棲息地，它以飛蟲為食，喜歡山丘和懸崖峭壁，儘管它們的巢穴卻經常出現在洞穴、橋梁下和建築物上。交配季節是 4 月到 6 月。雄性和雌性共同努力築巢、孵蛋和撫養幼鳥，燕子終生保持同一配偶。

燕子的名字是來自於它們的進食方式，它們會在飛行途中吞（swallow）下昆蟲。

O'Reilly 封面上的許多動物都瀕臨滅絕；這些動物對世界都很重要。

封面插圖是 Karen Montgomery 的作品，它是從 *Wood's Illustrated Natural History* 取得的黑白圖案。

人工智慧開發實務｜使用 Swift

作　　者：Mars Geldard 等
譯　　者：張靜雯
企劃編輯：蔡彤孟
文字編輯：詹祐甯
設計裝幀：陶相騰
發 行 人：廖文良

發 行 所：碁峰資訊股份有限公司
地　　址：台北市南港區三重路 66 號 7 樓之 6
電　　話：(02)2788-2408
傳　　真：(02)8192-4433
網　　站：www.gotop.com.tw
書　　號：A613
版　　次：2020 年 06 月初版
建議售價：NT$880

國家圖書館出版品預行編目資料

人工智慧開發實務：使用 Swift / Mars Geldard 等原著；張靜雯譯.
-- 初版. -- 臺北市：碁峰資訊, 2020.06
　　面；　公分
譯自：Practical Artificial Intelligence with Swift
ISBN 978-986-502-495-6(平裝)
1.人工智慧　2.系統程式　2.電腦程式設計
312.83　　　　　　　　　　　　　　　　109005956

讀者服務

● 感謝您購買碁峰圖書，如果您對本書的內容或表達上有不清楚的地方或其他建議，請至碁峰網站：「聯絡我們」\「圖書問題」留下您所購買之書籍及問題。(請註明購買書籍之書號及書名，以及問題頁數，以便能儘快為您處理)
http://www.gotop.com.tw

● 售後服務僅限書籍本身內容，若是軟、硬體問題，請您直接與軟體廠商聯絡。

● 若於購買書籍後發現有破損、缺頁、裝訂錯誤之問題，請直接將書寄回更換，並註明您的姓名、連絡電話及地址，將有專人與您連絡補寄商品。